交钥匙工程合同条件

(法汉对照本)

Conditions de Contrat pour les projets clé en main

费建华 编译

中国铁道出版社

2012年·北京

图书在版编目(CIP)数据

交钥匙工程合同条件(法汉对照本)/费建华编译.—北京：
中国铁道出版社,2012.8
ISBN 978-7-113-14815-7

Ⅰ.①交… Ⅱ.①费… Ⅲ.①建筑工程—承包工程—经济合同—法、汉 Ⅳ.①TU723.1

中国版本图书馆 CIP 数据核字(2012)第 124825 号

书　　名	交钥匙工程合同条件(法汉对照本)
作　　者	费建华

责任编辑	徐　艳	电话:(010)51873193　电子信箱:xy810@eyou.com	
助理编辑	冯海燕		
封面设计	崔　欣		
责任校对	孙　玫		
责任印制	郭向伟		

出版发行：中国铁道出版社(100054,北京市西城区右安门西街8号)
网　　址：http://www.tdpress.com
印　　刷：三河市华丰印刷厂
版　　次：2012年8月第1版　2012年8月第1次印刷
开　　本：787 mm×1 092 mm　1/16　印张：18.5　字数：468 千
书　　号：ISBN 978-7-113-14815-7
定　　价：55.00 元

版权所有　侵权必究

凡购买铁道版的图书,如有缺页、倒页、脱页者,请与本社读者服务部联系调换。
电　　话：市电(010)51873170,路电(021)73170(发行部)
打击盗版举报电话：市电(010)63549504,路电(021)73187

前　言

　　近年来,随着我国从事国际工程设计、咨询、投资、保险、开采和承包工程的公司不断增多,除在英语国家广泛使用由国际咨询工程师联合会编写的"菲迪克(FIDIC)"交钥匙工程合同条件外,目前,在许多法语国家也正在使用该合同条件。由国际咨询工程师联合会编写的"菲迪克(FIDIC)"合同条款目前已被公认为是从事国际工程设计、采购、施工及项目咨询、投资、保险和管理的最佳业务指南,得到世界各有关组织和机构的广泛认同,并作为行业工作的指导性文件。

　　编者本人在实际工作中已多次使用该文本用于签订重大工程承包项目,在实际使用中只需对所要签订的合同条件进行局部删减或修改,即可编制出完整的作为合同通用条件的合同文本。由本人根据国际咨询工程师联合会于1999年出版(银皮书第一版)编译的中法文"菲迪克(FIDIC)"交钥匙工程合同条件对照本是一本实用的工具书,相信该书对从事上述工作的业内人士在实际工作中一定会有很大帮助。

编　者
2012年4月20日

FIDIC est l'acronyme français pour Fédération Internationale des Ingénieurs-conseils.

La FIDIC a été fondée en 1913 par trois associations nationales d'ingénieurs-conseilsau sein de l'Europe. La création de la fédération avait pour objectifs de promouvoir en commun les intérêts professionnels des associations membres, et de diffuser des informations intéressantes pour les membres des associations nationales faisant partie de la FIDIC.

Ajourd'hui la FIDIC compte des membres dans plus de 60 pays du monde entier, et la fédération représente la plupart des bureaux privés d'ingénieurs-conseils dans le monde.

La FIDIC organise des séminaires, des conférences et d'autres évènements pour poursuivre ses objectifs: maintien de standards éthiques et professionnels élevés; échange de points de vue et d'informations, discussion des problèmes d'intérêt commun entre les associations membres et les représentants des institutions internationales de financement; et développement du métier de l'ingénierie consultante dans les pays en voie de développement.

Les publications de la FIDIC comprennent les comptes rendus de différentes conférences et séminaires, l'information pour les ingénieurs-conseils, les propriétaires de projets et les agences de développement internationales, des formulaires standards de pré-qualification, des documenrs contractuels et des accords entre des clients et conseils. Elles sont disponibles au secrétariat en Suisse.

菲迪克(FIDIC)是国际咨询工程师联合会的法文首字母缩写。

菲迪克是由欧洲三个国家的咨询工程师协会于1913年成立的。组建联合会的目的是共同促进成员协会的职业利益,以及向各成员协会会员传播有益信息。

今天,菲迪克协会成员遍布全世界60多个国家,代表着世界上大多数私营咨询工程师事务所。

菲迪克举办各类研讨会、会议及其他活动,以促进其目标:维护高的道德和职业标准;交流观点和信息;讨论成员协会和国际金融机构代表共同关心的问题,以及发展中国家工程咨询业的发展。

菲迪克的出版物包括:各类会议和研讨会的文件,为咨询工程师、项目业主和国际开发机构提供的信息,资格预审标准格式,合同文件以及客户与工程咨询单位协议书。这些资料可以从设在瑞士的菲迪克秘书处得到。

INTRODUCTION A LA PREMIERE EDITION

Les livres FIDIC Rouge et Jaune (c'est-à-dire les formes standard de contrat pour les travaux d'ingénierie civile et de construction et pour les travaux électriques et mécaniques) ont été très largement utilisés pendant plusieurs décennies, et ont été reconnus-entre autres-pour leurs principes basés sur le partage équilibré des risques entre le Maître de l'ouvrage et l'Entrepreneur. Ces principes de risques partagés ont été bénéfiques pour les deux parties, le Maître de l'ouvrage signant un contrat à un prix inférieur et supportant seulement des coûts supplémentaires lorsque certains risques inhabituels se produisent réellement, et l'Entrepreneur évitant de fixer le prix de tels risques qui ne sont pas faciles à évaluer. Les principes de partage équilibré des risques sont repris dans les nouveaux livres "Construction" et "Construction-Conception".

Ces dernières années, on a remarqué qu'une grande partie du marché de la construction exige une forme de contrat où le caractère certain du prix final, et souvent de la date d'achèvement des travaux, sont d'une importance extrême. Les Maîtres de l'ouvrage de tels projets clés en main sont disposés à payer plus-parfois considérablement plus-pour leur projet, s'ils peuvent être plus sûrs que le prix final convenu ne sera pas dépassé. Parmi de tels projets, on peut trouver beaucoup de projets financés par des fonds privés, pour lesquels les prêteurs exigent quant au coût du projet pour le Maître de l'ouvrage une plus grande certitude que celle qui leur est fournie suivant la répartition des risques prévus par les formes traditionnelles des contrats FIDIC, Souvent, le projet de construction (le contrat EPC Réaliser, Approvisionner, Construire) n'est qu'une partie d'un projet commercial compliqué, et un échec de nature financière ou autre de ce projet de construction mettra en péril le projet tout entier.

Pour de tels projets; il est nécessaire que l'Entrepreneur assume la responsabilité pour une plus grande série de risques que selon les traditionnels Livres Rouge et Jaune. Afin d'acquérir la certitude accrue du prix final, il est souvent demandé à l'Entrepreneur de couvrir des risques tels que des conditions du sol mauvaises ou inattendues, et que ce qui est proposé dans les exigences préparées par le Maître de l'ouvrage conduise effectivement à l'objectif désiré. Si l'Entrepreneur doit supporter de tels risques, le Maître de l'ouvrage doit manifestement lui donner le temps et l'occasion d'obtenir et de prendre en considération toute information pertinente avant qu'il ne lui soit demandé de s'engager pour un prix contractuel fixé. Le Maître de l'ouvrage doit également se rendre compte que le fait de demander aux entrepreneurs responsables d'évaluer de tels risques augmentera le coût de la construction et conduira à ce que certains projets ne soient pas commercialement viables.

第一版 序 言

国际咨询工程师联合会(FIDIC)的红皮书和黄皮书(即用于土木工程和机电工程的标准格式)已广泛应用了几十年。它们的内容,包括业主和承包商间平衡分配风险的原则,受到普遍认可。这些风险分配原则已使双方受益,业主按较低价格签订合同,仅在最终实际发生特殊的非正常风险情况下,才增加进一步费用;而承包商避免了对此类难以估计的风险进行估价。此项风险平衡分配原则在新版《施工》和《施工—设计》书中继续沿用。

近几年,已注意到很多建筑市场需要一种固定最终价格,经常还有固定竣工日期的合同格式。业主对此类交钥匙项目,往往愿意支付更多,有时甚至是更多的巨额费用,只要能确保商定的最终价格不被突破。在此类项目中,有许多项目是靠私人资金融资的,贷款人要求业主的项目成本,比根据菲迪克(FIDIC)传统合同格式提供的风险分担产生的成本有更大的确定性。经常此类建设项目(即设计采购施工(EPC)合同)只是复杂商业项目的一部分,一旦项目融资或其他方面出问题将危及整个项目的实施。

对于这类项目,承包商需要比根据传统的红皮书和黄皮书承担更广范围的风险责任。为了获得最终价格不被突破的确定性,承包商往往被要求承担诸如出现不良或未预计到的场地条件等风险,在由业主编制的业主要求中提出的这些要求将导致其目标的实现。如果承包商要承担此类风险,显然业主在要求承包商签署固定合同价格前,给承包商时间和机会,使其能得到和研究所有有关资料。业主还需了解,要求负责任的承包商对此类风险做出估价,这将会增加建设成本,导致有些项目可能在商业上变得不可行。

Même selon de tels contrats, le Maître de l'ouvrage supporte certains risques tels que les risques de guerre, de terrorisme et risques similaires et les autres risques de la Force Majeure, et il est toujours possible, et parfois recommandé, aux Parties de discuter d'autres arrangements relatifs au partage des risques avant de conclure le Contrat. Dans le cas des projets de type BOT (Construire-Fonctionner-Transférer), qui sont normalement négociés comme un contrat global, le partage des risques prévu dans le Contrat de construction clés en main initialement négocié entre les personnes qui apportent leur soutien financier et l'Entrepreneur EPC peut avoir besoin d'être adapté pour prendre en considération l'allocation finale de tous les risques entre les différents contrats formant le contrat global.

En dehors du développement plus récent et rapide des projets financés de manière privée exigeant des dispositions contractuelles garantissant une certitude accrue du prix, du temps et de l'exécution, il a longtemps été évident que de nombreux Maîtres de l'ouvrage, en particulier dans le secteur public, ont exigé dans beaucoup de pays des contrats en termes similaires, du moins pour les contrats clés en main. Ils ont souvent de manière irrespectueuse utilisé les Livres Rouge et Jaune de la FIDIC et en ont changé les dispositions, si bien que les risques placés du côté du Maître de l'ouvrage dans les Livres FIDIC ont été transférés à l'Entrepreneur, supprimant ainsi effectivement les principes traditionnels de la FIDIC de partage équilibré des risques. Ce besoin de plusieurs Maîtres de l'ouvrage n'est pas passé inaperçu, et la FIDIC a considéré qu'il était avantageux pour toutes les parties que ce besoin soit ouvertement reconnu et régularisé. En prévoyant une forme standard FIDIC pour son utilisation dans de tels contrats, les exigences du Maître de l'ouvrage visant à ce que l'Entrepreneur assume davantage de risques sont clairement prescrites. Ainsi le Maître de l'ouvrage n'est pas obligé de modifier une forme standard conçue pour un autre arrangement des risques, et l'Entrepreneur est pleinement conscient des risques accrus qu'il doit supporter. De toute évidence, l'Entrepreneur augmentera à juste titre le prix de son offre pour prendre en compte ces risques supplémentaires.

Cette forme de projets EPC/clés en main est ainsi prévue pour être appropriée non seulement aux contrats EPC, dans le cadre d'un contrat BOT ou de type similaire, mais aussi pour tous les nombreux projets, qu'ils soient importants ou plus restreints, en particulier les contrats E et M (électrique et mécanique) et les autres projets relatifs à un processus d'installations industrielles, exécutés à travers le monde par tout type de Maître de l'ouvrage, souvent dans un environnement de droit civil, où les services du gouvernement ou les promoteurs privés souhaitent mettre en œuvre leur projet sur une base de prix fixe clés en main et avec une approche limitée aux deux parties.

Les Maîtres de l'ouvrage faisant usage de cette forme doivent réaliser que les "Exigences du Maître de l'ouvrage" qu'ils préparent devraient décrire le principe et la conception de base des installations industrielles sur une base fonctionnelle. Le Soumissionnaire devrait alors être autorisé à et obligé de vérifier toutes les informations et données pertinentes, et de procéder à toutes les investigations nécessaires. Il doit aussi exécuter toute la conception nécessaire et les détails de l'équipement et des installations industrielles spécifiques qu'il propose, lui permettant d'offrir des solutions plus appropriées pour son équipement et à son expérience. Par conséquent, la procédure de soumission doit permettre des discussions entre le Soumissionnaire et le Maître de l'ouvrage sur des questions techniques et des conditions commerciales. Ces questions, quand elles ont fait l'objet d'un accord, doivent alors faire partie du Contrat signé.

即使根据此类合同，业主肯定要承担一定风险，如战争、恐怖主义和类似风险，以及其他不可抗力风险等，但对合同双方来说，在签订合同前，讨论一些其他风险分担方案常常是可能的，有时是必要的。在 BOT（建造—运行—移交）项目的情况下，通常是一揽子的谈判，最初由项目出资方与 EPC（设计采购施工）承包商协商的交钥匙施工合同规定的风险分配方案，考虑对所有存在的风险签订各类风险补偿合同并由其组成完整的总包合同。

除了要求合同条款确保价格、时间和施工具有更大确定性的私人融资项目最近有更快的发展以外，长期以来已明显看到，许多国家中的业主，特别是公共部门，已要求类似的条款，至少对交钥匙合同是这样。他们经常不遵照菲迪克（FIDIC）的红皮书或黄皮书，而将条款做了修改，把菲迪克标准合同中分给业主承担的风险转移给承包商，实际上去掉了菲迪克平衡分配风险的传统原则。菲迪克对许多业主的这一要求并没有忽视，但认为对合同各方的这一要求公开给予承认，使之合法化会更好。通过制订一个菲迪克标准格式，供此类合同使用，把要承包商承担更大风险的业主要求写清楚，业主就不必为了采取其他风险分配方案而修改标准格式了，而承包商可以充分了解他必须承担的附加风险。很明显承包商为了考虑此类风险，也会正当地增加投标价格。

为设计采购施工（EPC）/交钥匙工程拟订的这一合同格式，目的不仅要适用于 BOT 项目或类似投资模式下的设计采购施工（EPC）合同，还可适用于所有重大或限制性要求较高的各类项目，特别是由世界上各类业主实施的电气和机械以及其他加工设备项目，这些项目经常处在民法环境下，政府部门或私人开发商都希望能在固定价格交钥匙的基础上，严格地由双方磋商。

采用这种格式时，业主必须理解，他们编写的"业主要求"在描述设计原则和生产设备基础设计的要求时，应以功能作为基础。应允许并要求投标人对所有相关资料和数据进行核实，并做好任何必要的调查研究。还应进行任何必要的设计和提供投标人建议其采用的专用设备和生产设备的详细说明，以便承包商根据其设备性能和从业经验提出最佳的解决方案。因此，招标程序需允许在投标人和业主间，就技术问题和商务条件进行讨论。所有这些事项达成协议后，将成为签订合同的组成部分。

Par la suite, l'Entrepreneur doit être libre d'exécuter le travail de la manière choisie, à condition que le résultat final réponde aux critères d'exécution spécifiés par le Maître de l'ouvrage. En conséquence, le Maître de l'ouvrage devrait seulement exercer un contrôle limité et ne devrait pas en général intervenir dans le travail de l'Entrepreneur. De toute évidence, le Maître de l'ouvrage souhaitera connaître et suivre l'évolution du travail et être assuré que le calendrier est respecté. Il souhaitera également savoir que la qualité du travail correspond aux spécifications, que les tiers ne sont pas dérangés, que les tests de performance sont remplis, et par ailleurs que les "Exigences du Maître de l'ouvrage" sont respectées.

Une caractéristique de ce type de contrat est que l'Entrepreneur doit prouver la fiabilité et la performance de ses installations industrielles et de son équipement. En conséquence, il faudra prêter une attention particulière aux "tests d'achèvement", qui souvent se prolongent pendant une durée considérable, et la Réception n'aura lieu qu'après l'achèvement réussi de ces tests.

La FIDIC reconnaît que les projets financés de manière privée sont normalement l'objet de davantage de négociations que ceux financés de manière publique, et qu'en conséquence des changements doivent probablement être faits dans toute forme standard de contrat proposée pour les projets au sein d'un projet BOT ou d'un projet de type similaire. Entre autres, une telle forme peut nécessiter une adaptation pour prendre en compte les caractéristiques spéciales, sinon uniques, de chaque projet, ainsi que les exigences des prêteurs et d'autres personnes qui assurent le financement. Toutefois, de telles modifications ne suppriment pas le besoin d'une forme standard.

L'utilisation de ces Conditions de Contrat pour les Projets EPC/Clé en main n'est pas appropriée dans les circonstances suivantes :

—Lorsqu'il n'y a pas assez de temps pour que les soumissionnaires examinent minutieusement et vérifient les Exigences du Maître de l'ouvrage ou pour qu'ils exécutent leur conception, les études d'évaluation du risque, et l'estimation (en tenant particulièrement compte des Sous-clauses 4.12 et 5.1).

—Lorsque la construction implique d'importants travaux en sous-sol ou des travaux situés dans des endroits que les soumissionnaires ne peuvent pas inspecter.

—Lorsque le Maître de l'ouvrage a l'intention de superviser étroitement ou de contrôler les travaux de l'Entrepreneur, ou de réexaminer la plupart des dessins de construction.

—Lorsque le montant de chaque paiement provisoire doit être déterminé par un officiel ou par un autre intermédiaire.

La FIDIC recommande que les Conditions de Contrat pour la Conception-Construction soient utilisées dans les circonstances susmensionnées pour les Travaux conçus par (ou au nom de) l'Entrepreneur.

随后,应给予承包商按其选择的方式进行工作的自由,只要最终结果能满足业主规定的功能标准即可。因而业主对承包商的工作只应进行有限的控制,一般不应进行干预。无疑业主希望知道和跟踪工程进展,并确保进度计划能够实现。业主还希望了解工程质量达到规定要求,第三方不受干扰,性能试验满足要求,以及"业主要求"的其他内容都能得到遵守。

这种类型合同的一个特点是,承包商必须证明他的生产设备的可靠性和性能。因此,对"竣工试验"要给予特别关注。这些试验经常在相当长的期间内进行,而只有在这些试验成功完成后,工程才能验收。

菲迪克认识到,私人融资项目往往比公共部门融资项目需要更多的协商。因此,对建议用于 BOT 或类似投资形式项目的任何标准合同格式,可能必须作出修改。尤其是这类格式可能需要适应每个项目的特点,以及贷款人或其他融资人的要求。但是,这些修改并不排除对标准格式的需要。

本《设计采购施工(EPC)/交钥匙工程合同条件》不适用于下列情况:

如果投标人没有足够时间来仔细研究和核实业主要求,或进行他们的设计、风险评估和估算(特别是考虑第 4.12 和 5.1 款)。

如果建设内容涉及相当数量的地下工程,或投标人未能调查的区域内的工程。

如果业主要严密监督或控制承包商的工作,或要重新审核大部分施工图纸。

如果每次期中付款的款额要由某一官员或其他中间人来确定。

菲迪克建议,上述情况下由承包商(或以其名义)设计的工程,可以采用上述所提及的设计—施工合同条件。

AVANT-PROPOS

La Fédération Internationale des Ingénieurs-Conseils (FIDIC) a publié en 1999 la première édition de quatre nouvelles formes standard de contrat :

Conditions de Contrat pour la Construction,

lesquelles sont recommandées pour les travaux de construction ou d'ingénierie conçus par le Maître de l'ouvrage ou par son représentant, l'Ingénieur. En vertu des aménagements d'usage pour ce type de contrat, l'Entrepreneur construit l'ouvrage conformément à la conception fournie par le Maître de l'ouvrage. Toutefois, les travaux peuvent inclure certains éléments de travaux civils, mécaniques, électriques, et/ou de construction conçus par l'Entrepreneur.

Conditions de Contrat pour la Conception-Construction,

lesquelles sont recommandées pour la fourniture d'installations industrielles électriques et/ou mécaniques, et pour la conception de travaux de construction et d'ingénierie. En vertu des aménagements d'usage pour ce type de contrat, l'Entrepreneur conçoit et fournit, conformément aux exigences du Maître de l'ouvrage, des installations industrielles et/ou d'autres travaux ; lesquels peuvent inclure toute combinaison de travaux civils, mécaniques, électriques et/ou de construction.

Conditions de Contrat pour les projets EPC/clé en main,

lesquelles peuvent être appropriées pour la fourniture, sur une base clé en main, d'une usine de transformation ou centrale électrique, d'une usine ou d'une installation similaire, ou d'un projet d'infrastructure ou d'un autre type de construction, où (i) un haut degré de certitude du prix final et du temps est exigé, et (ii) l'Entrepreneur assume l'entière responsabilité pour la conception et l'exécution du projet, avec peu de risques pour le Maître de l'ouvrage. En vertu des aménagements d'usage pour les projets clé en main, l'Entrepreneur exécute toute l'Ingénierie, l'Approvisionnement et la Construction (EPC) : en fournissant une installation entièrement équipée, prête à l'emploi (clé en main).

Forme Courte de Contrat,

laquelle est recommandée pour des travaux de construction ou d'ingénierie d'une valeur relativement faible. Selon le type de travaux et les circonstances, cette forme peut également être appropriée contrats d'une valeur supérieure, particulièrement pour des travaux relativement simples ou répétitifs, ou de courte durée. En vertu des aménagements d'usage pour ce type de contrat, l'Entrepreneur construit l'ouvrage conformément à la conception fournie par le Maître de l'ouvrage ou par son représentant (le cas échéant), mais cette forme peut également être appropriée à un contrat qui inclut, ou comprend entièrement, des travaux civils, mécaniques, électriques, et/ou de construction conçus par l'Entrepreneur.

引 言

国际咨询工程师联合会(FIDIC)于1999年出版下列四份新的合同标准格式的第一版。

《施工合同条件》

推荐用于由业主、业主代表或业主工程师设计的建筑或工程项目。在这种合同形式下,承包商一般都按照业主提供的设计施工。但工程中可以包括由承包商设计的某些土建、机械、电气或构筑物的某些部分。

《设计—建造合同条件》

推荐用于电气或机械生产设备的供货和建筑或工程的设计与施工项目。在这种合同形式下,一般都是由承包商按照业主的要求设计和提供设备或其他工程,可以包括由土建、机械、电气或构筑物的任何组合。

《EPC/交钥匙项目合同条件》

适用于在交钥匙的基础上进行的工厂加工或发电厂设备组装,工厂或类似生产设备的安装,基础设施工程或其他类型的开发项目。这种项目:(ⅰ)对最终价格和施工时间的确定性要求较高;(ⅱ)承包商完全负责项目的设计和施工,业主承担的风险很小。在交钥匙项目中,一般情况下由承包商实施所有的设计、采购和建造工作(EPC),即在"交钥匙"时,提供一个配备完整、可以运行的设施。

《简明合同格式》

推荐用于造价相对较低的建筑或工程。根据工程的类型和具体条件的不同,此格式也同样适用于造价较高的工程,特别是适用于较简单的、重复性强的或工期较短的工程。在这种合同形式下,一般都是由承包商按照业主或其代表(如果有)提供的设计进行工程施工,但这种格式也同样可以适用于包括或全部由承包商设计的土建、机械、电气和构筑物的合同。

Les formes standard sont recommandées pour l'usage général lorsque les offres sont sollicitées au niveau international. Des modifications peuvent être exigées dans certains ordres juridiques, notamment lorsqu'elles doivent être utilisées dans des contrats nationaux. La FIDIC considère que les textes originaux et authentiques sont ceux rédigés en langue anglaise.

Lors de la préparation de ces Conditions de Contrat pour les projets EPC/clé en main, il a été reconnu que, alors qu'il existe un grand nombre de sous-clauses qui seront généralement applicables, d'autres sous-clauses doivent nécessairement être modifiées pour tenir compte des circonstances pertinentes au contrat particulier. Les sous-clauses qui étaient considérées applicables à plusieurs contrats (mais pas à tous) ont été incluses dans les Conditions Générales, afin de faciliter leur insertion dans chaque contrat.

Les Conditions Générales et les Conditions Particulières constitueront ensemble les Conditions de Contrat qui régissent les droits et les obligations des parties. Il sera nécessaire de préparer les Conditions Particulières pour chaque contrat individuel, et de tenir compte des sous-clauses dans les Conditions Générales qui font référence aux Conditions Particulières.

Pour cette publication, les Conditions Générales ont été préparées sur la base suivante :

(i) Les paiements provisoires, en vertu du montant forfaitaire du prix contractuel, doivent être effectués pendant l'avancement des travaux, et seront généralement basés sur des versements mentionnés dans un calendrier des paiements ;

(ii) Si la formulation des Conditions Générales nécessite des données supplémentaires qui sont généralement prescrites par le Maître de l'ouvrage, alors la sous-clause doit faire référence aux données contenues dans les Conditions Particulières ou dans les Exigences du Maître de l'ouvrage ;

(iii) Lorsqu'une sous-clause des Conditions Générales traite d'une question à laquelle différentes dispositions contractuelles sont susceptibles d'être appliquées à différents contrats, les principes appliqués lors de la rédaction de la sous-clause étaient les suivants :

(a) les utilisateurs trouveraient plus commode qu'une disposition qu'ils ne veulent pas appliquer puisse être simplement supprimée ou ne pas être invoquée, plutôt que d'être obligés d'insérer des dispositions supplémentaires (dans les Conditions Particulières) au cas où les Conditions Générales ne couvriraient pas leurs exigences ; ou

(b) dans d'autres cas, lorsque l'application du sous-paragraphe (a) était considérée comme inappropriée, la sous-clause contient des dispositions qui semblaient applicables à la plupart des contrats.

Par exemple, la Sous-clause 14.2 [Paiement anticipé] est incluse par commodité, et non à cause d'une quelconque politique de la FIDIC relative aux paiements anticipés. Cette Sous-clause devient inapplicable (même si elle n'est pas supprimée) si l'on n'en tient pas compte en ne spécifiant pas le montant du paiement anticipé. Il faudrait donc noter que certaines des dispositions contenues dans les Conditions Générales peuvent ne pas être appropriées à un contrat apparemment typique.

上述标准格式建议在国际范围内的招标合同中使用。有些国家在使用这些合同条件时可能要对某些格式进行修改。FIDIC认为,正式、权威的文本应为英文版本。

在编写《设计采购施工(EPC)/交钥匙工程合同条件》过程中我们认识到,有许多条款是普遍适用的,但也有一些条款必须根据特定合同的具体情况做出修改。因此,我们将那些对大多数(并非全部)合同都适用的条款编入了通用条件中,以方便使用者将其需要插入增加的内容纳入到每个合同中。

通用条件和专用条件共同构成了管理各方权力和义务的合同条件。对于每一份具体的合同,都必须编制专用条件,并且必须考虑通用条件中一些提到专用条件中的内容。

本通用条件是基于下列原则编写的。

(ⅰ)对于合同价格采用总承包价的期中付款,将随着工程进展,一般根据规定的分期付款的计划表支付;

(ⅱ)如果通用条件中的措辞需要业主专门规定的进一步资料来说明,这时,条款指明该资料将包含在专用条件或业主要求中;

(ⅲ)在通用条件中处理某一事项的条款,可能与不同的合同对该事项采用的合同条款不同时,则编写此条款的原则如下:

(a)要使用户感到,简单地删去或不引用某些他们不希望采用的规定,比在通用条件中没有包括他们的要求而必须在专用条件中编写附加的条文更为方便;

(b)在采用(a)项办法被认为不适合的其他情况下,该条款包含是乎对大对数合同都能适用的规定。

例如,将书中第14.2款[预付款]编入通用条件是为了方便用户,而不是因为菲迪克(FIDIC)在预付款方面有任何政策规定。如果该条款由于没有做出预付款额的规定而未被理会,则该款(即使未被删除)也将变为无用。因此,要提醒用户注意的是,通用条件中的某些规定对很典型的合同也可能并不适用。

Des informations supplémentaires sur ces aspects, des exemples de formulation pour d'autres aménagements, d'autres notices explicatives, une liste de contrôle et des exemples de formulation constituant une aide à la rédaction des Conditions Particulières et d'autres documents d'appel d'offres sont inclus dans cette publication en tant que Guide-conseil pour l'élaboration des Conditions Particulières. Avant d'intégrer un exemple de formulation, il faut s'assurer que cet exemple est totalement approprié aux circonstances particulières; sinon il doit être modifié.

Lorsqu'un exemple de formulation a été modifié et dans toutes les hypothèses où d'autres modifications ou ajouts ont été faits, il est important de s'assurer qu'aucune ambiguïté ne sera créée, ni avec les Conditions Générales ni entre les clauses des Conditions Particulières. Il est essentiel que toutes ces tâches rédactionnelles, et l'élaboration entière documents de l'appel d'offres soient confiées à un personnel ayant l'expérience requise, y compris les aspects contractuels, techniques et d'approvisionnement.

Cette publication s'achève par des formulaires-types pour la Lettre d'offre, l'Accord contractuel, et des formulaires alternatifs pour la Convention de conciliation. Cette Convention de conciliation prévoit un texte pour l'accord entre le Maître de l'ouvrage et l'Entrepreneur et la personne désignée pour agir soit à titre de conciliateur unique soit comme un membre d'un bureau de conciliation de trois personnes; et inclut (par référence) les dispositions de l'Appendice des Conditions Générales.

La FIDIC envisage de publier un guide d'utilisation de ses Conditions de Contrat pour la Construction, pour la Conception-Construction et pour les Projets clé en main.

Afin de clarifier le déroulement des activités découlant du Contrat, il peut être fait référence aux schémas figurant sur les deux pages suivantes et aux Sous-clauses énumérées ci-dessous (certains numéros des Sous-clauses sont également mentionnés dans les schémas). Les schémas servent d'illustration et ne doivent pas être pris en compte lors de l'interprétation des Conditions du Contrat.

  1.1.3.1&13.7 Date de référence
  1.1.3.2&8.1 Date de commencement
  1.1.6.6&4.2 Garantie d'exécution
  1.1.3.3&8.2 Délai d'achèvement (tel que prolongé selon 8.4)
  1.1.3.4&9.1 Tests d'achèvement
  1.1.3.5&10.1 Certificat de réception
  1.1.3.6&12.1 Tests après achèvement
  1.1.3.7&11.1 Délai de notification des vices (tel que prolongé selon 11.3)
  1.1.3.8&11.9 Certificat d'exécution

这些方面的进一步资料、其他规定的范例措辞以及其他有助于编写专用条件和其他招标文件的核查表和范例措辞，都包括在本文专用条件编写指南中。在引用任何范例措辞前，必须保证其完全适用于具体情况。否则，必须对其进行修改。

修改范例措辞时，以及在做出其他修改或增加的任何情况下，必须注意确保不与通用条件或专用条件的条款之间产生歧义。值得注意的是，所有这些改动的工作以及整个招标文件的编制，都应委托给有丰富经验（包括合同、技术和采购方面）的人员来完成。

本书的结尾部分是投标函、合同协议书和备选的调解协议书的范例格式。该调解协议书提供了业主、承包商和被任命为唯一调解人或三人调解委员会中的一名成员之间的协议书文本，并（通过引用）纳入了通用条件的附录中有关条款。

菲迪克（FIDIC）计划出版一本《施工合同条件》、《设计—施工交钥匙工程合同条件》的应用指南。

为了明确各项合同活动的顺序，可参照随后两页的图表和下列各条款（图表中也列明某些条款号）。图表是说明性质的，不应作为合同条件的解释。

1.1.3.1 和 13.7　基准日期
1.1.3.2 和 8.1　开工日期
1.1.6.6 和 4.2　履约担保
1.1.3.3 和 8.2　竣工期限（及根据第 8.4 款的延期）
1.1.3.4 和 9.1　竣工试验
1.1.3.5 和 10.1　验收证书
1.1.3.6 和 12.1　竣工后试验（如果有）
1.1.3.7 和 11.1　缺陷通知期（及根据第 11.3 款的延期）
1.1.3.8 和 11.9　履约证书

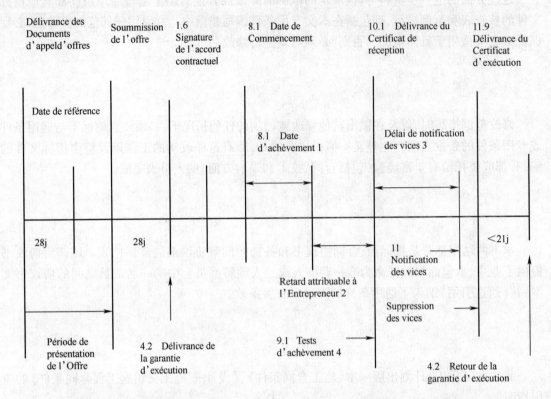

Succession normale des principaux évènements lors des Contrats EC/Clé en main

1. Le Délai d'achèvement doit être mentionné (dans les Conditions Particulières) comme en jours, auquel doit être ajouté toute prolongation du délai conformément à la Sous-clause 8.4.
2. Pour indiquer la succession des évènements, le schéma ci-dessus est basé sur le cas où l'Entrepreneur ne se conforme pas à la Sous-clause 8.2.
3. Le délai de notification des vices doit être mentionné (dans les Conditions Particulières) en jour, auquel doit être ajouté toute prolongation du délai conformément à la Sous-clause 11.3.
4. En fonction du type des travaux, des Tests après achèvement peuvent aussi être exigés.

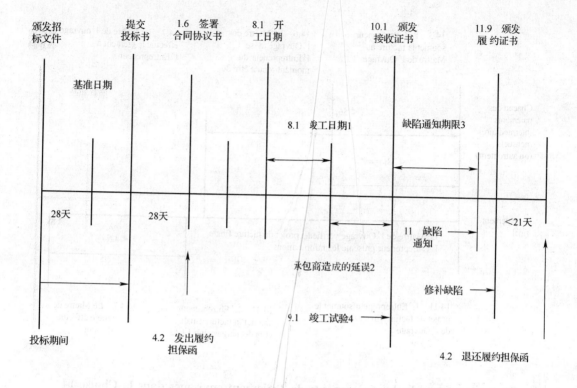

设计施工(EC)交钥匙工程合同中主要事项的典型顺序

1. 竣工时间(在专用条件中)用天数表示,加上根据第8.4款的任何延长期。
2. 为了表示事项的顺序,上图以承包商未能遵守第8.2款的规定为例。
3. 缺陷通知期限(在专用条件中)用天数表示,加上根据第11.3款的任何延长期。
4. 根据工程的类型,可能还需要竣工后试验。

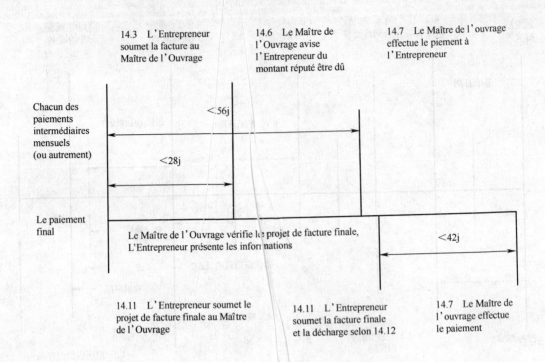

Succession normale des évènements de Paiement envisagés dans la Clause 14

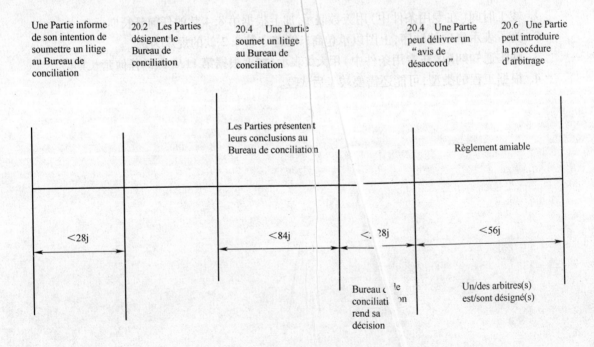

Succession normale des évènements litigieux envisagés dans la Clause 20

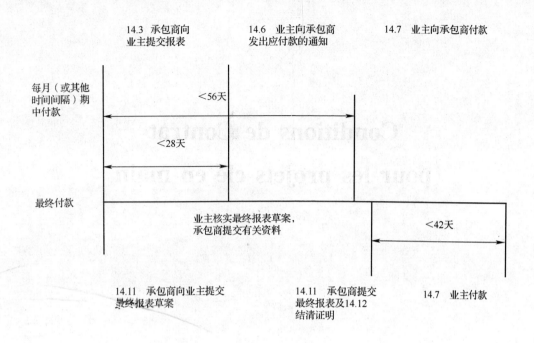

第 14 条中设想的解决争端事项的典型顺序

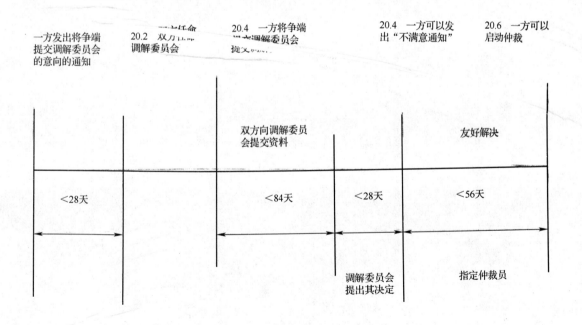

第 20 条中设想的解决争端事项的典型顺序

Conditions de Contrat
pour les projets clé en main

Conditions Générales

Première Edition 1999

设计采购施工(EPC)/交钥匙
工程合同条件

通用条件

1999 年第一版

Sommaire

1 **Dispositions générales** ··· 2
  1.1 Définitions ·· 2
  1.2 Interprétation ·· 10
  1.3 Communications ·· 10
  1.4 Loi et Langue ·· 12
  1.5 Hiérarchie des Documents ·· 12
  1.6 Accord contractuel ··· 12
  1.7 Cession ·· 12
  1.8 Garde et Remise de Documents ····································· 12
  1.9 Confidentialité ·· 14
  1.10 Utilisation par le Maître de l'ouvrage des Documents de l'Entrepreneur ······ 14
  1.11 Utilisation par l'Entrepreneur des Documents du Maître de l'ouvrage ········ 14
  1.12 Détails confidentiels ·· 16
  1.13 Conformité aux Lois ··· 16
  1.14 Responsabilité solidaire ·· 16

2 **Le Maître de l'ouvrage** ·· 18
  2.1 Droit à L'accès au Chantier ·· 18
  2.2 Permis, Licence ou Agréments ······································· 18
  2.3 Personnel du Maître de l'ouvrage ··································· 20
  2.4 Accords financiers du Maître de l'ouvrage ······················· 20
  2.5 Réclamations du Maître de l'ouvrage ······························ 20

3 **La Gestion du Maître de l'ouvrage** ·· 24
  3.1 Représentant du Maître de l'ouvrage ······························ 24
  3.2 Autre Personnel du Maître de l'ouvrage ·························· 24
  3.3 Personne déléguées ·· 24
  3.4 Instructions ·· 26
  3.5 Constatations ··· 26

4 **L'Entrepreneur** ·· 28
  4.1 Obligations générales de l'Entrepreneur ··························· 28
  4.2 Garantie d'exécution ·· 28
  4.3 Représentant de l'Entrepreneur ····································· 30
  4.4 Sous-traitants ··· 32
  4.5 Sous-traitants désignés ·· 32
  4.6 Coopération ··· 32

目 录

1 一般规定 ··· 3
　1.1 定义 ··· 3
　1.2 解释 ·· 11
　1.3 通信交流 ·· 11
　1.4 法律和语言 ·· 13
　1.5 文件优先次序 ··· 13
　1.6 合同协议书 ·· 13
　1.7 权益转让 ·· 13
　1.8 文件的保管和提供 ·· 13
　1.9 保密性 ·· 15
　1.10 业主使用承包商文件 ··· 15
　1.11 承包商使用业主文件 ··· 15
　1.12 保密事项 ·· 17
　1.13 遵守法律 ·· 17
　1.14 连带责任 ·· 17
2 业　　主 ·· 19
　2.1 现场进入权 ·· 19
　2.2 许可、执照或批准 ··· 19
　2.3 业主人员 ·· 21
　2.4 业主的资金安排 ··· 21
　2.5 业主的索赔 ·· 21
3 业主的管理 ··· 25
　3.1 业主代表 ·· 25
　3.2 其他业主人员 ··· 25
　3.3 受托人员 ·· 25
　3.4 指示 ··· 27
　3.5 确定 ··· 27
4 承　包　商 ··· 29
　4.1 承包商的一般义务 ··· 29
　4.2 履约担保 ·· 29
　4.3 承包商代表 ·· 31
　4.4 分包商 ··· 33
　4.5 指定的分包商 ··· 33
　4.6 合作 ··· 33

· 3 ·

4.7	Implantation des ouvrages	34
4.8	Procédures de sécurité	34
4.9	Assurance qualité	34
4.10	Données relatives au Chantier	36
4.11	Suffisance du Prix contractuel	36
4.12	Difficultés imprévisibles	36
4.13	Droit d'accès et Installations	36
4.14	Evitement des Dérangements	36
4.15	Route d'accès	38
4.16	Transport des marchandises	38
4.17	Equipements de l'Entrepreneur	38
4.18	Protection de l'environnement	40
4.19	Electricité, Eau et Gaz	40
4.20	Equipement du Maître de l'ouvrage et matériaux gratuitement mis à disposition	40
4.21	Etats périodiques	42
4.22	Sécurité du Chantier	44
4.23	Opération de l'Entrepreneur sur le Chantier	44
4.24	Fossiles	44

5 Conception — 46

5.1	Obligations générales de conception	46
5.2	Documents de l'Entrepreneur	46
5.3	Engagements de l'Entrepreneur	48
5.4	Standards techniques et réglementations	48
5.5	Formation	50
5.6	Documents as-built (tels que construits)	50
5.7	Manuels d'utilisation et de maintenance	52
5.8	Erreur de conception	52

6 Personnel et main d'œuvre — 54

6.1	Embauche du Personnel et de la Main d'œuvre	54
6.2	Taux de rémunération et conditions de travail	54
6.3	Personnes au service du Maître de l'ouvrage	54
6.4	Législation du travail	54
6.5	Horaires de travail	54
6.6	Hébergement du Personnel et de la main d'œuvre	56
6.7	Santé et sécurité	56
6.8	Surveillance de l'Entrepreneur	56
6.9	Personnel de l'Entrepreneur	56
6.10	Notes de l'Entrepreneur sur son Personnel et son Equipement	58
6.11	Comportement contraire à l'ordre public	58

4.7	工程放线	35
4.8	安全程序	35
4.9	质量保证	35
4.10	现场数据	37
4.11	合同价格的充分性	37
4.12	不可预见的困难	37
4.13	道路通行权与设施	37
4.14	避免干扰	37
4.15	进场通路	39
4.16	货物运输	39
4.17	承包商设备	39
4.18	环境保护	41
4.19	电、水和燃气	41
4.20	业主的设备和免费供应的材料	41
4.21	进度报告	43
4.22	工地安全	45
4.23	承包商的现场作业	45
4.24	化石	45

5 设 计

5.1	设计义务一般要求	47
5.2	承包商文件	47
5.3	承包商的承诺	49
5.4	技术标准和法规	49
5.5	培训	51
5.6	竣工文件	51
5.7	操作和维修手册	53
5.8	设计错误	53

6 员 工

6.1	员工的雇用	55
6.2	工资标准和劳动条件	55
6.3	为业主服务的人员	55
6.4	劳动法	55
6.5	工作时间	55
6.6	员工的食宿	57
6.7	健康和安全	57
6.8	承包商的监督	57
6.9	承包商人员	57
6.10	承包商人员和设备的记录	59
6.11	无序行为	59

7 Installations industrielles, Matériaux et Règles de l'art 60
7.1 Méthode d'exécution 60
7.2 Echantillons 60
7.3 Inspection 60
7.4 Tests 62
7.5 Rejet 62
7.6 Travaux de réparation 64
7.7 Propriété des Installations industrielles et des Matériaux 64
7.8 Redevances 64

8 Commencement, Retards et Suspension 66
8.1 Commencement des travaux 66
8.2 Délai d'achèvement 66
8.3 Emploi du temps 66
8.4 Prolongation du Délai d'achèvement 68
8.5 Retards causés par les autorités 68
8.6 Degré d'évolution 70
8.7 Dommages et intérêts de retard 70
8.8 Suspension des travaux 70
8.9 Conséquences de la suspension 72
8.10 Paiement pour les Installations industrielles et les Matériaux en cas de suspension 72
8.11 Suspension prolongée 72
8.12 Reprise des travaux 72

9 Tests d'achèvement 74
9.1 Obligation de l'Entrepreneur 74
9.2 Tests retardé 74
9.3 Nouveaux Tests 76
9.4 Echec des Tests d'achèvement 76

10 Réception par le Maître de l'ouvrage 78
10.1 Réception des Travaux et des Sections 78
10.2 Réception de parties des travaux 78
10.3 Interférence avec les Tests d'achèvement 78

11 La Responsabilité pour vices 82
11.1 Achèvement des Travaux inachevés et Suppression des vices 82
11.2 Coûts relatifs à la suppression des vices 82
11.3 Prolongation du Délai de notification des vices 82
11.4 Echec de la Suppression des vices 84
11.5 Déplacement des travaux viciés 84
11.6 Tests supplémentaires 84
11.7 Droit d'accès 86
11.8 Recherche de l'Entrepreneur 86

7	生产设备、材料和工艺	61
	7.1 实施方法	61
	7.2 样品	61
	7.3 检验	61
	7.4 试验	63
	7.5 拒收	63
	7.6 修补工作	65
	7.7 生产设备和材料的所有权	65
	7.8 土地(矿区)使用费	65
8	开工、延误和暂停	67
	8.1 工程的开工	67
	8.2 竣工期限	67
	8.3 进度计划	67
	8.4 竣工期限的延长	69
	8.5 当局造成的延误	69
	8.6 工程进度	71
	8.7 赔偿及延误利息	71
	8.8 暂时停工	71
	8.9 暂停的后果	73
	8.10 暂停时对生产设备和材料的付款	73
	8.11 拖长的停工	73
	8.12 复工	73
9	竣工试验	75
	9.1 承包商的义务	75
	9.2 延误的试验	75
	9.3 重新试验	77
	9.4 未能通过竣工试验	77
10	业主验收	79
	10.1 工程和分项工程的验收	79
	10.2 部分工程的验收	79
	10.3 对竣工试验的干扰	79
11	缺陷责任	83
	11.1 完成扫尾工作和修补缺陷	83
	11.2 修补缺陷的费用	83
	11.3 缺陷通知期限的延长	83
	11.4 未能修补缺陷	85
	11.5 移出有缺陷的工程	85
	11.6 进一步试验	85
	11.7 进入权	87
	11.8 承包商调查	87

11.9	Certificat d'exécution	86
11.10	Obligations non exécutées	86
11.11	Nettoyage du Chantier	86

12 Tests après achèvement 90
    12.1 Procédure relative aux Tests après achèvement 90
    12.2 Tests retardés 90
    12.3 Nouveaux Tests 90
    12.4 Echec des Tests après achèvement 92

13 Modifications et Ajustements 94
    13.1 Droit de modification 94
    13.2 Valeur ajoutée de l'ingénierie 94
    13.3 Procédure de modification 94
    13.4 Paiement dans les devises appropriées 96
    13.5 Prix provisoire 96
    13.6 Travail journalier 98
    13.7 Ajustements pour changements dans la législation 98
    13.8 Ajustements pour changements des Coûts 100

14 Prix contractuel et Paiement 102
    14.1 Prix contractuel 102
    14.2 Paiement anticipé 102
    14.3 Demande de paiements provisoires 104
    14.4 Calendrier des paiements 106
    14.5 Installations industrielles et Matériaux envisagés pour les Travaux ... 106
    14.6 Paiements provisoires 108
    14.7 Date des paiements 108
    14.8 Paiement retardé 110
    14.9 Paiement de la Retenue de garantie 110
    14.10 Décompte à l'achèvement 110
    14.11 Demande de paiement final 112
    14.12 Décharge 112
    14.13 Paiement final 114
    14.14 Fin de la Responsabilité du Maître de l'ouvrage 114
    14.15 Devises de Paiement 114

15 Résiliation par le Maître de l'ouvrage 118
    15.1 Notification pour rectification 118
    15.2 Résiliation par le Maître de l'ouvrage 118
    15.3 Evaluation à la date de résiliation 120
    15.4 Paiement après résiliation 120
    15.5 Droit du Maître de l'ouvrage de résilier le Contrat 122

11.9　履约证书 ·· 87
　　11.10　未履行的义务 ·· 87
　　11.11　现场清理 ·· 87
12　竣工后试验 ··· 91
　　12.1　竣工后试验的程序 ·· 91
　　12.2　延误的试验 ·· 91
　　12.3　重新试验 ·· 91
　　12.4　未能通过竣工后试验 ·· 93
13　变更和调整 ··· 95
　　13.1　变更权 ·· 95
　　13.2　有价值的工程建议 ·· 95
　　13.3　变更程序 ·· 95
　　13.4　以适用货币支付 ·· 97
　　13.5　暂列价格 ·· 97
　　13.6　计日工作 ·· 99
　　13.7　因法律改变的调整 ·· 99
　　13.8　因成本改变的调整 ·· 101
14　合同价格和付款 ··· 103
　　14.1　合同价格 ·· 103
　　14.2　预付款 ·· 103
　　14.3　期中付款的申请 ·· 105
　　14.4　付款计划表 ·· 107
　　14.5　拟用于工程的生产设备和材料 ······································ 107
　　14.6　期中付款 ·· 109
　　14.7　付款日期 ·· 109
　　14.8　延误的付款 ·· 111
　　14.9　保留金的支付 ·· 111
　　14.10　竣工报表 ·· 111
　　14.11　最终付款的申请 ·· 113
　　14.12　结清证明 ·· 113
　　14.13　最终付款 ·· 115
　　14.14　业主责任的中止 ·· 115
　　14.15　支付的货币 ·· 115
15　由业主终止 ··· 119
　　15.1　通知改正 ·· 119
　　15.2　由业主终止 ·· 119
　　15.3　终止日期时的估价 ·· 121
　　15.4　终止后的付款 ·· 121
　　15.5　业主终止合同的权利 ·· 123

16	Suspension et résiliation par l'Entrepreneur	124
16.1	Droit de l'Entrepreneur de suspendre les travaux	124
16.2	Résiliation par l'Entrepreneur	124
16.3	Cessation des travaux et enlèvement de l'Equipement de l'Entrepreneur	126
16.4	Paiement après résiliation	126
17	**Risque et responsabilité**	128
17.1	Indemnités	128
17.2	Protection des travaux par l'Entrepreneur	128
17.3	Risques du Maître de l'ouvrage	130
17.4	Conséquences des risques du Maître de l'ouvrage	130
17.5	Droits de propriété intellectuelle et industrielle	132
17.6	Limitation de la responsabilité	132
18	**Assurance**	136
18.1	Exigences générales relatives aux assurances	136
18.2	Assurance des travaux et de l'Equipement de l'Entrepreneur	138
18.3	Assurance contre les atteintes aux personnes et les dommages à la propriété	140
18.4	Assurance pour le Personnel de l'Entrepreneur	142
19	**Force majeure**	144
19.1	Définition de la Force majeure	144
19.2	Avis de Force majeure	144
19.3	Devoir de minimiser le retard	144
19.4	Conséquences de la Force majeure	146
19.5	Force majeure affectant les Sous-traitants	146
19.6	Résiliation optionnelle, paiement et libération	146
19.7	Impossibilité d'exécution selon la Loi	148
20	**Réclamations, Litiges et Arbitrage**	150
20.1	Réclamations de l'Entrepreneur	150
20.2	Désignation du Bureau de conciliation	152
20.3	Echec de la désignation du Bureau de Conciliation	154
20.4	Obtention de la décision du Bureau de conciliation	156
20.5	Règlement amiable	158
20.6	Arbitrage	158
20.7	Non-respect de la décision du Bureau de conciliation	158
20.8	Expiration de la désignation du Bureau de conciliation	160
APPENDICE		
	Conditions Générales de la Convention de conciliation	162

16 由承包商暂停和终止 ··· 125
  16.1 承包商暂停工作的权利 ·· 125
  16.2 由承包商终止 ··· 125
  16.3 停止工程和承包商设备的撤离 ······································ 127
  16.4 终止后的付款 ··· 127
17 风险与职责 ··· 129
  17.1 赔偿 ··· 129
  17.2 承包商对工程的保护 ·· 129
  17.3 业主的风险 ··· 131
  17.4 业主风险的后果 ·· 131
  17.5 知识产权和工业产权 ·· 133
  17.6 责任限度 ·· 133
18 保　险 ·· 137
  18.1 有关保险的一般要求 ·· 137
  18.2 工程和承包商设备的保险 ·· 139
  18.3 人身伤害和财产损害险 ·· 141
  18.4 承包商人员的保险 ··· 143
19 不可抗力 ··· 145
  19.1 不可抗力的定义 ·· 145
  19.2 不可抗力的通知 ·· 145
  19.3 将延误减至最小的义务 ·· 145
  19.4 不可抗力的后果 ·· 147
  19.5 影响分包商的不可抗力 ·· 147
  19.6 自主选择终止、支付和解除 ·· 147
  19.7 根据法律解除履约 ··· 149
20 索赔、争端和仲裁 ··· 151
  20.1 承包商的索赔 ··· 151
  20.2 调解委员会的任命 ··· 153
  20.3 调解委员会指定未能取得一致 ······································ 155
  20.4 取得调解委员会的决定 ·· 157
  20.5 友好解决 ·· 159
  20.6 仲裁 ··· 159
  20.7 未能遵守调解委员会的决定 ·· 159
  20.8 调解委员会任命期满 ·· 161
附　录
  调解协议书一般条件 ·· 163

Conditions Générales

1 Dispositions générales

1.1 Définitions

Dans les conditions du Contrat ("ces Conditions"), qui comprennent les Conditions particulières et ces Conditions Générales, les mots et expressions suivants ont la signification précisée ci-après. Les mots indiquant des personnes ou des parties incluent des sociétés ou autres personnes morales, sauf si le contexte exige une interprétation différente.

1.1.1 Le Contrat

1.1.1.1 "Contrat" désigne l'Accord contractuel, ainsi que ces Conditions, les Exigences du Maître de l'ouvrage, l'Offre et les autres documents (s'il y en a) qui sont énumérés dans l'Accord contractuel.

1.1.1.2 "Accord contractuel" désigne l'accord contractuel auquel il est fait référence dans la Sous-clause 1.6 [*Accord contractuel*], y compris tout mémorandum annexé.

1.1.1.3 "Exigences du Maître de l'ouvrage" désigne le document intitulé les exigences du Maître de l'ouvrage, tel qu'inclus dans le Contrat, ainsi que tous les ajouts et modifications relatif à ce document conformément au Contrat. Un tel document spécifie l'objectif, le domaine et/ou la conception et/ou d'autres critères techniques concernant les Travaux.

1.1.1.4 "Offre" désigne l'offre signée par l'Entrepreneur pour les Travaux et tout autre document que l'Entrepreneur soumet avec l'offre (documents autres que ces Conditions et les Exigences du Maître de l'ouvrage, au cas où ils seraient ainsi soumis), tel qu'inclus dans le Contrat.

1.1.1.5 "Garanties d'exécution" et "Calendrier des Paiements" désignent les documents ainsi dénommés (s'il y en a), tel qu'inclus dans le Contrat.

1.1.2 Les Parties et les Personnes

1.1.2.1 "Partie" désigne le Maître de l'ouvrage ou l'Entrepreneur, selon le contexte.

1.1.2.2 "Maître de l'ouvrage" désigne la personne dénommée Maître de l'ouvrage dans l'Accord contractuel et les ayants droit de cette personne.

1.1.2.3 "Entrepreneur" désigne la/les personnes(s) dénommée(s) Entrepreneur dans l'accord contractuel et les ayants droit de cette/ces personnes(s).

1.1.2.4 "Représentant du Maître de l'ouvrage" désigne la personne nommée par le Maître de l'ouvrage dans le Contrat ou désignée occasionnellement par le Maître de l'ouvrage selon la Sous-clause 3.1 [*Représentant du Maître de l'ouvrage*], qui agit au nom du Maître de l'ouvrage.

通 用 条 件

1 一 般 规 定

1.1 定 义

在合同条件(本条件),包括专用条件和通用条件中,下列词语和措辞应具有以下所述的含义。除文中另有解释外,文中人员或当事各方等词语包括公司和其他法人。

1.1.1 合 同

1.1.1.1 "合同"系指合同协议书、本条件、业主要求、投标书和合同协议书列出的其他文件(如果有)。

1.1.1.2 "合同协议书"系指第1.6款[合同协议书]中所述的合同协议书及所附各项备忘录。

1.1.1.3 "业主要求"系指合同中包括的题为业主要求的文件,包括根据合同与业主要求文件有关的任何补充和修改。该资料中列明了工程的目标、范围和(或)设计和(或)其他技术标准。

1.1.1.4 "投标书"系指本合同中包含的由承包商为完成工程与报价书一道签字提交的所有文件(其他文件和业主要求除外,如果需同时提交)。

1.1.1.5 "履约保证"和"付款计划表"系指合同中包括的具有上述名称的文件(如果有)。

1.1.2 各方和人员

1.1.2.1 "一方"根据上下文需要,指业主,或指承包商。

1.1.2.2 "业主"系指在合同协议书中被称为业主的当事人及赋予业主权力的当事人。

1.1.2.3 "承包商"系指合同协议书中被称为承包商的当事人及赋予承包商权力的当事人。

1.1.2.4 "业主代表"系指由业主在合同中指明的人员,或有时由业主根据第3.1款[业主代表]的规定任命为其代表的人员。

1.1.2.5 "Représentant de l'Entrepreneur" désigne la personne nommée par l'Entrepreneur dans le Contrat ou désignée occasionnellement par l'Entrepreneur dans la Sous-clause 4.3 [*Représentant de l'Entrepreneur*], qui agit au nom de l'Entrepreneur.

1.1.2.6 "Personnel du Maître de l'ouvrage" désigne la Représentant du Maître de l'ouvrage, les assistants qui sont mentionnés dans la Sous-clause 3.2 [*Autre personnel du Maître de l'ouvrage*] et tout autre membre du personnel, travailleur ou employé du Maître de l'ouvrage et du Représentant du Maître de l'ouvrage; ainsi que tout autre personnel dont l'Entrepreneur a été avisé par le Maître de l'ouvrage ou son Représentant, à titre de Personnel du Maître de l'ouvrage.

1.1.2.7 "Personnel de l'Entrepreneur" désigne le Représentant de l'Entrepreneur et tout personnel que celui-ci emploie sur le Chantier, qui peut inclure le personnel, les travailleurs et les autres employés de l'Entrepreneur et de chaque Sous-traitant; ainsi que tout autre personnel assistant l'Entrepreneur lors de l'exécution des Travaux.

1.1.2.8 "Sous-traitant" désigne toute personne désignée dans le Contrat comme un sous-traitant, ou toute personne engagée comme sous-traitant pour une partie des travaux; ainsi que les ayants droit desdites personnes.

1.1.2.9 "Bureau de conciliation" désigne la personne ou les trois personnes ainsi désignées dans le Contrat, ou une/d'autre(s) personne(s) désignée(s) selon la Sous-clause 20.2 [*Désignation des membres du Bureau de conciliation*] ou dans la Sous-clause 20.3 [*Echec de la Désignation du Bureau de conciliation*].

1.1.2.10 "FIDIC" signifie la Fédération Internationale des Ingénieurs-Conseils.

1.1.3 Dates, Tests, Délais et Achèvement

1.1.3.1 "Date de référence" désigne la date qui précède de 28 jours l'expiration du délai pour la soumission de l'Offre.

1.1.3.2 "Date de commencement" désigne la date notifiée selon la Sous-clause 8.1 [*Commencement des Travaux*], sauf si une autre date a été définie dans l'Accord contractuel.

1.1.3.3 "Délai d'achèvement" désigne le délai nécessaire pour achever les Travaux ou une Section (selon le cas), conformément à la Sous-clause 8.2 [*Délai d'achèvement*], tel qu'indiqué dans les Conditions Particulières (avec des prolongations mentionnées dans la Sous-clause 8.4 [*Prolongation du Délai d'achèvement*]), et qui sera calculé à partir de la Date de commencement.

1.1.3.4 "Tests d'achèvement" désigne les tests spécifiés dans le Contrat ou qui ont été convenus par les deux Parties ou ordonnés comme étant une Modification, et qui sont effectués selon la Clause 9 [*Tests d'achèvement*] avant que les Travaux ou une Section (selon le cas) ne soient réceptionnés par le Maître de l'ouvrage.

1.1.3.5 "Certificat de réception" désigne le certificat délivré conformément à la Clause 10 [*Réception par le Maître de l'ouvrage*].

1.1.2.5 "承包商代表"系指由承包商在合同中任命的人员,或有时由承包商根据第4.3款[承包商代表]的规定指定为其代表的人员。

1.1.2.6 "业主人员"系指业主代表、第3.2款[其他业主人员]中提到的助手、业主的其他成员、工作人员、职员和业主代表,以及由业主或业主代表通告承包商的作为业主人员的任何其他人员。

1.1.2.7 "承包商人员"系指承包商代表和承包商在现场聘用的所有人员,包括承包商和每个分包商的工作人员和其他雇员,以及所有其他帮助承包商实施工程的人员。

1.1.2.8 "分包商"系指为完成部分工程,在合同中指定为分包商或被任命为分包商的任何人员,以及赋予分包商权利的当事人。

1.1.2.9 "调解委员会"系指在合同中指定的一名或三名人员,或根据第20.2款[调解委员会的任命]或第20.3款[调解委员会指定未能取得一致]指定的一名或其他人员。

1.1.2.10 "菲迪克(FIDIC)"系指国际咨询工程师联合会。

1.1.3 日期、试验、期限和竣工

1.1.3.1 "基准日期"系指递交投标书截止日期前28天的日期。

1.1.3.2 "开工日期"系指根据第8.1款[工程的开工]规定通知的日期,合同协议书中另有规定的除外。

1.1.3.3 "竣工期限"系指如专用条件中指出的,根据第8.2款[竣工期限](连同第8.4款[竣工期限的延长])规定的,自开工日期算起,所需要完成的所有工程或某分项工程(如有)的必要期限。

1.1.3.4 "竣工试验"系指在合同中规定或双方商定的,或按指示作为一项变更的,在工程或某分项工程(视情况而定)被业主接收前,根据第9条[竣工试验]的要求,进行的试验。

1.1.3.5 "验收证书"系指根据第10条[业主验收]的规定颁发的证书。

1.1.3.6 "Tests après achèvement" désignent les tests (s'il y en a) spécifiés dans le Contrat et qui sont effectués selon la Clause 12 [*Tests après achèvement*] après que les Travaux ou une Section (selon le cas) aient été réceptionnés par le Maître de l'ouvrage.

1.1.3.7 "Délai de notification des vices" désigne le délai prévu pour la notification des vices affectant les Travaux ou une Section (selon le cas), conformément à la Sous-clause 11.1 [*Achèvement des travaux inachevés et Suppression des vices*], tel que mentionné dans les Conditions particulières (avec les prolongations mentionnées dans la Sous-clause 11.3 [*Prolongation du Délai de notification des vices*]), et qui est calculé à partir de la date à laquelle les Travaux ou une Section seront/sera complétés/complétée car certifié(e)s conformément à la Sous-clause 10.1 [*Réception des Travaux et des Section*]. Dans l'hypothèse où un tel délai n'a pas été mentionné dans les Conditions Particulières, ce délai doit durer un an.

1.1.3.8 "Certificat d'exécution" désigne la certificat délivré conformément à la Sous-clause 11.9 [*Certificat d'exécution*].

1.1.3.9 "Jour" signifie un jour du calendrier et "an" signifie 365 jours.

1.1.4 Devises et Paiement

1.1.4.1 "Prix contractuel" désigne le montant convenu dans l'Accord contractuel pour la conception, l'exécution et l'achèvement des Travaux, ainsi que pour la suppression des vices et qui inclut des ajustements (s'il y en a) lorsque ceux-ci ont été prévus par le Contrat.

1.1.4.2 "Coût" désignent toutes les dépenses raisonnablement exposées (ou qui seront exposées) par l'Entrepreneur, sur ou hors du Chantier, et qui comprennent les frais généraux ou des charges similaires, mais n'incluent pas de bénéfice.

1.1.4.3 "Décompte final" désigne le décompte défini à la Sous-clause 14.11 [*Demande de paiement final*].

1.1.4.4 "Devise étrangère" désigne une devise dans laquelle le prix contractuel ou une partie du Prix contractuel est payable, à l'exception de la Devise locale.

1.1.4.5 "Devise locale" désigne la devise du Pays.

1.1.4.6 "Montant provisoire" désigne le montant (s'il y en a) qui est défini dans le Contrat comme un montant provisoire pour l'exécution d'une partie des Travaux ou encore pour la fourniture des installations industrielles, des Matériaux ou services, conformément à la Sous-clause 13.5 [*prix provisoires*].

1.1.4.7 "Retenue de garantie" désigne les retenues de garantie accumulées que le Maître de l'ouvrage retient selon la Sous-clause 14.3 [*Demande de paiements provisoires*] et qu'il reverse selon la Sous-clause 14.9 [*Paiement de la Retenue de garantie*].

1.1.4.8 "Décompte" désigne le décompte présenté par l'Entrepreneur comme une partie de la demande de paiement selon la Clause 14 [*Prix contractuel et Paiement*]

1.1.3.6 "竣工后试验"系指在合同中规定的,在工程或某分项工程(视情况而定)被业主接收后,根据第12条[竣工后试验]的要求,进行的试验(如果有)。

1.1.3.7 "缺陷通知期限"系指专用条件中规定的,自工程或分项工程(视情况而定)根据第10.1款[工程和分项工程的验收]的规定证明的竣工之日算起,至根据第11.1款[完成扫尾工作和修补缺陷]的规定通知工程或分项工程存在缺陷的期限(连同根据第11.3款[缺陷通知期限的延长]的规定提出的任何延长期)。如果专用条件中没有提出这一期限,该期限应为一年。

1.1.3.8 "履约证书"系指根据第11.9款[履约证书]的规定颁发的证书。

1.1.3.9 "日(天)"系指一个公历日,"年"系指365天。

1.1.4 款项与付款

1.1.4.1 "合同价格"系指在合同协议书中确定的工程设计、施工、竣工和缺陷修补的款额,包括以及按照合同做出的调整金额(如果有)。

1.1.4.2 "成本(费用)"系指承包商在现场内外所发生(或将发生)的所有合理开支,包括管理费用及类似的支出,但不包括利润。

1.1.4.3 "最终报表"系指第14.11款[最终付款的申请]规定的报表。

1.1.4.4 "外币"系指可用于支付合同价格中部分(或全部)款项的当地货币以外的某种货币。

1.1.4.5 "当地货币"系指工程所在国的货币。

1.1.4.6 "暂列金额"系指合同中规定作为暂列金额的一笔款额(如果有),根据第13.5款[暂列价格]的规定,用于工程某一部分的实施,或用于提供生产设备、材料或服务。

1.1.4.7 "保留金"系指业主根据第14.3款[期中付款的申请]和根据第14.9款[保留金的支付]的规定扣留的保留金累计。

1.1.4.8 "报表"系指承包商根据第14条[合同价格和付款]的规定提交的作为付款申请的组成部分的报表。

1.1.5 Travaux et Marchandises

1.1.5.1 "Equipement de l'Entrepreneur" désigne tous les appareils, machines, engins ou autres nécessaires à l'exécution et l'achèvement des Travaux ainsi qu'à la suppression des vices. Toutefois, ne font pas partie de l'Equipement de l'Entrepreneur les Travaux provisoires, l'Equipement du Maître de l'ouvrage (s'il y en a), les Installations industrielles, les Matériaux ou toute autre chose qui ont vocation à faire partie ou font partie des Travaux définitifs.

1.1.5.2 "Marchandises" désigne l'Equipement de l'Entrepreneur, les Matériaux, les Installations industrielles et les Travaux provisoires, ou bien un seul d'entre eux selon ce qui est approprié.

1.1.5.3 "Matériaux" désigne les choses de toutes sortes (à l'exception des Installations industrielles) qui constituent ou qui ont vocation à constituer une partie des Travaux définitifs. En font également partie les matériaux (s'il y en a) qui doivent être livrés par l'Entrepreneur conformément au Contrat.

1.1.5.4 "Travaux définitifs" désignent les travaux définitifs qui doivent, selon les termes du Contrat, être conçus et réalisés par l'Entrepreneur.

1.1.5.5 "Installations industrielles" désigne les appareils, machines et engins qui sont ou seront destinés à faire partie des Travaux définitifs.

1.1.5.6 "Section" désigne une partie des Travaux définie dans les Conditions Particulières comme étant une Section (s'il y en a).

1.1.5.7 "Travaux provisoires" désigne les travaux provisoires de toutes sortes (autres que l'Equipement de l'Entrepreneur) nécessaires, sur le Chantier, à l'exécution et à l'achèvement des Travaux définitifs et à la suppression des vices.

1.1.5.8 "Ouvrage" désigne les Travaux définitifs et les Travaux provisoires, ou le cas échéant un seul des deux.

1.1.6 Autres Définitions

1.1.6.1 "Documents de l'Entrepreneur" désigne les calculs, les programmes informatiques et les autres logiciels, dessins, manuels, modèles et autre documents de nature technique fournis par l'Entrepreneur conformément au Contrat; tels que décrits dans la Sous-clause 5.2 [*Documents de l'Entrepreneur*].

1.1.6.2 "Pays" désigne le pays dans lequel le Chantier (ou la plus grande partie de celui-ci) est situé, et est dans lequel les Travaux définitifs doivent être exécutés.

1.1.6.3 "Equipement du Maître de l'ouvrage" désigne les appareils, machines et engins (s'il y en a) que le Maître de l'ouvrage met à la disposition de l'Entrepreneur pour l'exécution des travaux, comme il est prévu dans les Exigences du Maître de l'ouvrage. Ne font pas partie de cet équipement les Installations industrielles que le Maître de l'ouvrage n'a pas réceptionnées.

1.1.6.4 "Force majeure" est définie dans la Clause 19 [*Force majeure*].

1.1.5 工程和货物

1.1.5.1 "承包商设备"系指为实施和完成工程以及修补任何缺陷需要的所有仪器、机械、车辆和其他物品。但承包商设备不包括临时工程、业主设备(如果有)以及拟构成或正构成永久工程的生产设备、材料和其他任何物品。

1.1.5.2 "货物"系指承包商设备、材料、生产设备和临时工程,或视情况为其中任何一种。

1.1.5.3 "材料"系指构成或正构成永久工程一部分的各类物品(生产设备除外),包括根据合同要由承包商供应的材料(如果有)。

1.1.5.4 "永久工程"系指根据合同承包商要进行设计和施工的永久性工程。

1.1.5.5 "生产设备"系指用于或将用于组成永久工程的仪器、机械和车辆。

1.1.5.6 "分项工程"系指在专用条件中确定为分项工程(如果有)的工程组成部分。

1.1.5.7 "临时工程"系指为实施和完成永久工程及修补任何缺陷,在现场所需的所有各类临时性工程(承包商设备除外)。

1.1.5.8 "工程"系指永久工程和临时工程,或视情况指二者之一。

1.1.6 其他定义

1.1.6.1 "承包商文件"系指第5.2款[承包商文件]中所述的,由承包商根据合同应提交的所有计算书、计算机程序和其他软件、图纸、手册、模型以及其他技术性文件。

1.1.6.2 "所在国"系指实施永久工程的现场(或工程的大部分)所在的国家。

1.1.6.3 "业主设备"系指业主要求中所述的,由业主提供给供承包商在实施工程中使用的仪器、机械和车辆(如果有),但不包括尚未经业主接收的生产设备。

1.1.6.4 "不可抗力"见第19条[不可抗力]的定义。

1.1.6.5 "Loi" désigne la législation nationale (ou étatique), les lois et règlements et toute autre loi, ainsi que les réglementations et les statuts de toute autorité publique légalement constituée.

1.1.6.6 "Garantie d'exécution" désigne la garantie (ou les garanties, le cas échéant) conformément à la Sous-clause 4.2 [*Garantie d'exécution*].

1.1.6.7 "Chantier" désigne l'endroit où les Travaux définitifs doivent être exécutés et sur lequel les Installations industrielles et les Matériaux doivent livrés, ainsi que tout autre endroit mentionné dans le Contrat comme faisant partie du Chantier.

1.1.6.8 "Modifications" désigne tout changement dans les Exigences du Maître de l'ouvrage ou dans les Travaux, qui est ordonné ou approuvé comme une modification conformément à la Clause 13 [*Modifications et Ajustements*].

1.2 Interprétation

Dans le Contrat, sauf si le contexte l'exige autrement :
(a) les mots indiquant un genre incluent tous les genres ;
(b) les mots indiquant le singulier incluent également le pluriel et les mots indiquant le pluriel incluent le singulier ;
(c) les dispositions incluant les mots "convenir", "convenu" ou "accord" nécessitent que l'accord soit consigné de manière écrite, et ;
(d) "écrit" ou "par écrit" signifie écrit à la main, dactylographié, imprimé ou fait de manière électronique et constituant un enregistrement durable.

Les notes marginales et les autres titres ne doivent pas être pris en considération pour l'interprétation de ces Conditions.

1.3 Communications

Lorsque ces Conditions prévoient la remise ou la délivrance d'agréments, de certificats, de consentements, de décisions, d'avis ou de demandes, ces communications seront faites :
(a) par écrit et remises en mains propres (contre reçu), envoyées par la poste ou par messager, ou transmises en utilisant un des systèmes électroniques de transmission agréés comme il est mentionné dans les Conditions Particulières ; et
(b) distribuées, envoyées, ou transmises à l'adresse du destinataire des communications, comme mentionné dans le Contrat. Toutefois :
(i) si le destinataire indique une autre adresse, les communications seront délivrées en conséquence à cette adresse ; et
(ii) si le destinataire n'en a pas disposé autrement lorsqu'il a requis un agrément ou un consentement, celui-ci peut être envoyé à l'adresse de laquelle émane la demande.

Les agréments, certificats, consentements et décisions ne seront pas retenus ou retardé déraisonnablement.

1.1.6.5 "法律"系指国家范围内的立法、法律、条例、法令和其他法律,以及任何合法建立的公共当局制定的规则和细则。

1.1.6.6 "履约担保"系指根据第4.2款[履约担保]规定的担保(或各项担保,如果有)。

1.1.6.7 "现场"系指将实施永久工程和运送生产设备与材料到达的地点,以及合同中可能指定为现场组成部分的任何其他场所。

1.1.6.8 "变更"系指按照第13条[变更和调整]的规定,经指示或批准作为变更的,在业主要求中对工程所做的任何更改。

1.2 解　　释

在合同中,除上下文另有要求外:
(a)表示某一性别的词,包括所有性别;
(b)单数形式的词也包括复数含义,反之亦然;
(c)包括"同意(商定)"、"已达成(取得)一致"或"协议"等词的各项规定都要求用书面记载;
(d)"书面"或"用书面"系指手写、打字、印刷或电子制作,并形成永久性记录。
旁注和其他标题在本条件的解释中不应考虑。

1.3 通信交流

本条件不论在何种场合规定给予或颁发批准、证明、同意、确定、通知和请求时,这些通信信息都应符合如下规定:
(a)采用书写形式,亲自面交(取得对方收据),通过邮寄或信差传送,或根据用专用条件提及的采用某种商定的电子传输方式发送;

(b)交付、传送或传输到合同中注明的接收人的地址。同时应注意以下两点:

（ⅰ）如接收人指定了另外地址时,随后通信信息应按新址发送;

（ⅱ）如接收人在请求批准、同意时没有另外明确接收人地址,可按请求发出的地址发送。

所有的批准、证明、同意和确定不得无理被扣压或拖延。

1.4　Loi et Langue

Le Contrat est régi par le droit du pays (ou de l'ordre juridique) mentionné dans les Conditions Particulières. S'il existe des versions d'une partie quelconque du Contrat rédigées dans plus d'une langue, la version rédigée dans la langue qui régit le contrat mentionnée dans les Conditions Particulières doit prévaloir. La langue de communication est celle qui est mentionnée dans les Conditions Particulières. Si aucune langue n'y est mentionnée, la langue pour les communications doit être la langue dans laquelle le Contrat (ou la plus grande partie du Contrat) est rédigé.

1.5　Hiérarchie des Documents

Les documents constituant le Contrat doivent être considérés comme s'expliquant mutuellement. Aux fins d'interprétation, la hiérarchie des documents doit être conforme à l'énumération suivante:
- (a) l'Accord contractuel;
- (b) les Conditions Particulières;
- (c) ces Conditions Générales;
- (d) les Exigences du Maître de l'ouvrage;
- (e) l'Offre et tous les documents faisant partie du Contrat.

1.6　Accord contractuel

Le Contrat prendra plein effet à la date indiquée dans l'Accord contractuel. Les droits de timbre et les charges similaires (s'il y en a) imposé(e)s par la loi en rapport avec la conclusion de l'Accord contractuel, seront supportés par le Maître de l'ouvrage.

1.7　Cession

Aucune partie ne doit céder le Contrat sa totalité ou une partie de celui-ci ou un bénéfice ou un droit découlant du Contrat. Toutefois, chaque partie:
- (a) peut céder tout ou une partie du Contrat avec l'accord préalable de l'autre Partie, accord qui est à la seule discrétion de cette autre Partie, et
- (b) peut, à titre de garantie en faveur d'une banque ou d'une institution financière, céder ses créances pécuniaires actuelles ou futures découlant du Contrat.

1.8　Garde et Remise de Documents

Chacun des Documents de l'Entrepreneur sera sous la surveillance et aux soins de l'Entrepreneur, à moins et jusqu'à ce qu'ils soient acceptés par le Maître de l'ouvrage. A moins que le Contrat n'en dispose autrement, l'Entrepreneur remettra au Maître de l'ouvrage six copies de chacun des Documents de l'Entrepreneur.

L'Entrepreneur conservera, sur le Chantier, une copie du Contrat, des publications désignées dans les Exigences du Maître de l'ouvrage, les Documents de l'Entrepreneur et les Modifications et autres communications effectuées selon le Contrat. Le personnel du Maître de l'ouvrage aura le droit d'accéder à tous ces documents à tous moment raisonnable.

1.4 法律和语言

合同应受专用条件中所述的所在国(或司法管辖区)的法律管辖。当合同任何部分的文本采用一种以上语言编写时,应以专用条件中指定的主导语言文本为准。通信交流应使用专用条件中指定的语言,如未指定,应使用合同(或合同中大部分)编写用的语言。

1.5 文件优先次序

构成合同的文件要认为是互作说明的。出于解释的目的,文件的优先次序如下:

(a)合同协议书;
(b)专用条件;
(c)通用条件;
(d)业主要求;
(e)投标书和构成合同组成部分的所有文件。

1.6 合同协议书

合同自合同协议书规定之日起全面生效。为签定合同协议书,依法征收的印花税和类似的费用(如果有)应由业主承担。

1.7 权益转让

任何一方都不应将合同的全部或任何部分,以及合同中或根据合同所具有的任何利益、权益转让他人。以下情形除外:

(a)任何一方在完全自主决定的情况下,事先征得另一方同意后,可以将合同的全部或部分转让(给第三方);
(b)任何一方可以以担保名义向银行或金融机构转让其合同现有或未来的债权。

1.8 文件的保管和提供

每份承包商文件都应由承包商保存和保管,一直到被业主接收为止。除非合同中另有规定,承包商应向业主提供承包商文件一式六份。

承包商应在施工现场保存一份合同、业主要求中指定的告示、承包商文件、变更以及根据合同发出的其他往来文书。业主人员有权在所有合理的时间使用所有这些文件。

Si une Partie se rend compte d'une erreur ou d'un défaut de nature technique dans un document qui avait été préparé pour être utilisé lors de l'exécution des Travaux, la Partie doit immédiatement aviser l'autre Partie de cette erreur ou ce défaut.

1.9 Confidentialité

Les deux Parties doivent traiter les détails du Contrat de manière secrète et confidentielle, sauf dans la mesure nécessaire à l'exécution des obligations découlant du Contrat ou au respect de la Loi applicable. L'Entrepreneur ne doit pas publier, permettre la publication ou rendre public les détails concernant les Travaux dans un journal commercial ou technique ou ailleurs dans l'accord préalable du Maître de l'ouvrage.

1.10 Utilisation par le Maître de l'ouvrage des Documents de l'Entrepreneur

Dans la relation entre les Parties, l'Entrepreneur conservera le droit d'auteur et les autres droits de propriété intellectuelle sur les Documents de l'Entrepreneur et les autres documents de conception faits par (ou au nom de) l'Entrepreneur.

L'Entrepreneur est réputé (en signant le Contrat) avoir donné au Maitre de l'ouvrage une licence non-résiliable, transférable, non-exclusive et exempte de taxes, pour copier, utiliser et communiquer les Documents de l'Entrepreneur, y compris pour faire et utiliser les modifications de ceux-ci. Cette licence :

(a) est valable pour toute la durée vie prévue ou effective (quelle que soit la plus longue des deux) de la partie des Travaux concernés ;

(b) donne droit à toute personne en possession légitime de la partie des Travaux concernés, de copier, d'utiliser, et de communiquer les Documents de l'Entrepreneur en vue d'achever, d'exploiter, d'entretenir, de modifier, d'ajuster, de réparer et de détruire lesdits Travaux, et

(c) permet, dans l'hypothèse où les Documents de l'Entrepreneur sont réalisés sous forme de programmes informatiques et autre logiciels, leur utilisation sur chaque ordinateur du Chantier et tous autres lieux envisagés par le Contrat, y compris les ordinateurs qui remplacent ceux fournis par l'Entrepreneur.

Les Documents de l'Entrepreneur et les autre documents de conception réalisés par (ou au nom de) l'Entrepreneur ne pourront pas, sans le consentement de l'Entrepreneur, être utilisés, copiés ou communiqués à un tiers par (ou au nom de) l'Entrepreneur pour des raisons autres que celles autorisées selon cette Sous-clause.

1.11 Utilisation par l'Entrepreneur des Documents du Maître de l'ouvrage

Dans la relation entre les Parties, le Maître de l'ouvrage conservera le droit d'auteur et les autres droits de propriété intellectuelle sur les Exigences du Maître de l'ouvrage ainsi que les autres documents faits par le (ou au nom du) Maître de l'ouvrage. L'Entrepreneur pourra, à ses propres frais, copier, utiliser et obtenir la communication de ces documents pour les besoins du Contrat.

Ils ne doivent pas, sans le consentement du Maître de l'ouvrage, être copiés, utilisés ou communiqués à un tiers par l'Entrepreneur, sauf si cela s'avère nécessaire pour les besoins du Contrat.

如果一方发现为实施工程准备的文件中有技术性错误或缺陷,应立即将该错误或缺陷通知另一方。

1.9 保密性

除了根据合同履行义务和遵守适用法律的需要以外,双方应将合同的详情加以保密。未经业主事先同意,承包商不得在任何商业报刊、技术刊物或其他场合发表或允许发表、透露工程的任何细节。

1.10 业主使用承包商文件

就各当事方而言,由承包商(或以其名义)编制的承包商文件及其他设计文件,其版权和其他知识产权归承包商所有。

承包商(通过签署合同)应被认为已给予业主不可撤销的、可转让的、不排他的、免版税的复制、使用和传达承包商文件的许可,包括对它们进行修改和使用的许可。这项许可包括:

(a)适用于相关工程部分的预期或实际寿命期(取较长的);

(b)允许具有工程相关部分正当占有权的任何人,为了完成、操作、维修、更改、调整、修复和拆除上述工程的目的,复制、使用和传送承包商文件;

(c)在承包商文件是计算机程序或其他软件形式的情况下,允许它们在现场和合同中设想的其他场所的任何计算机上使用,包括对承包商提供的替换计算机上的使用。

未经承包商同意,业主不得在本款允许以外,为其他目的使用、复制由承包商(或以其名义)编制的承包商文件和其他设计文件,或将其传送给第三方。

1.11 承包商使用业主文件

就各当事方而言,由业主(或以其名义)编制的业主要求及其他文件,其版权和其他知识产权应归业主所有。承包商可以根据合同需要,自费复制、使用和传送上述文件。

1.12 Détails confidentiels

L'Entrepreneur ne peut être forcé par le Maître de l'ouvrage à révéler toute infirmation que l'Entrepreneur avait désignée comme confidentielle dans l'Offre. L'Entrepreneur doit révéler toutes les autres informations que le Maître de l'ouvrage peut raisonnablement exiger afin de vérifier que l'Entrepreneur se conforme au Contrat.

1.13 Conformité aux Lois

L'Entrepreneur doit, en exécutant le Contrat, respecter la Loi applicable. A moins que les Conditions Particulières n'en disposent autrement:
- (a) le Maître de l'ouvrage doit avoir obtenu (ou doit obtenir) l'autorisation de planification ou "d'urbanisme" ou des autorisations similaires pour les Travaux définitifs, ainsi que toutes autres autorisations désignées dans les Exigences du Maître de l'ouvrage comme ayant été obtenus (ou en voie d'obtention) par le Maître de l'ouvrage; et le Maître de l'ouvrage doit indemniser et dédommager l'Entrepreneur de toutes les conséquences dues au non-respect de ces obligations, et
- (b) l'Entrepreneur doit donner tous les avis, payer tous les impôts, droits et taxes, obtenir tous les permis, licences et agréments, comme il est requis par la Loi en relation avec la conception, l'exécution et l'achèvement des Travaux ainsi que la suppression des vices; et l'Entrepreneur doit indemniser et dédommager le Maître de l'ouvrage de toutes les conséquences dues au non-respect de ces obligations.

1.14 Responsabilité solidaire

Lorsque l'Entrepreneur constitue (selon la Loi applicable) une coentreprise ("joint venture"), un consortium ou une autre société sans personnalité juridique avec deux ou plusieurs personnes:
- (a) ces personnes sont solidairement responsables envers le Maître de l'ouvrage pour l'exécution du Contrat;
- (b) ces personnes doivent notifier au Maître de l'ouvrage l'identité de leur dirigeant qui a le pouvoir d'engager contractuellement l'Entrepreneur et chacune de ces personnes; et
- (c) l'Entrepreneur ne doit pas modifier sa composition ou son statut légal sans l'accord préalable du Maître de l'ouvrage.

1.12 保密事项

业主不得要求承包商向其透露承包商在投标书中称为是秘密的任何信息。对业主为了证实承包商符合合同规定合理要求其提供的其他信息,承包商应当透露。

1.13 遵守法律

承包商在履行合同期间,应遵守适用法律。除非专用条件中另有规定:

(a) 业主应已(或将)获得为永久工程取得规划、城区划定或类似的许可,以及在业主要求中所述的业主已(或正在)取得的任何其他许可;业主应补偿和赔偿因其未履行上述义务给承包商造成的损失;

(b) 承包商应发出所有通知,缴纳各项税费,按照法律关于工程设计、实施和竣工以及修补任何缺陷等方面的要求,办理并领取所需要的全部许可、执照或批准;承包商应补偿和赔偿因其未履行上述义务给业主造成的损失。

1.14 连带责任

如果承包商是由两个或两个以上当事人(依照适用法律)组成的联营体、联合体,或某一个无法律当事人的公司:

(a) 这些当事人应被认为在履行合同上对业主负有连带责任;

(b) 这些当事人应将有权约束承包商及每个当事人的负责人通知业主;

(c) 未事先征得业主同意,承包商不得改变其组成或法律地位。

2 Le Maître de l'ouvrage

2.1 Droit à L'accès au Chantier

Le Maître de l'ouvrage doit conférer à l'Entrepreneur un droit d'accès à, et la possession de, toutes les parties du Chantier dans le délai (ou les délais) mentionné(s) dans les Conditions Particulières. Le droit d'accès et la possession ne peuvent pas être exclusifs à l'Entrepreneur. S'il est exigé, selon le Contrat, que le Maître de l'ouvrage confère (à l'Entrepreneur) la possession de toutes fondations, toute structure, toute installation industrielle ou tous moyens d'accès, le Maître de l'ouvrage doit le faire suivant les modalités et dans les délais mentionnés dans les Exigences du Maître de l'ouvrage. Toutefois, le Maître de l'ouvrage peut refuser ce droit ou cette possession jusqu'à ce que la Garantie d'exécution ait été reçue.

Si un tel délai n'est pas mentionné dans les Conditions Particulières, le Maître de l'ouvrage doit conférer à l'Entrepreneur un droit d'accès au, et la possession du, Chantier avec effet à compter de la Date de commencement.

Si l'Entrepreneur subit un retard et/ou supporte des Coûts à cause de la défaillance du Maître de l'ouvrage à lui conférer un tel droit d'accès ou la possession dans le délai prévu, alors l'Entrepreneur doit informer le Maître de l'ouvrage et doit avoir droit selon la Sous-clause 20.1 [*Réclamations de l'Entrepreneur*] :

(a) à une prolongation du délai pour tout retard de ce type, si l'achèvement est ou sera retardé conformément à la Sous-clause 8.4 [*Prolongation du Délai d'achèvement*], et

(b) au paiement de chaque Coût de ce type d'un profit raisonnable, qui seront ajoutés au Prix contractuel.

Après avoir reçu cet avis, le Maître de l'ouvrage doit procéder conformément à la Sous-clause 3.5 [*Constatations*] pour convenir à ou constater ces questions.

Toutefois, si et dans la mesure où la défaillance du Maître de l'ouvrage a été provoquée par une erreur ou un retard de l'Entrepreneur, y compris une erreur ou un retard dans de la remise d'un des Documents de l'Entrepreneur, l'Entrepreneur n'aura pas droit à une telle prolongation du délai, ni au paiement des Coût ou du profit.

2.2 Permis, Licence ou Agréments

Le Maître de l'ouvrage doit à la demande de l'Entrepreneur (lorsqu'il est en mesure de le faire) fournir une assistance raisonnable à l'Entrepreneur :

(a) en obtenant des copies des Lois du Pays qui sont pertinentes pour le Contrat mais qui ne sont pas facilement accessibles ;

(b) pour les demandes de l'Entrepreneur de permis, licences ou agréments exigés par les Lois du Pays :

2 业　　主

2.1　现场进入权

业主应在专用条件中规定的期限内,给承包商进入和占用现场各部分的权利。此项进入和占用权可不为承包商独享。如果根据合同,要求业主(向承包商)提供任何基础、结构、生产设备或进入手段的占用权,业主应按业主要求中规定的期限和方式提供。但业主在收到履约担保前,可保留上述任何进入权或占用权,暂不给予。

如果在专用条件中没有规定上述期限,业主应自开工之日起给承包商进入和占用现场的权利。

如果业主未能及时给承包商上述进入和占用的权利,使承包商遭受延误和(或)导致增加费用,承包商应向业主发出通知,根据第20.1款[承包商的索赔]的规定有权要求:

(a)根据第8.4款[竣工期限的延长]的规定,如果竣工已或将受到延误,对任何此类延误,给予延长期;
(b)任何此类费用和合理利润,应加入合同价格,给予支付。

在收到此通知后,业主应按照第3.5款[确定]的规定,就此项要求做出商定或确定。

但是,如果出现业主的违约是由于承包商的任何错误或延误所致,包括在任何承包商文件中的错误或提交延误造成的情况,承包商应无权得到上述延长期、费用或利润。

2.2　许可、执照或批准

业主应(按其所能)根据承包商的请求,对其提供以下合理的协助:

(a)取得与合同有关,但不易得到的工程所在国的法律文本复印件;
(b)协助承包商申办工程所在国法律要求的以下任何许可、执照或批准:

(ⅰ)que l'Entrepreneur est censé obtenir conformément à la Sous-clause 1.13[*Conformité aux Lois*];

(ⅱ)pour la livraison des Marchandises, y compris le dédouanement, et;

(ⅲ)pour l'exportation de l'Equipement de l'Entrepreneur lorsque celui-ci est retiré du Chantier.

2.3　Personnel du Maître de l'ouvrage

Le Maître de l'ouvrage doit assurer que le Personnel du Maître de l'ouvrage et les autres entrepreneurs du Maître de l'ouvrage sur le Chantier:

(a) coopèrent aux efforts de l'Entrepreneur conformément à la Sous-clause 4.6 [*Coopération*], et

(b) prennent des mesures similaires à celles que l'Entrepreneur est tenu de prendre conformément aux sous-paragraphes (a), (b) et (c) de la Sous-clause 4.8 [*Procédures de sécurité*] et conformément à la Sous-clause 4.18 [*Protection de l'environnement*].

2.4　Accords financiers du Maître de l'ouvrage

Le Maître de l'ouvrage doit apporter dans un délai de 28 jours après réception de la demande de l'Entrepreneur, la preuve raisonnable que des accords financiers ont été conclus et qu'ils seront maintenus afin que le Maître de l'ouvrage soit en mesure de payer le Prix contractuel (au prix estimé à ce moment) conformément à la Clause 14 [*Prix contractuel et Paiement*]. Si le Maître de l'ouvrage envisage de procéder à des modifications substantielles par rapport à ses accords financiers, le Maître de l'ouvrage doit en informer l'Entrepreneur de manière précise et détaillée.

2.5　Réclamations du Maître de l'ouvrage

Si le Maître de l'ouvrage considère, qu'il a droit a un paiement en vertu de toute clause desdites Conditions ou autrement en relation avec la Contrat, et/ou à une quelconque prolongation du Délai de notification des vices, il doit en aviser l'Entrepreneur et lui donner des détails. Toutefois, cet avis n'est pas nécessaire pour les paiements dus conformément à la Sous-clause 4.19 [*Electricité, Eau, Gaz*], à la Sous-clause 4.20 [*Equipement du Maître de l'ouvrage et matériaux gratuitement mis à disposition*], ou pour d'autres services demandés par l'Entrepreneur.

L'avis doit être donné dès que possible, après que le Maître de l'ouvrage a eu connaissance de l'évènement ou des circonstances faisant objet de la réclamation. Un avis concernant la prolongation du Délai de notification des vices doit être donné avant l'expiration d'une telle période.

Les détails doivent spécifier la Clause ou tout autre fondement de la réclamation, et doivent inclure une justification du montant et/ou de la prolongation que le Maître de l'ouvrage se considère autorité à obtenir conformément au Contrat. Le Maître de l'ouvrage doit ensuite procéder conformément à la Sous-clause 3.5 [*Constatations*] pour convenir ou constater (ⅰ) le montant (le cas échéant) que le Maître de l'ouvrage a droit de recevoir en paiement de l'Entrepreneur et/ou (ⅱ) la prolongation (s'il y en a) du Délai de notification des vices conformément à la Sous-clause 11.3 [*Prolongation du Délai de notification des vices*].

(ⅰ)根据第1.13款[遵守法律]的规定,承包商需要得到的;

(ⅱ)为交付货物,包括清关需要的;

(ⅲ)当承包商设备运离现场出口时需要的。

2.3 业主人员

业主应负责保证在现场的业主人员和其他承包商做到如下两点:

(a)根据第4.6款[合作]的规定,与承包商的各项努力进行合作;
(b)采取与根据第4.8款[安全程序]中(a)、(b)、(c)项和第4.18款[环境保护]要求承包商采取的类似行动。

2.4 业主的资金安排

业主应在收到承包商的任何要求的28天内,提供其已签署的相关融资协议以及相关资金安排的合理证明,说明业主能够按照第14条[合同价格和付款]的规定,支付合同价格(按当时估算)。如果业主拟对其资金安排做任何重要变更,应将其变更的详细情节通知承包商。

2.5 业主的索赔

如果业主认为,根据本条件任何条款或合同有关的另外事项,其有权得到任何付款和(或)缺陷通知期限的任何延长,业主应向承包商发出通知,说明细节。但对承包商根据第4.19款[电、水和燃气]和第4.20款[业主的设备和免费供应的材料]规定的到期应付款,或承包商要求的其他服务的应付款,不需发出通知。

通知应在业主了解引起索赔的事件或情况后尽快发出。有关涉及缺陷通知期限延长的通知,应在该期限到期前发出。

通知的细节应说明提出索赔根据的条款或其他依据,还应包括业主认为根据合同有权得到的索赔金额和(或)延长期的事实根据。然后,业主应按照第3.5款[确定]的要求,商定或确定:
(ⅰ)业主有权得到承包商支付的金额(如果有);(ⅱ)按照第11.3款[缺陷通知期限的延长]的规定,得到缺陷通知期限的延长期(如果有)。

Le Maître de l'ouvrage peut déduire ce moment de toutes les sommes dues, ou qui seront dues à l'Entrepreneur. Le Maître de l'ouvrage sera seulement autorisé à compenser ou à faire une déduction du montant dû à l'Entrepreneur ou autrement à le réclamer à l'Entrepreneur conformément à cette Sous-clause ou au sous-paragraphe (a) et/ou (b) de la Sous-clause 14.6 [*Paiements provisoires*].

业主可将上述金额在给承包商的到期或将到期的任何应付款中扣减。业主仅有权根据本款或第14.6款[期中付款]中(a)和(或)(b)项的规定,从给承包商的应付款中冲销或扣减,或另外对承包商提出索赔。

3 La Gestion du Maître de l'ouvrage

3.1 Représentant du Maître de l'ouvrage

Le Maître de l'ouvrage peut désigner son propre Représentant pour agir en son nom selon le Contrat. A cette occasion, il doit communiquer à l'Entrepreneur le nom, l'adresse, les fonctions et les pouvoirs de son Représentant.

Le Représentant du Maître de l'ouvrage peut exécuter les fonctions qui lui sont conférées, et peut exercer les pouvoirs qui lui ont été délégués, par le Maître de l'ouvrage. A moins que et jusqu'àce que le Maître de l'ouvrage n'avise l'Entrepreneur du contraire, le Représentant du Maître de l'ouvrage peut être considéré comme ayant les pleins pouvoirs du Maître de l'ouvrage selon le Contrat, à l'exception de ceux de la Clause 15 [*Résiliation par le Maître de l' ouvrage*].

Si le Maître de l'ouvrage souhaite remplacer la personne désignée comme étant sont Représentant, le Maître de l'ouvrage doit communiquer à l'Entrepreneur au moins 14 jours auparavant le nom, l'adresse, les fonctions et les pouvoirs du remplaçant ainsi que la date de da désignation.

3.2 Autre Personnel du Maître de l'ouvrage

Le Maître de l'ouvrage ou son Représentant peuvent attribuer périodiquement des fonctions et déléguer des pouvoirs à des assistants et peuvent également révoquer une telle attribution ou délégation. Ces assistants peuvent inclure un ingénieur résident et/ou des inspecteurs indépendants désignés pour contrôler et/ou tester les éléments des Installations industrielles et/ou des Matériaux. L'attribution, la délégation ou la révocation ne peut pas prendre effet avant que l'Entrepreneur n'en aitreçu une copie.

Les assistants doivent être des personnes convenablement qualifiées, compétentes pour exécuter ces fonctions et exercer cette autorité, et qui parlent couramment la langue de communication définie dans la Sous-clause 1.4 [*Loi et Langue*].

3.3 Personne déléguées

Toutes ces personnes, y compris le Représentant du Maître de l'ouvrage ainsi que les assistants auxquels des fonctions ont été attribuées ou des pouvoirs délégués, ne seront autorisées à donner des instructions à l'Entrepreneur que dans les limites définies par la délégation. Tout agrément, vérification, certificat, consentement, examen, inspection, instruction, avis, proposition, demande, essais ou acte similaire exécuté par une personne déléguée, conformément à la délégation, doit produire le même effet que si l'acte avait été exécuté par le Maître de l'ouvrage. Toutefois :

3 业主的管理

3.1 业主代表

业主可指定其代表,代表业主根据合同进行工作。在此情况下,业主应将业主代表的姓名、地址、职务和权利通知承包商。

业主代表应完成指派的任务,履行业主付托给其权利。除非和直到业主另行通知承包商,否则业主代表将被认为具有业主根据合同规定的全部权利,涉及第 15 条[由业主终止]规定的权利除外。

如果业主希望替换任何已指定的业主代表,应在不少于 14 天前将替换人的姓名、地址、职务和权利以及指定的日期通知承包商。

3.2 其他业主人员

业主或业主代表可随时对一些助手指派和授予一定的职务和权利,也可撤消这些指派和授权。这些助手可包括驻地工程师和(或)指定担任检验和(或)试验各项生产设备和(或)材料的独立检查员。以上指派、授权或撤销,在承包商收到抄件后生效。

这些助手应具有适当资质履行其职务和权利的能力,并能流利地使用第 1.4 款[法律和语言]规定的交流语言。

3.3 受托人员

所有受托人员包括业主代表以及委任其职务和权利的助手,应只被授权在授权规定的范围内向承包商发布指示。由受托人员根据授权做出的任何批准、校核、证明、同意、检查、检验、指示、通知、建议、要求、试验,或类似行动,应如同业主采取的行动一样有效。但以下情形除外:

(a) à moins qu'il n'en soit disposé autrement dans la communication de la personne déléguée relative à un tel acte, l'Entrepreneur ne doit pas être exonéré d'une responsabilité qu'il assume en vertu du Contrat, y compris de la responsabilité pour erreurs, omissions, divergences, et non-conformités ;

(b) le fait de ne pas désapprouver les travaux, Installations industrielles, ou les Matériaux ne constitue pas un agrément et ne doit pas de ce fait porter préjudice au droit du Maître de l'ouvrage de refuser les travaux, les Installations industrielles ou Matériaux ; et

(c) si l'Entrepreneur met en cause une décision ou une instruction émanant d'une personne déléguée, l'Entrepreneur peut en référer au Maître de l'ouvrage, qui doit rapidement confirmer, changer ou modifier la décision ou l'instruction.

3.4 Instructions

Le Maître de l'ouvrage peut donner des instructions à l'Entrepreneur qui peuvent être nécessaires à ce dernier pour l'exécution de ses obligations conformément au Contrat. Chaque instruction doit être donnée par écrit et doit indiquer les obligations auxquelles elle se réfère ainsi que la Sous-clause (ou une autre disposition du Contrat) dans laquelle ces obligations sont spécifiées. Si une telle instruction constitue une Modification, la Clause 13 [*Modifications et Ajustements*] doit s'appliquer. L'Entrepreneur doit suivre les instructions du Maître de l'ouvrage ou de son Représentant ou d'un assistant auquel les pouvoirs appropriés ont été délégués conformément à cette Clause.

3.5 Constatations

Lorsque ces Conditions prévoient que le Maître de l'ouvrage doit procéder conformément à cette Sous-clause 3.5 pour convenir ou constater toute question, le Maître de l'ouvrage doit consulter l'Entrepreneur en s'efforçant d'aboutir à un accord. Si l'accord n'est pas obtenu, le Maître de l'ouvrage procèdera à une juste constatation conformément au Contrat en prenant en considération toutes les circonstances pertinentes.

Le Maître de l'ouvrage doit aviser l'Entrepreneur de chaque accord ou décision en précisant les détails à l'appui. Chaque Partie doit donner effet à chaque accord ou constatation, à moins que l'Entrepreneur n'informe que le Maître de l'ouvrage de son insatisfaction envers la constatation dans un délai 14 jours après réception de l'avis. Chacune des Parties peut alors porter le litige devant le Bureau de conciliation conformément à la Sous-clause 20.4 [*Obtention de la décision du Bureau de conciliation*].

(a)除非在受托人员关于上述行动的信函中另有说明,否则该行动都不免除承包商根据合同应承担的任何责任,包括对错误、遗漏、误差和未遵办的责任;

(b)未对任何工作、生产设备或材料提出否定意见不应构成批准,不应影响业主拒绝该工作、生产设备或材料的权利;

(c)如果承包商对受托人员的决定或指示提出质疑,承包商可将此事项提交给业主,业主应迅速对该决定或指示进行确认、替换或更改。

3.4 指　　示

业主可向承包商发出为承包商根据合同履行义务所需要的指示。每项指示都应是书面的,并说明其有关的义务,以及规定这些义务的条款(或合同的其他条款)。如果任何此类指示构成一项变更时,应按照第13条[变更和调整]的规定办理。

承包商应遵循业主、业主代表或根据本条授予相应权利的助手的指示。

3.5 确　　定

每当本条件规定业主应按照第3.5款对任何事项进行商定或确定时,业主应与承包商协商尽量达成协议。如果达不成协议,业主应对有关情况给予应有的考虑,按照合同作出公正的确定。

业主应将每一项商定或决定,连同依据的细节通知承包商。各方都应履行每项商定或确定,除非承包商在收到通知14天内向业主发出通知,对某项确定表示不满。这时,任一方可依照第20.4款[取得调解委员会的决定]的规定,将争端提交调解委员会。

4 L'Entrepreneur

4.1 Obligations générales de l'Entrepreneur

L'Entrepreneur doit concevoir, exécuter et achever les Travaux conformément au Contrat et doit supprimer tous les vices affectant les Travaux. Lorsqu'il est achevé, les Travaux doivent être propres à l'usage pour le quel ils sont destinés, selon la définition du Contrat.

L'Entrepreneur doit fournir les Installations industrielles et les Documents de l'Entrepreneur spécifiés dans le Contrat, ainsi que tout le Personnel de l'Entrepreneur, les Marchandises, les biens de consommation et autres, et les services de nature temporaire ou permanente, requis dans et pour la conception, l'exécution, l'achèvement des Travaux et la suppression des vices.

Les Travaux doivent inclure tous les Travaux nécessaires pour satisfaire les Exigences du Maître de l'ouvrages, ou qui sont impliqué par le Contrat, ainsi que tous les travaux (même s'ils ne sont pas mentionnés dans le Contrat) qui sont nécessaires à la stabilité ou à l'achèvement, ou à une exploitation sûre et appropriée des Travaux.

L'Entrepreneur doit être responsable pour l'adéquation, la stabilité et la sécurité de toutes les opérations sur le Chantier, de toutes les méthodes de construction et de tous le Travaux.

Chaque fois que le Maître de l'ouvrage l'exige, l'Entrepreneur doit soumettre les détails des arrangements et des méthodes que l'Entrepreneur propose d'adopter pour l'exécution des Travaux. Aucune modification significative de ces arrangements et méthodes ne doit être faite sans avoir préalablement avisé le Maître de l'ouvrage.

4.2 Garantie d'exécution

L'Entrepreneur doit obtenir (à ses frais) une Garantie d'exécution aux fins de bonne exécution, dont le montant et la devise seront fixés dans le Conditions Particulières. Si aucun montant n'est mentionné dans les Conditions Particulières, alors cette Sous-clause ne sera pas applicable.

L'Entrepreneur doit délivrer la Garantie d'exécution au Maître de l'ouvrage dans un délai de 28 jours après que les deux Parties ont signé l'Accord contractuel. La Garantie d'exécution doit être délivrée par une entité et émaner d'un pays (ou d'un autre ordre juridique) approuvés par le Maître de l'ouvrage, au moyen du formulaire annexé aux Conditions Particulières ou d'un autre formulaire approuvé par le Maître de l'ouvrage.

4 承包商

4.1 承包商的一般义务

承包商应按照合同设计、实施和完成工程,并修补工程中的任何缺陷。工程完工后,应能满足合同规定的工程预期使用目的。

承包商应提供合同规定的生产设备和承包商文件,以及设计、施工、竣工和修补缺陷所需的所有临时性或永久性的承包商人员、货物、消耗品及其他临时和永久的服务。

工程应包括为满足业主要求或合同要求的任何工作,以及合同虽未提及但为工程的稳定、完成、安全和有效运行所需的所有工作。

承包商应对所有现场作业、所有施工方法和全部工程的完备性、稳定性和安全性承担责任。

当业主提出要求时,承包商应提交其建议采用的工程施工安排和方法的细节。事先未通知业主,对这些安排和方法不得做重要改变。

4.2 履约担保

承包商应对严格履约(自费)取得履约担保,保证金额与币种应在专用条件中给予确定。如果专用条件中没有提出保证金额的,本条款不适用。

承包商应在双方签署合同协议书后 28 天内,将履约担保交给业主。履约担保应由业主批准的国家(或其他司法管辖区)内的实体提供,并采用专用条件所附格式或采用业主批准的其他格式。

L'Entrepreneur doit assurer que la Garantie d'exécution est valable et exécutoire jusqu'à ce qu'il ait exécuté et achevé les Travaux et supprimé tous les vices. Si les stipulations de la Garantie d'exécution spécifient sa date d'expiration, et si l'Entrepreneur n'a pas été autorisé à recevoir le Certificat d'exécution jusqu'à 28 jours avant la date d'expiration, l'Entrepreneur doit alors prolonger la validité de la Garantie d'exécution jusqu'à ce que les Travaux aient été achevés et que tous les vices aient été supprimés.

Le Maître de l'ouvrage ne peut faire aucune réclamation en vertu de la Garantie d'exécution, excepté pour les montants auxquels il a droit selon le Contrat dans le cas de :

(a) défaillance de l'Entrepreneur à prolonger la validité de la Garantie d'exécution telle que décrite dans le paragraphe précédent, auquel cas le Maître de l'ouvrage peut réclamer le montant total de la Garantie d'exécution;

(b) défaillance de l'Entrepreneur à payer au Maître de l'ouvrage le montant dû, tel que convenu par l'Entrepreneur, ou tel que constaté conformément à la Sous-clause 2.5 [*Réclamations du Maître de l'ouvrage*] ou la Clause 20 [*Réclamations, Litiges et Arbitrage*], dans un délai de 42 jours après cet accord ou cette décision;

(c) défaillance de l'Entrepreneur à supprimer un vice dans un délai de 42 jour après réception de l'avis du Maître de l'ouvrage exigeant que le vice soit supprimé, ou

(d) des circonstances qui autorisent le Maître de l'ouvrage à résilier conformément à la Sous-clause 15.2 [*Résiliation par le Maître de l'ouvrage*], qu'un avis de résiliation ait été émis ou non.

Le Maître de l'ouvrage doit indemniser et dédommager l'Entrepreneur de tous les dommages et intérêts, pertes ou dépenses (y compris dépenses et frais légaux) résultant de la réclamation sur le fondement de la Garantie d'exécution, dans la mesure où le Maître de l'ouvrage n'était pas autorisé à faire ladite réclamation.

Le Maître de l'ouvrage doit retourner la Garantie d'exécution à l'Entrepreneur dans un délai de 21 jours après que l'Entrepreneur ait été autorisé à recevoir le Certificat d'exécution.

4.3 Représentant de l'Entrepreneur

L'Entrepreneur doit désigner son propre Représentant et doit lui donner tous les pouvoirs nécessaires pour agir en son nom conformément au Contrat.

A moins que le Représentant de l'Entrepreneur ne soit désigné dans le Contrat, l'Entrepreneur doit, avant la Date de commencement et afin d'obtenir le consentement du Maître de l'ouvrage, lui soumettre le nom et les détails de la personne que l'Entrepreneur se propose de désigner comme son Représentant. Lorsque le consentement est retardé ou révoqué ultérieurement, ou lorsque la personne désignée n'agit pas comme le Représentant de l'Entrepreneur, l'Entrepreneur doit alors soumettre similairement le nom et les coordonnées d'une autre personne appropriée pour une telle désignation.

L'Entrepreneur ne doit pas, sans l'accord préalable du Maître de l'ouvrage, révoquer la désignation du Représentant de l'Entrepreneur ou désigner un remplaçant.

Le Représentant de l'Entrepreneur doit, au nom de l'Entrepreneur, recevoir les instructions conformément à la Sous-clause 3.4 [*Instructions*].

承包商应确保履约担保直到其完成工程的施工、竣工和修补完任何缺陷前持续有效和可执行。如果在履约担保的条款中规定了期满日期，而承包商在该期满日期28天前尚无权拿到履约证书，承包商应将履约担保的有效期延至工程竣工和修补完任何缺陷时为止。

除出现以下情况业主根据合同有权获得的金额外，业主不应根据履约担保提出索赔：

(a)承包商未能按上面所述延长履约担保的有效期，这时业主可以索赔履约担保的全部金额；

(b)承包商未能在商定或确定后42天内，将承包商同意的，或根据第2.5款[业主的索赔]或第20条[索赔、争端和仲裁]的规定确定的承包商应付金额付给业主；

(c)承包商未能在收到业主要求纠正违约的通知后42天内进行纠正；

(d)根据第15.2款[由业主终止]的规定，业主有权终止的情况，不管是否已发出终止通知。

业主应补偿或赔偿承包商因其根据履约担保提出的超出业主有权索赔范围的索赔而给承包商带来的所有损害、利息、损失或费用(包括法律费用和开支)。

业主应在承包商有权获得履约证书后21天内，将履约担保退还承包商。

4.3　承包商代表

承包商应指定其代表，并授予其代表承包商根据合同采取行动所需要的全部权利。

除非合同中已写明承包商代表的姓名，否则承包商应在开工日期前，将其拟指定为承包商代表的人员姓名和详细资料提交给业主，以取得同意。如未及时获得同意，或随后撤销了同意，或指定的人不能担任承包商代表，承包商应同样提交另外适合人选的姓名、详细资料，以取得该项任命。

未经业主事先同意，承包商不应撤销其代表的任命，或任命另外的替代人员。

承包商代表应代表承包商接受根据第3.4款[指示]规定的指示。

Le Représentant de l'Entrepreneur peut déléguer tout pouvoir, fonction et autorité à une personne compétente, et peut à tout moment révoquer cette délégation. Aucune délégation ou révocation ne prendra pas effet avant que le Maître de l'ouvrage ait reçu l'avis préalable signé par le Représentant de l'Entrepreneur, mentionnant la personne et spécifiant les pouvoirs, les fonctions et l'autorité qui lui ont été délégués ou qui ont été révoqués.

Le Représentant de l'Entrepreneur et toutes ces personnes doivent parler couramment la langue de communication définie dans la Sous-clause 1.4 [*Loi et Langue*].

4.4 Sous-traitants

L'Entrepreneur n'est pas autorisé à Sous-traiter la totalité des Travaux.

L'Entrepreneur sera responsable pour les actes et manquements de chaque Sous-traitant, de leurs représentants et salariés, comme s'il agissait de ses propres actes et manquements. Lorsque les Conditions Particulières le spécifient, l'Entrepreneur doit informer le Maître de l'ouvrage au moins 28 jours auparavant :

(a) de la désignation envisagée du Sous-traitant, avec des informations détaillées qui doivent inclure son expérience appropriée ;

(b) du commencement envisagé des travaux du Sous-traitant, et

(c) du commencement envisagé des travaux du Sous-traitant sur le Chantier.

4.5 Sous-traitants désignés

Dans cette Sous-clause, " Sous-traitant désigné " désigne le Sous-traitant que l'Entrepreneur, conformément à la Sous-clause 13 [*Modifications et Ajustements*], a engagé sur instruction du Maître de l'ouvrage comme Sous-traitant. L'Entrepreneur ne sera pas obligé d'engager un Sous-traitant désigné contre lequel il élève une objection raisonnable en avisant le plus tôt possible le Maître de l'ouvrage, avec des détails à l'appui.

4.6 Coopération

L'Entrepreneur doit, comme il est spécifié dans le Contrat ou comme il a été ordonné par le Maître de l'ouvrage, donner des opportunités appropriées pour l'exécution d'un travail au(x) :

(a) Personnel du Maître de l'ouvrage ;

(b) autre entrepreneurs employés par le Maître de l'ouvrage, et

(c) personnel de toute autorité publique légalement constituée.

qui peuvent être employés dans l'exécution de tout travail non prévu par le Contrat sur ou dans les environs du Chantier.

Chaque instruction constitue une Modification si et dans la mesure où elle fait subir à l'Entrepreneur des coûts qui n'étaient pas prévisibles pour un Entrepreneur expérimenté à la date de la soumission de l'Offre. Les prestations de services pour ce personnel et les autres entrepreneurs peuvent inclure l'utilisation de l'Equipement de l'Entrepreneur, des Travaux provisoires ou des voies d'accès qui se trouvent sous la responsabilité de l'Entrepreneur.

承包商代表可向另一位有能力的人员授予各种权利、职务,也可随时撤销上述授权。任何授权或撤销,应在业主收到承包商代表签发的指定人员姓名,并说明授予或撤销的权利、职务的事先通知后生效。

承包商代表和所有这些人员应能流利地使用第1.4款[法律和语言]规定的交流语言。

4.4 分包商

承包商不得将整个工程分包出去。

承包商应对任何分包商及其代理人或雇员的行为或违约,如同承包商自己的行为或违约一样地负责。对专用条件中有规定的,承包商应在不少于28天前向业主通知以下事项:

(a)拟指定的分包商,并附包括其相关经验的详细资料;

(b)分包商承担工作的拟定开工日期;

(c)分包商进入工地现场的拟定开工日期。

4.5 指定的分包商

本条款中,"指定的分包商"系指承包商根据第13条[变更和调整]的规定,根据业主的指示而确定的分包商。如果承包商对业主指定的分包商持有合理的反对意见,承包商应尽快向业主发出通知并附有详细的依据资料,承包商不承担强迫雇用分包商的义务。

4.6 合 作

承包商应依据合同的规定或业主的指示,为下列人员在工程实施中提供适当的机会:

(a)业主人员;

(b)业主雇用的任何其他承包商;

(c)任何合法建立的公共当局的人员。

上述人员可被雇用从事本合同未包括的或现场附近的任何工作。

如果任何此类指示导致承包商增加费用,达到一个有经验的承包商在提交投标书时不能合理预见的数额时,该指示应构成一项变更。为这些人员和其他承包商提供的服务,可包括使用承包商设备以及由承包商负责的临时工程或现场进入道路。

L'Entrepreneur sera responsable pour ses activités de construction sur le Chantier, et doit coordonner ses propres activités avec celles des autres entrepreneurs dans la mesure où elles (s'il y en a), sont spécifiées dans les Exigences du Maître de l'ouvrage.

Si en vertu du Contrat il est exigé du Maître de l'ouvrage qu'il donne à l'Entrepreneur la possession des fondations, structures, équipement ou les moyens d'accès conformément aux Documents de l'Entrepreneur, l'Entrepreneur doit soumettre ces documents au Maître de l'ouvrage dans le délai et selon les modalité fixés par les Exigences du Maître de l'ouvrage.

4.7 Implantation des ouvrages

L'Entrepreneur doit jalonner les Travaux en fonction des points, lignes et niveaux de référence originaux, spécifiés dans le Contrat. L'Entrepreneur est responsable pour le positionnement correct de toutes les parties des Travaux, et doit corriger toute erreur de positions, niveaux, dimensions ou alignements des Travaux.

4.8 Procédures de sécurité

L'Entrepreneur doit :
- (a) observer toutes les règles de sécurité applicables;
- (b) veiller à la sécurité de toutes les personnes autorisées à se trouver sur le Chantier;
- (c) faire des efforts raisonnables pour garder le Chantier et les Travaux libres de toute entrave inutile afin d'éviter tout danger pour ces personnes;
- (d) pouvoir aux clôtures, à l'éclairage, au contrôle et à la surveillance des Travaux jusqu'à l'achèvement et la réception conformément à la Clause 10 [*Réception par le Maître de l'ouvrage*], et
- (e) réaliser les Travaux provisoires (y compris les routes, chemins, installations de sécurité et clôtures) qui peuvent être nécessaires à l'exécution des Travaux, pour l'usage et la protection du public, des propriétaires et des occupants des terrains voisins.

4.9 Assurance qualité

L'Entrepreneur doit instituer un système d'assurance qualité pour démontrer la conformité aux exigences du Contrat. Le système doit être conforme aux détails mentionnés dans le Contrat. Le Maître de l'ouvrage doit avoir le droit de contrôler les différents aspects du système.

Les détails de toutes ces procédures et les documents de conformité doivent être soumis pour information au Maître de l'ouvrage avant que chaque phase de conception et d'exécution n'ait été commencée. Lorsqu'un document de nature technique est délivré au Maître de l'ouvrage, la preuve de l'approbation préalable de l'Entrepreneur lui-même doit figurer de manière apparente sur le document même.

La conformité au système d'assurance qualité ne doit pas dispenser l'Entrepreneur de ses obligations, devoirs ou responsabilités résultant du Contrat.

承包商应对其在现场的施工活动负责,并应按照业主要求中规定的范围(如果有)协调其与其他承包商的活动。

如果根据合同,要求业主按照承包商文件向承包商提供任何基础、结构、生产设备或进入手段的占用权,承包商应按业主要求中提出的时间和方式向业主提交此类文件。

4.7　工程放线

承包商应根据合同中规定的原始基准点、基准线和基准标高进行工程放线。承包商应负责对工程的所有部分正确定位,并应纠正在工程的位置、标高、尺寸或定线中的任何差错。

4.8　安全程序

承包商应遵守的安全程序:
 (a)遵守所有适用的安全规则;
 (b)照料有权在现场的所有人员的安全;
 (c)尽可能合理地做到保持现场和工程现场没有安全隐患的障碍物,以避免对现场人员造成危险;
 (d)按照第10条[业主验收]的规定,在工程竣工和验收前,提供围栏、照明,并进行检查和看守;
 (e)在施工中,为公众出行、公共防护、业主和邻近土地的所有人提供可能需要的任何临时工程(包括道路、便道、安全设施和围栏)。

4.9　质量保证

承包商应建立质量保证体系,以证实符合合同要求。该体系应符合合同的详细规定。业主有权对该体系的任何方面进行审查。

承包商应在每一设计和实施阶段开始前,向业主提交所有程序和如何贯彻要求的文件的细节。向业主发送任何技术性文件时,文件本身应有经承包商一方事先批准的明显证据。

遵守质量保证体系,不应解除合同规定的承包商的任何任务、义务和责任。

4.10　Données relatives au Chantier

Le Maître de l'ouvrage doit avoir mis à la disposition de l'Entrepreneur, pour son information, avant la Date de référence, toutes les données pertinentes en sa possession relatives à la qualité des sous-sols et aux conditions hydrologiques sur le Chantier, y compris les aspects environnementaux. Le Maître de l'ouvrage doit également mettre à disposition de l'Entrepreneur toutes les données qui viendront en sa possession après la Date de référence.

L'Entrepreneur sera responsable pour la vérification et l'interprétation de toutes ces données. Le Maître de l'ouvrage ne sera pas responsable pour l'exactitude, la suffisance ou l'intégralité de ces données, à l'exception de ce qui mentionné dans la Sous-clause 5.1 [*Obligations générales de conception*].

4.11　Suffisance du Prix contractuel

L'Entrepreneur sera considéré s'être satisfait de l'exactitude et de la suffisance du Prix contractuel.

A moins que le Contrat n'en dispose autrement, le Prix contractuel couvre toutes les obligations de l'Entrepreneur résultant du Contrat (y compris celles découlant des Prix provisoires, s'il y en a) et toutes les choses nécessaires à la conception convenable, l'exécution et l'achèvement des Travaux et la suppression des vices.

4.12　Difficultés imprévisibles

A moins que le Contrat n'en dispose autrement,

(a) l'Entrepreneur sera considéré avoir obtenu toutes les informations nécessaires relatives aux risques, aux contingences et autres circonstances qui peuvent avoir une influence sur les Travaux ou les affecter ;

(b) en signant Contrat, l'Entrepreneur accepte l'entière responsabilité pour la prévision de toutes les difficultés et coûts de l'achèvement avec succès des Travaux ; et

(c) le Prix contractuel ne doit pas être ajusté pour tenir compte des difficultés et coûts imprévisibles.

4.13　Droit d'accès et Installations

L'Entrepreneur doit supporter tous les coûts et charges pour les droits d'accès spéciaux et/ou temporaires dont il peut avoir besoin, y compris ceux pour l'accès au Chantier. L'Entrepreneur doit également se procurer, à ses propres risques et coûts, toutes les installations additionnelles en dehors du Chantier qu'il peut nécessiter pour les besoins des Travaux.

4.14　Evitement des Dérangements

L'Entrepreneur ne doit pas déranger de manière inutile ou injustifiée :

(a) le bien-être du public, ou

(b) l'accès à ou l'usage et l'occupation de toutes les routes et chemins, qu'ils soient publics ou en possession du Maître de l'ouvrage ou d'autres personnes.

4.10 现场数据

业主应在基准日期前,将其取得的现场地下和水文条件及环境方面的所有有关资料,提交给承包商。同样地,业主在基准日期后得到的所有此类资料,也应提交给承包商。

承包商应负责核实和解释所有此类资料。除第 5.1 款[设计义务一般要求]提及的情况以外,业主对这些资料的准确性、充分性和完整性不承担责任。

4.11 合同价格的充分性

承包商应被认为已确信合同价格的正确性和充分性。

除非合同另有规定,一般地,合同价格包括承包商根据合同所承担的全部义务(包括根据暂列金额所承担的义务,如果有),以及为正确设计、实施和完成工程、修补任何缺陷所需的全部有关事项的费用。

4.12 不可预见的困难

除合同另有说明外:

(a)承包商应被认为已取得了对工程可能产生影响和作用的有关风险、意外事件和其他情况的全部必要资料;

(b)通过签署合同,承包商接受对预见到的为顺利完成工程的所有困难和费用的全部责任;

(c)合同价格对任何未预见到的困难和费用不予考虑和调整。

4.13 道路通行权与设施

承包商应为其所需要的专用和(或)临时道路包括进场道路的通行权,承担全部费用和开支。承包商还应承担风险和费用,取得为工程目的可能需要的现场以外的任何附加设施。

4.14 避免干扰

承包商应避免对以下事项产生不必要或不当的干扰:

(a)公众的方便;

(b)所有道路和便道的进入、使用和占用,不论它们是公共的,或是业主或其他人所有的。

L'Entrepreneur doit indemniser et dédommager le Maître de l'ouvrage contre et de tous les dommages et intérêts, pertes et dépenses (y compris frais légaux et dépenses) résultant d'un tel dérangement inutile ou injustifié.

4.15 Route d'accès

L'Entrepreneur doit être considéré s'être satisfait de l'adéquation et de la disponibilité des voies d'accès au Chantier. L'Entrepreneur doit faire des efforts raisonnables pour éviter que les routes et les ponts ne soient endommagés lors de leur utilisation par l'Entrepreneur ou par son Personnel. Ces efforts doivent entre autre comprendre l'usage d'engins et de route appropriés.

Sauf si ces Conditions en disposent autrement :

(a) l'Entrepreneur doit (dans la relation entre les parties) être responsable de toute maintenance qui pourra être nécessaire pour son utilisation des voies d'accès;

(b) l'Entrepreneur doit mettre à disposition tous les panneaux de signalisation et de direction nécessaires le long des routes d'accès, et doit obtenir toute autorisation qui peut être requise par les autorités compétentes pour l'utilisation de ces voies, de ces panneaux de signalisation et de direction;

(c) le Maître de l'ouvrage ne sera pas responsable pour les réclamations qui peuvent survenir du fait de l'utilisation ou autre d'une voie d'accès;

(d) le Maître de l'ouvrage ne garantit pas l'adéquation et la disponibilité des voies d'accès particulières, et

(e) les coûts résultant de la non-adéquation ou la non-disponibilité des voies d'accès, pour l'usage requis par l'Entrepreneur, seront supportés par l'Entrepreneur.

4.16 Transport des marchandises

A moins que les Conditions Particulières n'en disposent autrement:

(a) l'Entrepreneur doit aviser le Maître de l'ouvrage au moins 21 jours avant la date à laquelle toute Installation industrielle ou un élément majeur des autres marchandises sera livré(e) sur le Chantier;

(b) l'Entrepreneur sera responsable pout l'emballage, le chargement, le transport, la réception, le déchargement, le stockage et la protection de ces Marchandises ou des autres choses requises pour les Travaux ; et

(c) l'Entrepreneur doit indemniser et dédommager le Maître de l'ouvrage contre et de tous les dommages et intérêts, pertes et dépenses (y compris dépenses et frais légaux) résultant du transport des Marchandises, et doit négocier et payer toutes les réclamations résultant de leur transport.

4.17 Equipements de l'Entrepreneur

L'Entrepreneur sera responsable pour tout son Equipement. Lorsqu'il est livré sur le Chantier, l'Equipement de l'Entrepreneur doit être considéré comme exclusivement affecté à l'exécution des Travaux.

承包商应补偿或赔偿业主免受因任何此类不必要或不当的干扰造成的任何损害、利息、损失和开支(包括法律费用和开支)。

4.15 进场通路

承包商应被认为已对现场的进入通路的适宜性和可用性感到满意。承包商应尽合理的努力，防止任何道路或桥梁因承包商的通行或承包商人员受到损坏。这些努力应包括正确使用适宜的车辆和通路。

除本条件另有规定外：

（a）承包商应(就双方而言)负责因其使用进场通路所需要的任何维护；

（b）承包商应沿进场通路提供所有必需的标志牌或方向指示牌，还应为其使用这些通路、标志牌和方向指示牌取得有关当局的许可；

（c）业主不应对由于任何进场通路的使用或其他原因引起的索赔负责；

（d）业主不保证特定进场通路的适宜性和可用性；

（e）因进场通路对承包商的使用要求不适宜、不能用而发生的费用应由承包商负担。

4.16 货物运输

除非专用条件中另有规定：

（a）承包商应在不少于 21 天前，将任何工程设备或每项其他主要货物运到现场的日期通知业主；

（b）承包商应负责工程需要的所有货物和其他物品的包装、装货、运输、接收、卸货、存储和保护；

（c）承包商应补偿或赔偿业主免受因货物运输引起的所有损害、利息、损失和开支(包括法律费用和开支)，并应协商和支付由于货物运输引起的所有索赔。

4.17 承包商设备

承包商应对其设备负有责任。承包商设备运到现场后，应视作准备为工程施工专用。

4.18 Protection de l'environnement

L'Entrepreneur doit prendre toutes les mesures nécessaires pour protéger l'environnement (sur et hors du Chantier) et pour limiter les dommages et les nuisances aux personnes et à la propriété résultant de la pollution, du bruit, ou d'autres conséquences de ses activités.

L'Entrepreneur doit assurer que les émissions, les déchargements de surfaces et les effluents issus des activités de l'Entrepreneur n'excèdent pas les valeurs indiquées dans les Exigences du Maître de l'ouvrage, et n'excèdent pas les valeurs prescrites par les Lois applicables.

4.19 Electricité, Eau et Gaz

L'Entrepreneur sera, à l'exception de ce qui est mentionné ci-dessous, responsable de l'approvisionnement en électricité, en eau et pour d'autres services dont il peut avoir besoin.

L'Entrepreneur a le droit d'utiliser pour les besoins des Travaux les réseaux d'alimentation en électricité, en eau, en gaz et d'autres services disponibles sur le Chantier et pour lesquels les détails et prix sont mentionnés dans les Exigences du Maître de l'ouvrage. L'Entrepreneur doit à ses propres risques et coûts fournir tout dispositif nécessaire pour utiliser ces services et pour mesurer les quantités consommées.

Les quantités consommées et les montants dus (à ces prix) pour ces services doivent être convenus ou déterminés conformément à la Sous-clause 2.5 [*Réclamations du Maître de l'ouvrage*] et à la Sous-clause 3.5 [*Constatations*]. L'Entrepreneur doit payer ces montants au Maître de l'ouvrage.

4.20 Equipement du Maître de l'ouvrage et matériaux gratuitement mis à disposition

Le Maître de l'ouvrage doit mettre son Equipement (s'il y en a) à la disposition de l'Entrepreneur pour son utilisation en vue de l'exécution des Travaux conformément aux détails, accords et prix mentionnés dans les Exigences du Maître de l'ouvrage. A moins que les Exigences du Maître de l'ouvrage n'en disposent autrement :

  (a) le Maître de l'ouvrage sera responsable pour son Equipement, mais
  (b) l'Entrepreneur sera responsable de chaque élément de l'Equipement du Maître de l'ouvrage lorsque son Personnel le fait fonctionner, le conduit, le dirige ou est en sa possession ou en a le contrôle.

Les quantités appropriées et les montants dus (aux prix mentionnés) pour l'utilisation de l'Equipement du Maître de l'ouvrage doivent être approuvés ou déterminés conformément à la Sous-clause 2.5 [*Réclamations du Maître de l'ouvrage*] et à la Sous-clause 3.5 [*Constatations*]. L'Entrepreneur doit payer ces montants au Maître de l'ouvrage.

Le Maître de l'ouvrage doit fournir, libre de toutes charges, les matériaux gratuitement mis à disposition (s'il y en a) conformément aux détails mentionnés dans les Exigences du Maître de l'ouvrage. Le Maître de l'ouvrage doit à ses risques et coûts, fournir ces matériaux dans les délais et aux endroits spécifiés dans le Contrat. L'Entrepreneur doit alors les inspecter visuellement et rapidement notifier au Maître de l'ouvrage toute insuffisance, défaut ou vice dans ces matériaux. A moins que les deux Parties n'en conviennent autrement, le Maître de l'ouvrage doit immédiatement corriger l'insuffisance, le défaut ou le vice notifié.

4.18 环境保护

承包商应采取一切必要措施,保护现场内外环境,限制由其施工作业引起的污染、噪声及其他后果对公众和财产造成的损害和妨害。

承包商应确保因其活动产生的气体排放、地面排水及排污等,不超过业主要求中规定的数值,也不超过适用法律规定的数值。

4.19 电、水和燃气

除下述情况外,承包商应负责供应其所需的所有电、水和其他服务。

承包商有权因工程的需要使用现场可供的电力、水、燃气和其他服务,其详细规定和价格见业主要求。承包商应自担风险和费用,提供其使用这些服务和计量所需要的任何仪器。

这些服务的耗用数量和应付金额(按其价格),应根据第2.5款[业主的索赔]和第3.5款[确定]的要求商定或确定。承包商应向业主支付此金额。

4.20 业主的设备和免费供应的材料

业主应准备业主设备(如果有),供承包商按照业主要求中提出的细节、安排和价格,在工程实施中使用。除非在业主要求中另有说明:

(a) 业主应对其设备负责;
(b) 当任何承包商人员操作、驾驶、指挥或占用、控制某项业主设备时,承包商应对该项设备负责。

使用业主设备的适当数量和应付费用金额(按规定价格),应按第2.5款[业主的索赔]和第3.5款[确定]的要求商定或确定。承包商应按此金额付给业主。

业主应按照业主要求中规定的细节,免费提供"免费供应的材料"(如果有)。业主应自行承担风险和费用,按照合同规定的时间和地点供应这些材料。随后,承包商应对其进行目视检查,并将这些材料的短少、缺陷或缺项迅速通知业主。除非双方另有协议,否则业主应立即改正通知指出的短少、缺陷或缺项。

Après cette inspection visuelle, les matériaux gratuitement mis à disposition seront laissés au soin, au contrôle et à la garde de l'Entrepreneur. Les obligations de vérification, de diligence, de garde et de contrôle de l'Entrepreneur ne doivent pas décharger le Maître de l'ouvrage de sa responsabilité pour toute insuffisance, défaut ou vice non-apparent lors d'une inspection visuelle.

4.21   Etats périodiques

A moins que les Conditions Particulières n'en disposent autrement, un état périodique mensuel doit être établi par l'Entrepreneur et présenté au Maître de l'ouvrage en six exemplaires. Le premier état doit couvrir la période allant jusqu'à la fin du premier mois du calendrier suivant la Date de commencement. Ensuite, les états doivent être présentés tous les mois, dans un délai de 7 jours après le dernier jour de la période à laquelle il se réfère.

Les états doivent se poursuivre jusqu'à ce que l'Entrepreneur ait complété tout le travail qui s'avère être inachevé à la date d'achèvement mentionnée dans le Certificat de réception pour les Travaux.

Chaque état doit inclure :

(a) des graphiques et des descriptions détaillées des progrès, incluant chaque phase de la conception, les Documents de l'Entrepreneur, l'achat de fourniture, la fabrication, la livraison sur le Chantier, la construction, le montage, les tests, les opérations de mise en service, et les opérations d'essai ;

(b) des photographies montrant l'état de la fabrication et les progrès sur le Chantier ;

(c) pour la fabrication de chaque élément principal des Installations industrielles et des Matériaux, le nom du fabricant, la localisation de l'usine, le pourcentage d'avancement et les dates réelles ou escomptées du/de(s) :

   (i) début de la fabrication ;

   (ii) inspection de l'Entrepreneur ;

   (iii) tests, et

   (iv) transport et l'arrivée des marchandises sur le Chantier.

(d) les détails décrits dans la Sous-clause 6.10 [*Notes de l'Entrepreneur sur son Personnel et son Equipement*] ;

(e) copies des documents d'assurance qualité, les résultats des essais et les certificats des Matériaux ;

(f) la liste des Modifications, les avis rendus selon la Sous-clause 2.5 [*Réclamation du Maître de l'ouvrage*] et les avis rendus selon de la Sous-clause 20.1 [*Réclamation de l'Entrepreneur*] ;

(g) les statistiques sur la sécurité, incluant les incidents dangereux et les activités relatives aux aspects environnementaux et aux relations publiques ; et

(h) les comparaisons des progrès réels avec les progrès planifiés, accompagnées des détails des évènements ou circonstances qui peuvent compromettre l'achèvement conformément au Contrat, et les mesures en voie d'adoption (ou à adopter) pour maîtriser les retards.

目视检查后,这些免费供应的材料应由承包商照管、监护和控制。承包商的检查、照管、监护和控制的义务,不应解除业主对目视检查难发现的任何短少、缺陷或缺项所负的责任。

4.21 进度报告

除非专用条件中另有规定,一般,承包商应编制月进度报告,一式六份,提交给业主。第一次报告所包含的期间,应自开工日期起至当月的月底止。以后应每月报告一次,在每次报告期最后一天后 7 日内报出。

报告应持续到承包商完成在工程移交证书上注明的竣工日期时所有未完扫尾工作为止。

每份报告应包括:
(a) 设计、承包商文件、采购、制造、货物运达现场、施工、安装、试验、投产准备和试运行等每一阶段进展情况的图表和详细说明;

(b) 反映制造情况和现场进展情况的照片;
(c) 关于每项主要工程设备和材料的生产,制造商名称、产地、进度百分比,以及下列事项的实际或预计日期:

(ⅰ) 开始制造;
(ⅱ) 承包商检验;
(ⅲ) 试验;
(ⅳ) 发货和运抵现场。
(d) 第 6.10 款[承包商人员和设备的记录]中所述的细节;

(e) 材料的质量保证文件、试验结果及合格证的副本;

(f) 变更清单,以及根据第 2.5 款[业主的索赔]和根据第 20.1 款[承包商的索赔]的规定发出的通知;
(g) 安全统计,包括对环境和公共关系有危害的任何事件与活动的详细情况;

(h) 实际进度与计划进度的对比,包括可能影响按照合同要求竣工的任何事件或情况的详情,以及为消除延误正在(或准备)采取的措施。

4. 22 Sécurité du Chantier

A moins que les Conditions Particulières n'en disposent autrement :
- (a) l'Entrepreneur doit empêcher les personnes non autorisées de pénétrer sur le Chantier, et
- (b) les personnes autorisées doivent être limitées au Personnel de l'Entrepreneur et au Personnel du Maître de l'ouvrage ; et à tout autre personnel notifié à l'Entrepreneur par le (au nom du) Maître de l'ouvrage comme étant un personnel autorisé des autres entrepreneurs du Maître de l'ouvrage sur le Chantier.

4. 23 Opération de l'Entrepreneur sur le Chantier

L'Entrepreneur doit limiter ses activités au Chantier, et à toutes les autres zones supplémentaires qui peuvent être obtenues par l'Entrepreneur et approuvées par le Maître de l'ouvrage comme zone de travail. L'Entrepreneur doit prendre toutes les précautions nécessaires pour conserver son Equipement et son Personnel à l'intérieur du Chantier et de ces zones supplémentaires et les empêcher de pénétrer dans les terrains voisins.

Pendant l'exécution des Travaux, l'Entrepreneur doit conserver le Chantier libre de toute entrave inutile, et doit entreposer ou disposer son Equipement ou son matériel en excédent. L'Entrepreneur doit nettoyer et évacuer le Chantier de tous les débris, déchets et Travaux provisoires qui ne sont plus nécessaires.

Lors de la délivrance du Certificat de réception pour les Travaux, l'Entrepreneur doit enlever et évacuer tout son Equipement, le matériel en excédent, les débris, les déchets et les Travaux provisoires. L'Entrepreneur doit laisser le Chantier et les Travaux dans un état propre et sûr.

Toutefois, l'Entrepreneur peut conserver sur le Chantier, pendant le Délai de notification des vices, les Marchandises qui sont nécessaires afin que l'Entrepreneur puisse remplir ses obligations conformément au Contrat.

4. 24 Fossiles

Tous fossiles, pièces de monnaies, objets de valeur ou antiquités et structures et autres vestiges ou éléments présentant un intérêt géologique ou archéologique trouvés sur le Chantier doivent être placés sous l'autorité et sous la garde du Maître de l'ouvrage. L'Entrepreneur doit prendre les précautions raisonnables pour empêcher son Personnel ou d'autres personnes de déplacer ou d'endommager l'une de ces découvertes.

L'Entrepreneur doit, à la découverte de l'un de ces éléments, informer immédiatement le Maître de l'ouvrage, qui doit donner les instructions afin de traiter cette question. Si l'Entrepreneur subit un retard et/ou encourt des coûts en se conformant à ces instructions, il doit délivrer un avis supplémentaire au Maître de l'ouvrage et doit avoir droit selon la Sous-clause 20. 1 [*Réclamation de l'Entrepreneur*] :
- (a) à une prolongation du délai pour tout retard de ce type, si l'achèvement est ou sera retardé conformément à la Sous-clause 8. 4 [*Prolongation du Délai d'achèvement*], et
- (b) au paiement des coûts, qui doivent être ajoutés au Prix contractuel.

Après réception de cet avis supplémentaire, le Maître de l'ouvrage doit procéder conformément à la Sous-clause 3. 5 [*Constatations*] pour convenir ou constater ces questions.

4.22 工地安全

除非专用条件中另有规定：
(a) 承包商应负责阻止未经授权的人员进入工地；
(b) 授权人员应仅限于承包商人员和业主人员以及由业主(或以其名义)通知承包商得到业主许可的工地上的其他承包商的人员。

4.23 承包商的现场作业

承包商应将其作业限制在现场以及承包商可得到并经业主同意作为工作场地的任何附加区域内。承包商应采取一切必要的预防措施，以保证承包商设备和承包商人员处在现场和此类附加区域内，避免其进入邻近其他区域。

在工程施工期间，承包商应保持现场没有一切不必要的障碍物，并应妥善存放和处置承包商设备或多余的材料。承包商应从现场清除并运走任何废弃物、垃圾和不再需要的临时工程。

在颁发工程验收证书后，承包商应清除并运走所有承包商设备、剩余材料、废弃物、垃圾和临时工程。承包商应使现场和工程处于清洁和安全的状态。但在缺陷通知期限内，承包商可在现场保留其根据合同完成规定义务所需要的此类货物。

4.24 化 石

在现场发现的所有化石、硬币、有价值的物品或文物，以及具有地质或考古意义的结构物和其他遗迹或物品，应置于业主的照管和权限下。承包商应采取合理的预防措施，防止承包商人员或其他人员移动或损坏任何此类发现物。

一旦发现任何上述物品，承包商应立即通知业主。业主应就处理上述物品发出指示。如果承包商因执行这些指示遭受延误和(或)招致费用，承包商应向业主再次发出通知，有权根据第20.1款[承包商的索赔]的规定提出：

(a) 根据第8.4款[竣工期限的延长]的规定，如果竣工已(或将)受到延误，对任何此类延误给予延长期；
(b) 任何上述费用应加入合同价格，给予支付。

业主收到上述再次通知后，应按照第3.5款[确定]的要求商定或确定这些事项。

5 Conception

5.1 Obligations générales de conception

L'Entrepreneur doit être considéré comme ayant minutieusement vérifié, avant la Date de référence, les Exigences du Maître de l'ouvrage (y compris les critères de conception et les calculs, s'il y en a). L'Entrepreneur sera responsable pour la conception des Travaux et pour l'exactitude des Exigences du Maître de l'ouvrage (y compris les critères de conception et les calculs), à l'exception de ce qui est mentionné ci-après.

Le Maître de l'ouvrage ne sera pas responsable pour les erreurs, inexactitudes ou omissions de quelque sorte que ce soit dans les Exigences du Maître de l'ouvrage telles qu'originellement incluses dans le Contrat et ne doit pas être considéré comme ayant donné un exposé exact et exhaustif des données ou informations, à l'exception de ce qui est mentionné ci-dessous. Les données ou informations reçues par l'Entrepreneur du Maître de l'ouvrage ou autrement, ne doivent pas décharger l'Entrepreneur de sa responsabilité pour la conception et l'exécution des Travaux.

Toutefois, le Maître de l'ouvrage sera responsable pour l'exactitude des parties suivantes des Exigences du Maître de l'ouvrage et des données et informations suivantes fournies par le (au nom du) Maître de l'ouvrage :

(a) les parties, données et informations qui sont mentionnées dans le Contrat comme étant invariables ou sous la responsabilité du Maître de l'ouvrage ;

(b) les définitions des affectations envisagées des Travaux ou des parties des Travaux ;

(c) les critères pour le test et l'exécution des Travaux achevés, et

(d) les parties, données et informations qui ne peuvent pas être vérifiées par l'Entrepreneur, sauf si le Contrat en dispose autrement.

5.2 Documents de l'Entrepreneur

Les Documents de l'Entrepreneur doivent comprendre les documents techniques spécifiés dans les Exigences du Maître de l'ouvrage, les documents exigés pour satisfaire à toutes les demandes d'agréments réglementaires, et les documents décrits dans la Sous-clause 5.6 [*Documents " tel que construits "*] et la Sous-clause 5.7 [Manuels d'utilisation et de maintenance]. A moins que les Exigences du Maître de l'ouvrage n'en disposent autrement, les Documents de l'Entrepreneur doivent être rédigés dans la langue de communication définie dans la Sous-clause 1.4 [*Loi et langue*].

L'Entrepreneur doit préparer tous les Documents de l'Entrepreneur et doit également préparer tous les autres documents nécessaires pour instruire son Personnel.

5 设 计

5.1 设计义务一般要求

承包商应被视为在基准日期前已仔细审查了业主要求(包括设计标准和计算,如果有)。承包商应负责工程的设计,并在除下列业主应负责的部分外,对业主要求(包括设计标准和计算)的正确性负责。

除下述情况外,业主不应对原先包括在合同内的业主要求中的任何错误、不准确或遗漏负责,也不应被认为,对任何数据或资料给出了任何准确性或完整性的表示。承包商从业主或其他方面收到任何数据或资料,不应解除承包商对设计和工程施工承担的责任。

但是,业主应对业主要求中的下列部分,以及由业主(或以其名义)提供的下列数据和资料的正确性负责:
(a)在合同中规定的由业主负责的作为不可变的部分、数据和资料;
(b)对工程或其任何部分的预期目的的说明;
(c)竣工工程的实施和试验标准;
(d)除合同另有说明外,承包商不能核实的部分、数据和资料。

5.2 承包商文件

承包商文件应包括业主要求中规定的技术文件,为满足所有规章要求报批的文件,以及第5.6款[竣工文件]和第5.7款[操作和维修手册]中所述的文件。除非业主要求中另有说明,承包商文件应使用第1.4款[法律和语言]规定的交流语言编写。

承包商应编制所有承包商文件,还应编制指导承包商人员所需要的任何其他文件。

Si les Exigences du Maître de l'ouvrage décrivent les Documents de l'Entrepreneur qui doivent être présentés au Maître de l'ouvrage pour vérification, ils doivent être présentés en conséquence avec un avis tel que décrit ci-dessous. Dans les dispositions suivantes de cette Sous-clause, (i) " période de vérification " signifie la période requise par le Maître de l'ouvrage pour procéder à la vérification, et (ii) les "Documents de l'Entrepreneur" excluent tous les documents pour lesquels aucune exigence de vérification n'est spécifiée.

A moins que les Exigences du Maître de l'ouvrage n'en disposent autrement, chaque période de vérification ne doit pas excéder une durée de 21 jours, calculée à partir de la date à laquelle le Maître de l'ouvrage reçoit l'avis et le Document de l'Entrepreneur. Cet avis doit déclarer que le Document de l'Entrepreneur est considéré comme prêt pour vérification conformément à cette Sous-clause et également pour utilisation. Cet avis doit également mentionner que le Document de l'Entrepreneur est conforme au Contrat, ou dans quelle mesure il ne l'est pas.

Le Maître de l'ouvrage peut pendant la période de vérification informer l'Entrepreneur qu'un Document de l'Entrepreneur n'est pas conforme au Contrat (dans la mesure spécifiée). Si le Document de l'Entrepreneur n'est pas conforme, il doit être rectifié, présenté et vérifié de nouveau conformément à cette Sous-clause aux frais de l'Entrepreneur.

Pour chaque partie des Travaux, et sauf si les Parties en conviennent autrement :

(a) l'exécution de cette partie des Travaux ne doit pas commencer avant l'expiration des périodes de vérification pour tous les Documents de l'Entrepreneur, qui concernent la conception et l'exécution de cette partie ;

(b) l'exécution d'une telle partie des Travaux doit être conforme aux Documents de l'Entrepreneur, tel que présentés pour la vérification ; et

(c) si l'Entrepreneur désire modifier toute conception ou tout document qui a été préalablement présenté pour la vérification, l'Entrepreneur doit immédiatement en aviser le Maître de l'ouvrage. Par la suite, l'Entrepreneur doit présenter les documents révisés au Maître de l'ouvrage conformément à la procédure susmentionnée.

Tous les accords (selon le paragraphe précédent) ou les vérifications (selon cette Sous-clause ou autrement) ne doivent pas décharger l'Entrepreneur de ses obligations ou responsabilités.

5.3 Engagements de l'Entrepreneur

L'Entrepreneur s'engage à ce que la conception, les Documents de l'Entrepreneur, l'exécution et les Travaux achevés soient conformes :

(a) aux Loi du Pays, et

(b) aux documents formant le Contrat, tels que révisés ou modifiés pas des Modifications.

5.4 Standards techniques et réglementations

La conception, les Documents de l'Entrepreneur, l'exécution et les Travaux achevés doivent être conformes aux standards techniques du Pays, aux Lois relatives aux bâtiments, aux constructions et à l'environnement, aux Lois applicables au produit fabriqué à partir des Travaux et aux autres standards spécifiés dans les Exigences du Maître de l'ouvrage, applicables aux Travaux ou définis par les Lois applicables.

如果业主要求中描述了要提交业主审核的承包商文件,这些文件应依照要求,连同下文叙述的通知一并上报。本条款有下列规定:(i)"审核期"系指业主审核需要的期限;(ii)"承包商文件"不包括未规定要提交审核的任何文件。

除非业主要求中另有说明,每项审核期不应超过 21 天,从业主收到一份承包商文件和承包商通知的日期算起。该通知应说明,本承包商文件是已可供按照本款进行审核和使用。通知还应说明本承包商文件符合合同规定的情况,或在哪些范围不符合。

业主在审核期内可向承包商发出通知,指出承包商文件在哪些方面不符合合同的规定。如果承包商文件不符合要求,该文件应由承包商承担费用,按照本款修正,重新上报,并审核。

除双方另有协议的范围外,对工程每一部分都应:
(a)在有关该部分工程的设计和施工的承包商文件的审核期尚未期满前,不得开工;

(b)该部分工程的实施,应按上报审核的承包商文件进行;

(c)如果承包商希望对已送审的设计或文件进行修改,应立即通知业主。然后,承包商应按照前述程序将修改后的文件提交业主。

根据前一段的任何协议或根据本款或其他条款的任何审核,都不应解除承包商的任何义务或责任。

5.3 承包商的承诺

承包商承诺其设计、承包商文件、实施和竣工的工程符合以下要求:

(a)工程所在国的法律;
(b)经过变更作出更改或修正的文件已构成合同的各项文件。

5.4 技术标准和法规

设计、承包商文件、施工和竣工工程,均应符合工程所在国的技术标准、建筑、施工与环境方面的法律,适用于工程作为制造产品的法律以及业主要求中提出的适用于工程或适用法律规定的其他标准。

Toutes ces Lois doivent, en ce qui concerne les Travaux et chaque Section, être celles qui prévalent lorsque les Travaux ou la Section sont/est réceptionnés/réceptionnée par le Maître de l'ouvrage selon la Clause 10 [*Réception par le Maître de l'ouvrage*]. Les références dans le Contrat aux standards publiés doivent être comprises comme étant les références à l'édition applicable à la Date de référence, à moins qu'il n'en soit disposé autrement.

Si des standards modifiés ou nouvellement applicables deviennent effectifs dans le Pays après la Date de référence, l'Entrepreneur doit informer le Maître de l'ouvrage et (si cela est approprié) présenter des propositions pour mise en conformité. Dans le cas où

(a) le Maître de l'ouvrage décide qu'une mise en conformité est exigée, et

(b) les propositions pour la mise en conformité constituent une modification.

alors le Maître de l'ouvrage doit procéder à une Modification conformément à la Clause 13 [*Modification et Ajustements*].

5.5 Formation

L'Entrepreneur doit mettre en œuvre la formation du Personnel du Maître de l'ouvrage dans le fonctionnement et l'entretien des Travaux, dans la mesure spécifiée dans les Exigences du Maître de l'ouvrage. Si le Contrat spécifie qu'une formation doit être mise en œuvre avant la réception, les Travaux ne doivent pas être considérés comme achevés pour les besoins de la réception conformément à la Sous-clause 10.1 [*Réception des Travaux et des Sections*] avant que cette formation n'ait été complétée.

5.6 Documents as-built (tels que construits)

L'Entrepreneur doit préparer et garder à jour une série complète de notes " tels que construits " sur l'exécution des Travaux, montrant les lieux, les tailles, et les détails exacts " tels que construits " des travaux tels qu'ils ont été exécutés. Ces notes doivent être conservées sur le Chantier et être exclusivement utilisées pour les besoins de cette Sous-clause. Deux exemplaires doivent en être fournis au Maître de l'ouvrage avant le commencement des Tests d'achèvement.

De plus, l'Entrepreneur doit fournir au Maître de l'ouvrage des dessins " tels que construits " des Travaux, montrant tous les Travaux tels qu'ils ont été exécutés et les présenter au Maître de l'ouvrage pour vérification selon la Sous-clause 5.2 [*Documents de l'Entrepreneur*]. L'Entrepreneur doit obtenir le consentement du Maître de l'ouvrage en ce qui concerne leur taille, le système de référencement, et les autres détails pertinents.

Avant la délivrance du Certificat de réception, l'Entrepreneur doit fournir au Maître de l'ouvrage le nombre et les types spécifiés de copies des dessins " tels que construits " concernés conformément aux Exigences du Maître de l'ouvrage. Les Travaux ne doivent pas être considérés comme achevés pour les besoins de la réception selon la Sous-clause 10.1 [*Réception des Travaux et des Sections*] avant que le Maître de l'ouvrage n'ait reçu ces documents.

所有这些关于工程和其各分项工程的法规,应是在业主根据第 10 条[业主验收]的规定验收工程或分项工程时通行的。除非另有说明,合同中提到的各项已公布标准应视为在基准日期适用的版本。

如果在基准日期后、所在国上述版本有修改或有新的标准生效,承包商应通知业主,并(如适宜)提交遵守新标准的建议书。如果:

(a)业主确定需要遵守;
(b)遵守新标准的建议书已构成一项变更。
业主应按照第 13 条[变更和调整]的规定着手作出变更。

5.5 培 训

承包商应按照业主要求中规定的范围,对业主人员进行工程操作和维修培训。如果合同规定了工程验收前要进行培训,在此项培训结束前,不应视为工程按照第 10.1 款[工程和分项工程的验收]规定的验收要求已经竣工。

5.6 竣工文件

承包商应编制并随时更新一套完整的有关工程施工情况的"竣工"记录,如实记载竣工工程的准确位置、尺寸和实施工作的详细说明。上述竣工记录应保存在现场,并仅限用于本款的目的。应在竣工试验开始前,提交两套副本给业主。

此外,承包商应负责绘制并向业主提供工程的竣工图,表明整个工程的施工完毕的实际情况,提交业主根据第 5.2 款[承包商文件]的规定进行审核。承包商应取得业主对竣工图的尺寸、基准系统及其他相关细节的同意。

在颁发任何验收证书前,承包商应按照业主要求中规定的份数和复制形式,向业主提交上述相关的竣工图。在业主收到这些文件前,不应视为工程按照第 10.1 款[工程和分项工程的验收]规定的验收要求已经竣工。

5.7　Manuels d'utilisation et de maintenance

Avant le début des Tests après achèvement, l'Entrepreneur doit fournir au Maître de l'ouvrage les manuels d'utilisation et de maintenance provisoires avec des détails suffisants pour que le Maître de l'ouvrage fasse fonctionner, entretienne, désassemble, réassemble, ajuste et répare les Installations industrielles.

Les Travaux ne doivent pas être considérés comme achevés aux fins du Certificat de réception conformément à la Sou-clause 10.1 [*Réception des Travaux et des Sections*] avant que le Maître de l'ouvrage n'ait reçu les manuels d'utilisation et de maintenance définitifs détaillés et tout autre manuel spécifié dans les Exigences du Maître de l'ouvrage à cet effet.

5.8　Erreur de conception

Si des erreurs, des omissions, des ambiguïtés, des incohérences, des insuffisances ou autres défauts sont trouvés dans les Documents de l'Entrepreneur, ceux-ci et les Travaux seront corrigés aux frais de l'Entrepreneur, nonobstant tout consentement ou approbation selon cette Clause.

5.7 操作和维修手册

在竣工试验开始前,承包商应向业主提供暂行的操作维修手册,该操作维修手册的详细程度,应能满足业主操作、维修、拆卸、重新组装、调整和修复生产设备的需要。

在业主收到足够详细的最后的操作和维修手册和业主要求中为此类目的规定的其他手册前,不能视为工程按照第10.1款[工程和分项工程的验收]规定的验收要求已经竣工。

5.8 设计错误

如果在承包商文件中发现有错误、遗漏、含糊、不一致、不完整或其他缺陷,尽管根据本条作出了任何同意或批准,但承包商仍应对这些缺陷及其带来的工程问题进行改正,并承担费用。

6 Personnel et main d'œuvre

6.1 Embauche du Personnel et de la Main d'œuvre

A moins que les Exigences du Maître de l'ouvrage n'en disposent autrement, l'Entrepreneur doit prendre des dispositions pour l'embauche de tout le personnel et de la main d'œuvre, locale ou autre, et pour leur paiement, hébergement, alimentation et transport.

6.2 Taux de rémunération et conditions de travail

L'Entrepreneur doit pratiquer des taux de rémunération et observer des conditions de travail qui ne sont pas inférieurs à ceux établis pour le commerce ou l'industrie au lieu où les travaux sont exécutés. Si aucun taux n'est fixé et si aucune condition n'est applicable, l'Entrepreneur doit pratiquer des taux de rémunération et respecter des conditions qui ne sont pas plus bas que le niveau général des taux et conditions observés localement par des employeurs dont le commerce ou l'industrie est comparable à celui de l'Entrepreneur.

6.3 Personnes au service du Maître de l'ouvrage

L'Entrepreneur ne doit pas recruter ou essayer de recruter du personnel et de la main d'œuvre parmi le Personnel du Maître de l'ouvrage.

6.4 Législation du travail

L'Entrepreneur doit se conformer à la législation du travail applicable à son Personnel, y compris les Lois relatives à leur embauche, leur santé, leur sécurité, leur bien-être, à l'immigration et l'émigration et doit leur accorder tous leurs droits légaux.
L'Entrepreneur doit exiger de ses employés qu'ils obéissent à toutes les Lois applicables, y compris celles concernant leur sécurité pendant le travail.

6.5 Horaires de travail

Aucun travail ne doit être exécuté sur le Chantier les jours reconnus localement comme jours de repos, ou hors des heures normales de travail, à moins :
  (a) que le Contrat n'en dispose autrement,
  (b) que le Maître de l'ouvrage donne son accord, ou
  (c) que le travail soit inévitable, ou nécessaire pour la protection de la vie, de la propriété ou pour la protection des Travaux, dans quel cas l'Entrepreneur devant immédiatement en aviser le Maître de l'ouvrage.

6 员 工

6.1 员工的雇用

除业主要求中另有说明外,承包商应安排从当地或其他地方雇用所有的员工,并负责他们的报酬、住宿、膳食和交通。

6.2 工资标准和劳动条件

承包商所付的工资标准及遵守的劳动条件,应不低于实施工作的地区工商业现行的标准和条件。如果没有现成的标准和条件可以参照执行,承包商所付的工资标准及遵守的劳动条件,应不低于当地与承包商类似的工商业业主所付的一般工资标准及遵守的劳动条件。

6.3 为业主服务的人员

承包商不应从业主人员中招收或试图招收员工。

6.4 劳动法

承包商应遵守所有适用于承包商人员的相关劳动法律,包括有关承包商人员的雇用、健康、安全、福利、入境、出境等法律,并应允许其享有所有合法权利。

承包商应要求其雇员遵守所有适用的法律,包括有关工作安全的法律。

6.5 工作时间

除非出现下列情况,否则在当地公认的休息日,或在正常工作时间以外,不应在现场进行工作:

(a)合同中另有规定;
(b)业主同意;
(c)保护生命和财产或为工程的安全,不可避免或必需的工作,在此情况下承包商应立即通知业主。

6.6 Hébergement du Personnel et de la main d'œuvre

A moins que les Exigences du Maître de l'ouvrage n'en disposent autrement, l'Entrepreneur doit fournir et entretenir les logements et les installations nécessaires au bien-être de son Personnel. L'Entrepreneurdoit également fournir les installations pour le Personnel du Maître de l'ouvrage tel que mentionné dans les Exigences du Maître de l'ouvrage.

L'Entrepreneur ne doit pas permettre à son Personnel de conserver leurs quartiers de manière temporaire ou permanente à l'intérieur des structures constituant une partie des Travaux définitifs.

6.7 Santé et sécurité

L'Entrepreneur doit en tout temps prendre toutes les précautions appropriées pour préserver la santé et la sécurité de son Personnel. En collaboration avec les autorités sanitaires locales, l'Entrepreneur doit garantir que le personnel médical, les installations de premier secours, l'infirmerie et les services d'ambulance sont accessibles sur le Chantier à tous moments et dans tout logement du Personnel de l'Entrepreneur ou du Personnel du Maître de l'ouvrage et que toutes les dispositions utiles ont été prises pour tous les besoins d'hygiène et de bien-être et pour la prévention des épidémies.

L'Entrepreneur doit désigner un responsable pour la prévention des accidents sur le Chantier, chargé du maintien de la sécurité et de la protection contre les accidents. Cette personne doit être qualifiée pour assumer cette responsabilité et doit avoir le pouvoir de donner des instructions et de prendre les mesures de protection pour prévenir les accidents. Pendant l'exécution des Travaux, l'Entrepreneur doit fournir tout ce qui est exigé par cette personne pour exercer cette responsabilité et cette autorité.

L'Entrepreneur doit adresser au Maître de l'ouvrage les détails de tous les accidents aussitôt que possible après leur survenance. L'Entrepreneur doit conserver les notes et établir des comptes rendus relatifs à la santé, à la sécurité, au bien-être des personnes et aux dommages à la propriété, selon ce que le Maître de l'ouvrage peut raisonnablement exiger.

6.8 Surveillance de l'Entrepreneur

Pendant la conception et l'exécution des Travaux, et aussi longtemps que nécessaire pour exécuter ses obligations, l'Entrepreneur doit fournir toute la surveillance nécessaire pour planifier, arranger, diriger, gérer, inspecter et tester le travail.

La surveillance doit être assurée par un nombre suffisant de personnes, ayant une connaissance adéquate de la langue de communication (définie dans la Sous-clause 1.4 [*Loi et Langue*]) et des opérations à exécuter (y compris des méthodes et des techniques exigées, des risques susceptibles d'être encourus et des méthodes de prévention des accidents) en vue d'une exécution sûre et satisfaisante des Travaux.

6.9 Personnel de l'Entrepreneur

Le Personnel de l'Entrepreneur doit être convenablement qualifié, spécialisé et expérimenté dans leurs branches ou activités respectives. Le Maître de l'ouvrage peur exiger que l'Entrepreneur remplace (ou provoque le remplacement de) toute personne employée sur le Chantier ou pour les Travaux, y compris le Représentant de l'Entrepreneur le cas échéant, qui :

6.6 员工的食宿

除业主要求中另有说明外,承包商应为承包商人员提供和保持一切必要的食宿和福利设施。承包商还应按业主要求中的规定为业主人员提供设施。

承包商不应允许承包商人员中的任何人,在构成永久工程一部分的构筑物内,保留任何临时或永久的居住场所。

6.7 健康和安全

承包商应始终采取合理的预防措施,维护承包商人员的健康和安全。承包商应与当地卫生部门合作,始终确保在现场,以及承包商人员和业主人员的任何驻地,配备医务人员、急救设施、病房及救护车服务,并应对所有必需的福利和卫生要求以及预防传染病做出适当安排。

承包商应在现场指派一名事故预防员,负责维护安全和事故预防工作。该人员应能胜任此项职责,并应有权发布指示及采取防止事故的保护措施。在工程实施过程中,承包商应提供该人员履行其职责和权利所需要的任何事项。

任何事故发生后,承包商应立即将事故详情通报业主。承包商应按业主可能提出的合理要求,做记录,并写出有关人员健康、安全和福利以及财产损坏等情况的报告。

6.8 承包商的监督

在设计和工程施工过程中,以及其后业主认为为了完成承包商的义务所需要的期间内,承包商应对工作的规划、安排、指导、管理、检验和试验,提供一切必要的监督。

此类监督应由足够的人员执行,执行人员应具有交流所用语言(第1.4款[法律和语言]所规定的)以及合乎要求地、安全地实施工程各项作业所需的足够的知识(包括需要的方法和技术、可能遇到的危险和预防事故的方法)。

6.9 承包商人员

承包商人员都应是在其各自行业或职业内,具有相应资质、技能和经验的人员。业主可要求承包商撤换(或促使撤换)受雇于现场或工程的有下列行为的任何人员,适当时也包括承包商代表:

(a) persiste dans son inconduite ou dans son imprudence ;
(b) exécute ses obligations de façon négligente ou incompétente
(c) ne réussit pas à se conformer à une des dispositions du Contrat, ou
(d) persiste dans sa conduite préjudiciable à la sécurité, la santé ou la protection de l'environnement.

Si cela est opportun, l'Entrepreneur doit alors désigner (ou provoquer la désignation d') une personne de remplacement appropriée.

6.10 Notes de l'Entrepreneur sur son Personnel et son Equipement

L'Entrepreneur doit présenter au Maître de l'ouvrage un inventaire faisant apparaître le nombre de membres de chaque catégorie professionnelle de son Personnel, et de chaque type d'Equipement présent sur le Chantier. Les inventaires seront présentés chaque mois du calendrier, sous une forme approuvée par le Maître de l'ouvrage, jusqu'à ce que l'Entrepreneur ait réalisé tout le travail qui est réputé inachevé à la date d'achèvement mentionnée dans le Certificat de réception des Travaux.

6.11 Comportement contraire à l'ordre public

L'Entrepreneur doit à tout moment prendre les précautions appropriées pour prévenir toute conduite illicite, séditieuse, ou contraire à l'ordre public du ou parmi son Personnel et préserver la paix et la sécurité des personnes et de la propriété près du et sur le Chantier.

(a)经常行为不当,或工作漫不经心;
(b)无能力履行义务或玩忽职守;
(c)不遵守合同的任何规定;
(d)持续的有损安全、健康,或有损环境保护的行为。

如果适宜,承包商随后应指派(或促使指派)合适的替代人员。

6.10　承包商人员和设备的记录

承包商应向业主提交说明现场各类承包商人员的人数和各类承包商设备数量的详细资料。应按业主批准的格式每月填报,直到承包商完成了工程验收证书上写明的竣工日期时的全部扫尾工作为止。

6.11　无序行为

承包商应始终采取各种合理的预防措施,防止承包商人员或其内部,发生任何非法的、骚乱的或无序的行为,以保持安定,保护现场及邻近人员和财产的安全。

7 Installations industrielles, Matériaux et Règles de l'art

7.1 Méthode d'exécution

L'Entrepreneur doit procéder à la fabrication des Installations industrielles, la production et la fabrication des Matériaux et toute autre exécution des Travaux :
- (a) de la manière (s'il y en a) spécifiée dans le Contrat ;
- (b) d'une manière conforme aux règles de l'art et de manière soignée, conformément aux pratiques reconnues, et
- (c) avec des installations équipées de manières appropriée et des Matériaux non-dangereux, sauf si le Contrat en dispose autrement.

7.2 Echantillons

L'Entrepreneur doit présenter des échantillons au Maître de l'ouvrage pour vérification conformément aux procédures pour les Documents de l'Entrepreneur décrite dans la Sous-clause 5.2 [*Documents de l'Entrepreneur*], tel que spécifié dans le Contrat et aux coûts de l'Entrepreneur. Chaque échantillon doit être étiqueté afin de faire connaître son origine et l'usage auquel il est destiné dans les Travaux.

7.3 Inspection

Le personnel du Maître de l'ouvrage doit à tout moment raisonnable :
- (a) avoir libre accès à toutes les parties du Chantier et aux endroits auxquels les Matériaux naturels sont obtenus, et
- (b) pendant la fabrication, la production et la construction (sur le Chantier et dans la mesure spécifiée par le Contrat, partout ailleurs) avoir le droit d'examiner, d'inspecter, de mesurer, de tester les matériaux et la finition et, de vérifier les progrès de la fabrication des Installations industrielles, et la production et la fabrication des Matériaux.

L'Entrepreneur doit donner au Personnel du Maître de l'ouvrage la possibilité d'exécuter ces activités, y compris en fournissant l'accès, les installations, les autorisations et l'équipement de protection. Aucune de ces activités ne doit dégager l'Entrepreneur de ses obligations ou responsabilités.

En ce qui concerne le travail que le Personnel du Maître de l'ouvrage est autorisé à examiner, inspecter, mesurer, et/ou tester, l'Entrepreneur doit aviser le Maître de l'ouvrage à chaque fois qu'un tel travail est prêt, et avant qu'il ne soit couvert et mis hors de vue, ou emballé pour le stockage ou le transport. Le Maître de l'ouvrage doit alors soit procéder à la vérification, l'inspection, le mesurage ou la mise à l'épreuve sans retard déraisonnable, soit informer immédiatement l'Entrepreneur que le Maître de l'ouvrage n'entend pas y procéder ainsi. Si l'Entrepreneur n'informe pas le Maître de l'ouvrage, il doit si et lorsque c'est exigé par le Maître de l'ouvrage découvrir les travaux puis les réintégrer et les réparer, le tout à ses propres coûts.

7 生产设备、材料和工艺

7.1 实施方法

承包商应按以下方法进行生产设备的制造、材料的生产加工以及工程的所有其他实施作业:

(a)按照合同规定的方法(如果有);
(b)按照公认的操作惯例,符合工艺和精细的施工方法;

(c)除合同另有规定外,使用适当配备的设施和无危险的材料。

7.2 样　品

承包商应根据合同规定,按照第5.2款[承包商文件]中所述的对承包商文件的送审程序,自费向业主提交样品,供其审核。每件样品应附有标签标明其原产地及其在工程中预期的用处。

7.3 检　验

业主人员应在所有合理的时间内进行如下活动:

(a)有充分机会进入现场的所有部分以及获得天然材料的所有地点;

(b)有权在加工、生产和施工期间(在现场和其他合同规定的范围),对材料和工艺进检查、检验、测量和试验,并对生产设备的制造和材料的加工生产进度进行检查。

承包商应为业主人员进行上述活动提供一切机会,包括提供进入条件、设施、许可和安全装备。此类活动不应解除承包商的任何义务和责任。

对于业主人员有权进行检查、检验、测量和(或)试验的工作,当任何此类工作已经准备好,在覆盖、掩蔽、包装以便储存或运输前,承包商应通知业主。这时,业主应及时进行检查、检验、测量或试验,不得无故拖延,或者立即通知承包商无需进行这些工作。如果承包商没有发出此类通知,而业主提出要求时,承包商应除去物件上的覆盖,并在检查后恢复完好,所需费用由承包商负担。

7.4 Tests

Cette Sous-clause doit être appliquée à tous les tests spécifiés dans le Contrat, autre que les Tests après achèvement (s'il y en a).

L'Entrepreneur doit fournir tout l'appareillage, l'assistance, les documents et autre informations, l'électricité, l'équipement, le combustible, les biens de consommation, les instruments, la main d'œuvre, les matériaux, et un personnel convenablement qualifié et expérimenté, tel que l'exige l'exécution efficace des tests spécifiés. L'Entrepreneur doit convenir avec le Maître de l'ouvrage du lien et de l'heure des tests spécifiés des Installations industrielles, les Matériaux et d'autres parties des Travaux.

Le Maître de l'ouvrage peur, selon la Clause 13 [*Modifications et Ajustement*] modifier le lieu ou les détails des tests spécifiés, ou ordonner à l'Entrepreneur d'effectuer des tests supplémentaires.

Si ces tests modifiés ou supplémentaires révèlent que les Installations industrielles, les Matériaux ou la finition testés ne sont pas conformes au Contrat, les coûts de l'exécution de cette Modification seront supportés par l'Entrepreneur, nonobstant les autres dispositions du Contrat.

Le Maître de l'ouvrage doit informer l'Entrepreneur au moins 24 heures à l'avance de son intention d'être présent lors des tests. Si le Maître de l'ouvrage n'est pas présent à l'heure et au lieu convenus, l'Entrepreneur peut procéder aux tests, à moins que le Maître de l'ouvrage n'ordonne autre chose, et les tests seront réputés avoir été effectués en présence du Maître de l'ouvrage.

Si l'Entrepreneur subit des retards ou des Coûts en se conformant à ces instructions ou en conséquence d'un retard pour lequel le Maître de l'ouvrage est responsable, l'Entrepreneur doit aviser le Maître de l'ouvrage et a droit selon la Sous-clause 20.1 [*Réclamations de l'Entrepreneur*] :

  (a) à une prolongation du délai pour tout retard de ce type, si l'achèvement est ou sera retardé conformément à la Sous-clause 8.4 [*Prolongation du Délai d'achèvement*], et

  (b) au paiement de tous ces Coûts et d'un profit raisonnable, qui seront ajoutés au Prix contractuel.

Après avoir reçu cet avis, le Maître de l'ouvrage doit procéder conformément à la Sous-clause 3.5 [Constatations] pour convenir ou constater ces questions.

L'Entrepreneur doit immédiatement transmettre au Maître de l'ouvrage les comptes rendus de ces tests dûment certifiés. Lorsque les tests spécifiés ont été accomplis avec succès, le Maître de l'ouvrage doit signer les certificats des tests de l'Entrepreneur ou lui délivrer un certificat à cet effet. Si le Maître de l'ouvrage n'a pas assisté aux tests, il doit être considéré comme ayant accepté les relevés (des appareils de test) comme exacts.

7.5 Rejet

Si, à la suite d'une vérification, d'une inspection, d'un mesurage, ou d'un test, des Installations industrielles, des Matériaux, la conception ou la finition s'avèrent défectueuses ou non-conformes au Contrat, le Maître de l'ouvrage peur rejeter les Installations industrielles, les Matériaux, la conception ou la finition en avisant l'Entrepreneur de façon motivée. L'Entrepreneur doit alors immédiatement réparer le défaut et s'assurer que l'élément rejeté est conforme au Contrat.

7.4 试　　验

本款适用于竣工后试验(如果有)以外的合同规定的所有试验。

为有效进行规定的试验,承包商应提供所需的所有仪器、协助、文件和其他资料、电力、装备、燃料、消耗品、工具、劳力、材料,以及具有适当资质和经验的人员。对任何生产设备、材料和工程其他部分进行规定的试验,其时间和地点,应由承包商和业主商定。

根据第13条[变更和调整]的规定,业主可以改变进行规定试验的位置或细节,或指示承包商进行附加的试验。如果这些变更或附加的试验表明,经过试验的生产设备、材料、或工艺不符合合同要求,不管合同有何其他规定,承包商应负担进行本项变更的费用。

业主应至少提前24小时将参加试验的意图通知承包商。如果业主没有在商定的时间和地点参加试验,除非业主另有指示,承包商可以自行进行试验,这些试验应被视为是在业主在场情况下进行的。

如果由于服从这些指示,或因业主应负责的延误的结果,使承包商遭受延误和(或)导致的费用,承包商应向业主发出通知,并有权根据第20.1款[承包商的索赔]的规定提出:

(a)根据第8.4款[竣工期限的延长]的规定,如果竣工已或将受到延误,对任何此类延误给予延长期;
(b)任何上述费用加合理利润应加入合同价格,给予支付。

业主在收到此通知后,应按照第3.5款[确定]的要求对此类事项进行商定或确定。

承包商应立即向业主提交充分证实的试验报告。当规定的试验通过时,业主应在承包商的试验证书上签字认可,或向承包商颁发等效的证书。如果业主未参加试验,也应被视为已经认可试验记录的数据是准确的。

7.5 拒　　收

如果经检查、检验、测量或试验结果,发现任何生产设备、材料、设计或工艺有缺陷,或不符合合同要求,业主可通过向承包商发出通知,并说明理由,拒收该生产设备、材料、设计或工艺。承包商应立即修复缺陷,并保证上述被拒收的项目符合合同规定。

Si le Maître de l'ouvrage exige que ces Installations industrielles, ces Matériaux, la conception ou la finition soient de nouveau mis à l'épreuve, les tests doivent être répétés suivant les mêmes modalités et dans les mêmes conditions. Si le rejet et le fait de tester à nouveaux occasionne des coûts supplémentaires au Maître de l'ouvrage, l'Entrepreneur doit conformément à la Sous-clause 2.5 [*Réclamations du Maître de l'ouvrage*] payer ces coûts au Maître de l'ouvrage.

7.6 Travaux de réparation

Nonobstant tout test ou certification antérieure, le Maître de l'ouvrage peut ordonner à l'Entrepreneur :
  (a) d'enlever du Chantier et de remplacer toutes les Installations industrielles ou Matériaux qui ne sont pas conformes au Contrat;
  (b) d'enlever et de réexécuter tout autre travail qui n'est pas conforme au Contrat, et
  (c) d'exécuter tout travail qui est exigé de façon urgente pour la sécurité des Travaux, soit en raison d'un accident, soit d'un événement imprévisible ou autre.

Si l'Entrepreneur ne réussit pas à se conformer aux instructions qui sont conformes à la Sous-clause 3.4 [*Instructions*], le Maître de l'ouvrage doit avoir le droit d'employer eu de payer d'autres personnes pour exécuter ce travail. Excepté dans la mesure où l'Entrepreneur aurait eu droit au paiement du prix pour le travail, il doit conformément à la Sous-clause 2.5 [*Réclamations du Maître de l'ouvrage*] payer au Maître de l'ouvrage tous les coûts occasionnés par cet échec.

7.7 Propriété des Installations industrielles et des Matériaux

Chaque élément des Installations industrielles et des Matériaux doit, dans la mesure où cela est compatible avec la Loi du pays, devenir la propriété du Maître de l'ouvrage, libre de tout droit de gage ou de toute autre charge, dès qu'un des évènements suivants se produit :
  (a) lorsqu'il est livré sur le Chantier;
  (b) lorsque l'Entrepreneur a droit au paiement de la valeur de ces Installations industrielles et de ces Matériaux selon la Sous-clause 8.10 [*Paiement pour les Installations industrielles et les Matériaux en cas de suspension*].

7.8 Redevances

A moins que les Exigences du Maître de l'ouvrage n'en disposent autrement, l'Entrepreneur doit payer toutes les redevances, prix locatif/rentes et autres paiements pour :
  (a) les Matériaux naturels obtenus en dehors du Chantier, et
  (b) l'enlèvement des matériaux issus des démolitions ou des excavations et d'autres matériaux en excédent (soit naturels ou fabriqués), sauf dans la mesure où les zones d'enlèvement à l'intérieur du Chantier sont spécifiées dans le Contrat.

如果业主要求对上述生产设备、材料、设计或工艺再次进行试验,这些试验应按相同的条款和条件重新进行。如果此项拒收和再次试验使业主增加了费用,承包商应遵照第 2.5 款[业主的索赔]的规定,将该费用付给业主。

7.6 修补工作

尽管已有先前的任何试验或证书,业主仍可指示承包商进行以下工作:

(a)将不符合合同要求的任何生产设备或材料移出现场,并进行更换;

(b)去除不符合合同的任何其他工作,并重新实施;
(c)实施因意外、不可预见的事件或其他原因引起的,为工程的安全迫切需要的任何工作。

如果承包商未能服从任何此类符合第 3.4 款[指示]要求的指示,业主有权雇用并付款给他人从事该工作。除承包商原有权从该工作所得付款的范围外,承包商应遵照第 2.5 款[业主的索赔]的规定,向业主支付因其未履行指示而使业主支付的所有费用。

7.7 生产设备和材料的所有权

在出现以下两种情况的任意一种情况下,在符合工程所在国法律规定范围内,每项生产设备和材料都应无抵押和无须支付任何费用地成为业主的财产:

(a)当上述生产设备、材料运至现场时;
(b)当根据第 8.10 款[暂停时对生产设备和材料的付款]的规定,承包商有权得到按生产设备和材料价值的付款时。

7.8 土地(矿区)使用费

除非在业主要求中另有说明,承包商应为以下事项支付所有的土地(矿区)使用费、租金和其他付款:

(a)从现场以外地区得到的天然材料;
(b)在合同规定的现场范围内的弃置区以外,弃置拆除、开挖的材料和其他剩余材料(不论是天然的或人工的)。

8 Commencement, Retards et Suspension

8.1 Commencement des travaux

A moins que l'Accord contractuel n'en dispose autrement :
- (a) le Maître de l'ouvrage doit aviser l'Entrepreneur au moins 7 jours à l'avance de la Date de commencement ; et
- (b) la Date de commencement doit se situer dans une période de 42 jours après la date à compter de laquelle le Contrat prend effet, selon la Sous-clause 1.6 [*Accord contractuel*].

L'Entrepreneur doit commencer la conception et l'exécution des Travaux aussitôt que possible à compter de la Date de commencement et doit alors continuer les Travaux avec diligence et sans retard.

8.2 Délai d'achèvement

L'Entrepreneur doit terminer l'intégralité des Travaux et chaque Section (le cas échéant), dans le Délai d'achèvement prévu pour les Travaux ou les Sections (selon le cas), y compris :
- (a) le passage avec succès des Tests d'achèvement, et
- (b) l'achèvement de tous les travaux qui ont été mentionnés dans le Contrat comme étant nécessaires pour que les Travaux ou une Section soient considérés comme achevés pour les besoins de la réception, conformément à la Sous-clause 10.1 [*Réception des Travaux et des Sections*].

8.3 Emploi du temps

L'Entrepreneur doit soumettre au Maître de l'ouvrage dans un délai de 28 jours à compter de la Date de commencement un emploi du temps. L'Entrepreneur doit également soumettre un emploi du temps modifié à chaque fois que l'emploi du temps précédent est incompatible avec le progrès réel ou avec les obligations de l'Entrepreneur. A moins que le Contrat n'en dispose autrement, chaque emploi du temps doit inclure :
- (a) l'ordre dans lequel l'Entrepreneur entend exécuter les Travaux, y compris les délais prévus pour chaque phase principale des Travaux à exécuter;
- (b) les périodes de vérification conformément à la Sous-clause 5.2 [*Documents de l'Entrepreneur*] ;
- (c) l'ordre et la date des inspections et des tests spécifiés dans le Contrat, et
- (d) un rapport complémentaire qui inclut :
  - (i) une description générales des méthodes que l'Entrepreneur entend adopter pour l'exécution de chaque phase principale des Travaux, et
  - (ii) le nombre approximatif de chaque catégorie du Personnel de l'Entrepreneur et de chaque type d'équipement de l'Entrepreneur pour chaque phase principale.

8 开工、延误和暂停

8.1 工程的开工

除非合同协议书另有说明：
  (a)业主应在不少于 7 天前向承包商发出开工日期的通知；

  (b)开工日期应在第 1.6 款[合同协议书]规定的合同全面实施和生效日期后 42 天内。

承包商应在开工日期后，在合理可能情况下尽早开始工程的设计和施工，随后应以正当速度，不拖延工期进行工程施工。

8.2 竣工期限

承包商应在工程或分项工程(视情况而定)的竣工期限内，完成整个工程和每个分项工程(如果有)，包括：
  (a)竣工试验获得通过；

  (b)完成合同提出的工程和分项工程按照第 10.1 款[工程和分项工程的验收]规定的 验收要求竣工所需要的全部工作。

8.3 进度计划

承包商应在开工日期后 28 天内，向业主提交一份进度计划。当原定进度计划与实际进度或承包商的义务不相符时，承包商还应提交一份修订的进度计划。除非合同另有说明，每份进度计划应包括：

  (a)承包商计划实施工程的工作顺序，包括工程各主要阶段的预期时间安排；

  (b)根据第 5.2 款[承包商文件]规定的审核期限；

  (c)合同中规定的各项检验和试验的顺序和时间安排；
  (d)一份支持报告，内容包括：
    (i)承包商在工程各主要阶段的实施中拟采用的方法的一般描述；

    (ii)各主要阶段配备的各级承包商人员和各类型承包商设备的大概数量。

A moins que le Maître de l'ouvrage n'avise l'Entrepreneur dans un délai de 21 jours à compter de la réception de l'emploi du temps, de la mesure dans laquelle l'emploi du temps ne respecte pas le Contrat. L'Entrepreneur doit continuer selon l'emploi du temps en respectant ses autres obligations, conformément au Contrat. Le Personnel du Maître de l'ouvrage doit avoir le droit de se baser sur l'emploi du temps lorsqu'il planifiera ses activités.

L'Entrepreneur doit immédiatement informer le Maître de l'ouvrage des évènements et des circonstances futurs probables spécifiques qui pourraient affecter défavorablement ou retarder l'exécution des Travaux. Dans ce cas, ou si le Maître de l'ouvrage informe l'Entrepreneur que l'emploi du temps n'est pas conforme au Contrat (dans la mesure spécifiée) ou compatible avec le progrès réel et les intentions dont l'Entrepreneur fait état, l'Entrepreneur doit soumettre un emploi du temps modifié au Maître de l'ouvrage, conformément à cette Sous-clause.

8.4 Prolongation du Délai d'achèvement

L'Entrepreneur doit avoir droit, selon la Sous-clause 20.1 [*Réclamations de l'Entrepreneur*] à une prolongation du Délai d'achèvement si et dans la mesure où l'achèvement est retardé pour les besoins de la Sous-clause 10.1 [*Réception des Travaux et des Sections*] ou sera retardé pour les raisons suivantes :

(a) une Modification (à moins qu'une adaptation du Délai d'achèvement ait été approuvée conformément à la Sous-clause 13.3 [*Procédure de modification*]);

(b) une cause de retard ouvrant droit à une prolongation du délai, selon une Sous-clause de ces Conditions, ou

(c) un retard, empêchement ou entrave causé par ou imputable au Maître de l'ouvrage, au Personnel du Maître de l'ouvrage ou à ses autres entrepreneurs sur le Chantier.

Si l'Entrepreneur se considère comme ayant droit une prolongation du Délai d'achèvement, il doit alors en informer le Maître de l'ouvrage, conformément à la Sous-clause 20.1 [*Réclamations de l'Entrepreneur*]. En fixant chaque prolongation de délai selon la Sous-clause 20.1, le Maître de l'ouvrage doit vérifier les précédentes décisions et pourra augmenter, mais ne doit pas diminuer, la prolongation totale du délai.

8.5 Retards causés par les autorités

Si les conditions suivantes sont réunies, à savoir :

(a) l'Entrepreneur a suivi minutieusement les procédures instituées par les autorités publiques compétentes légalement constituées dans le Pays;

(b) ces autorités retardent ou interrompent les travaux de l'Entrepreneur, et

(c) le retard ou l'interruption n'était pas raisonnablement prévisible pour un entrepreneur expérimenté à la date de la soumission de l'Offre.

alors ce retard ou cette interruption sera considéré comme une cause de retard selon le sous paragraphe (b) de la Sous-clause 8.4 [*Prolongation du Délai d'achèvement*].

业主在收到进度计划后 21 天内向承包商发出通知，指出其中不符合合同要求的部分，承包商即应按照该进度计划，并遵守合同规定的其他义务，进行工作。业主人员有权依照该进度计划安排其活动。

承包商应及时将未来可能对工程施工造成不利影响或延误的事件及情况通知业主。此情况下，或在业主通知承包商指出进度计划（在指出的部分）不符合合同要求，或与实际进度或承包商提出的意向不一致时，承包商应遵照本款要求向业主提交一份修订进度计划。

8.4 竣工期限的延长

如由于下列任何原因，致使达到按照第 10.1 款［工程和分项工程的验收］要求的竣工受到或将受到延误的程度，承包商有权按照第 20.1 款［承包商的索赔］的规定提出延长竣工时间：

(a) 变更（除非已根据第 13.3 款［变更程序］的规定商定并调整了竣工时间）；

(b) 根据本条件某款，有权获得延长期的原因；

(c) 由业主、业主人员或在现场由业主指定的其他承包商造成或引起的任何延误、妨碍和阻碍。

如果承包商认为其有权提出延长竣工时间，应按照第 20.1 款［承包商的索赔］的规定，向业主发出通知。业主每次按照第 20.1 款确定延长时间时，应对以前所作的决定进行审查，可以增加，但不得减少总的延长时间。

8.5 当局造成的延误

应符合下列条件，即：

(a) 承包商已努力遵守了工程所在国依法成立的有关公共当局所制订的程序；

(b) 当局延误或打乱了承包商的工作；

(c) 延误或中断是一个有经验的承包商在递交投标书时无法合理预见的。

因此，上述延误或中断应被视为根据第 8.4 款［竣工期限的延长］(b) 项规定的延误的原因。

8.6　Degré d'évolution

Si en tout temps :
- (a) les progrès réels sont trop lents pour que les Travaux soient achevés pendant le Délai d'achèvement, et/ou
- (b) les progrès prennent (ou prendront) du retard par rapport à l'emploi du temps en cours selon la Sous-clause 8.3 [*Emploi du temps*].

et que cela est dû à une cause autre que celle citée dans la Sous-clause 8.4 [*Prolongation du Délai d'achèvement*], alors le Maître de l'ouvrage peut ordonner à l'Entrepreneur de lui soumettre, selon la Sous-clause 8.3 [*Emploi du temps*] un emploi du temps modifié et un rapport complémentaire décrivant les méthodes révisées que l'Entrepreneur se propose d'adopter de façon à accélérer les progrès et terminer les Travaux dans le Délai d'achèvement.

A moins que le Maître de l'ouvrage n'en dispose autrement, l'Entrepreneur doit adopter ces méthodes modifiées, lesquelles peuvent exiger une augmentation des heures de travail et/ou du nombre du Personnel de l'Entrepreneur et/ou des Marchandises, aux risques et aux coûts de l'Entrepreneur. Si ces méthodes modifiées entraînent des coûts supplémentaires pour le Maître de l'ouvrage, l'Entrepreneur doit rembourser ces Coûts au Maître de l'ouvrage selon la Sous-clause 2.5 [*Réclamations du Maître de l'ouvrage*] en y ajoutant les dommages et intérêts de retard (s'il y en a), selon la Sous-clause 8.7 ci-dessous.

8.7　Dommages et intérêts de retard

Si l'Entrepreneur ne réussit pas à respecter la Sous-clause 8.2 [*Délai d'achèvement*], il doit alors payer au Maître de l'ouvrage les dommages et intérêts de retard conformément à la Sous-clause 2.5 [*Réclamations du Maître de l'ouvrage*] pour ce manquement. Ces dommages et intérêts de retard doivent correspondre à la somme mentionnée dans les Conditions Particulières, qui doit être payé pour chaque jour qui s'écoule entre la Date d'achèvement pertinente et la date mentionnée dans le Certificat de réception. Toutefois, la somme totale due selon cette Sous-clause ne doit pas excéder le montant maximum des dommages et intérêts de retard (s'il y en a) fixé dans les Conditions Particulières.

Ces dommages et intérêts de retard constitueront les seuls dommages et intérêts dus par l'Entrepreneur pour sa défaillance, à l'exception de ceux payés à l'occasion de la résiliation selon la Sous-clause 15.2 [*Résiliation par le Maître de l'ouvrage*] avant l'achèvement des Travaux. Ces dommages et intérêts n'exonèrent pas l'Entrepreneur de son obligation d'achever les Travaux ou de tous les autres devoirs, obligations ou responsabilités, qui lui incombent en vertu du Contrat.

8.8　Suspension des travaux

Le Maître de l'ouvrage peut à tout moment ordonner à l'Entrepreneur de suspendre l'avancement d'une partie ou de tous les Travaux. Pendant une telle suspension, l'Entrepreneur doit protéger, stocker et sécuriser cette partie ou tous les travaux contre toute détérioration, perte ou dommage.

Le Maître de l'ouvrage peut également notifier les motifs de la suspension. Si et dans la mesure où et relèvent de la responsabilité de l'Entrepreneur, les Sous-clause suivantes 8.9, 8.10 et 8.11 ne sont pas applicables.

8.6 工程进度

如果在任何时候出现下列情况：

(a)实际工程进度对于在竣工期限内完工过于迟缓；

(b)进度已(或将)落后于根据第8.3款[进度计划]的规定制订的现行进度计划。

除由于第8.4款[竣工期限的延长]中列举的某项原因造成的结果外，业主可指示承包商根据第8.3款[进度计划]的规定提交一份修订的进度计划，以及说明承包商为加快进度在竣工期限内竣工建议采取的修订方法的补充报告。

除非业主另有通知，否则承包商应采取这些修订方法，对可能需要增加工时和(或)承包商人员和(或)货物的数量，承包商应自行承担风险和费用。如果这些修订方法使业主招致附加费用，承包商应根据第2.5款[业主的索赔]的要求，连同下述第8.7款中提出的误期损害赔偿费(如果有)，一并向业主支付。

8.7 赔偿及延误利息

如果承包商未能遵守第8.2款[竣工期限]的要求，承包商应根据第2.5款[业主的索赔]的要求向业主支付误期损失和延误利息。该误期损失和延误利息应按照专用条件中规定的每天应付金额，以接收证书上注明的日期超过相应的竣工时间的天数计算。但按本款计算的赔偿总额，不得超过专用条件中规定的误期损失和延误利息的最高限额(如果有)。

除在工程竣工前，根据第15.2款[由业主终止]的规定终止的情况外，这些误期损失和延误利息应是承包商为此类违约应付的唯一损害赔偿费。这些赔偿费不应解除承包商完成工程的义务，或合同规定的其可能承担的其他责任、义务或职责。

8.8 暂时停工

业主可以随时指示承包商暂停工程某一部分或全部的施工。在暂停期间，承包商应保护、保管并保证该部分或全部工程不致产生任何变质、损失或损害。

业主还可以通知暂停的原因。如果是由于承包商的责任而造成的停工，则下列第8.9、8.10和8.11款不适用。

8.9 Conséquences de la suspension

Si l'Entrepreneur subit des retards et/ou encourt des Coûts résultant du respect des instructions du Maître de l'ouvrage conformément à la Sous-clause 8.8 [*Suspension des Travaux*] et/ou résultant de la reprise des travaux, l'Entrepreneur doit informer le Maître de l'ouvrage et a droit, selon la Sous-clause 20.1 [*Réclamations de l'Entrepreneur*] :

(a) à une prolongation du délai pour un tel retard, si l'achèvement est ou sera retardé, conformément à la Sous-clause 8.4 [*Prolongation du Délai d'achèvement*], et

(b) au paiement de tous les Coûts, qui seront ajoutés au Prix contractuel.

Après réception de cet avis, le Maître de l'ouvrage doit procéder conformément à la Sous-clause 3.5 [*Constatations*] pour convenir ou constater ces matières.

L'Entrepreneur n'a pas droit à une prolongation du délai, ou au paiement des Coûts subis pour avoir remédié aux conséquences des défauts de conception de l'Entrepreneur, de la finition ou des matériaux, ou de la défaillance de l'Entrepreneur à protéger, stocker, sécuriser, conformément à la Sous-clause 8.8 [*Suspension des Travaux*].

8.10 Paiement pour les Installations industrielles et les Matériaux en cas de suspension

L'Entrepreneur doit avoir droit au paiement de la valeur (à la date de la suspension) des Installations industrielles et/ou des Matériaux qui n'ont pas été livrés sur le Chantier, si :

(a) les travaux sur les Installations industrielles ou la livraison des Installations industrielles et/ou des Matériaux ont été suspendus pour une période de plus de 28 jours, et

(b) l'Entrepreneur a marqué les Installations industrielles et/ou les Matériaux comme étant la propriété du Maître de l'ouvrage, conformément aux instructions du Maître de l'ouvrage.

8.11 Suspension prolongée

Si la suspension conformément à la Sous-clause 8.8 [*Suspension des Travaux*] a duré plus de 84 jours, l'Entrepreneur peut demander l'autorisation au Maître de l'ouvrage de continuer. Si le Maître de l'ouvrage ne donne pas son autorisation dans un délai de 28 jours après cette demande, l'Entrepreneur peut, en avisant le Maître de l'ouvrage, traiter la suspension comme une omission de la partie concernée des Travaux selon la Clause 13 [*Modifications et Ajustements*]. Si la suspension affecte l'intégralité des Travaux, l'Entrepreneur peut communiquer sa résiliation selon la Sous-clause 16.2 [*Résiliation par l'Entrepreneur*].

8.12 Reprise des travaux

Après que l'autorisation ou l'instruction de continuer a été donnée, les Parties doivent examiner conjointement les Travaux, les Installations industrielles et les Matériaux affectés par la suspension. L'Entrepreneur doit réparer toutes les détériorations, les défauts ou la perte des Travaux ou des Installations industrielles ou des Matériaux qui ont pu être occasionnés pendant la suspension.

8.9 暂停的后果

如果承包商因执行业主根据第8.8款[暂时停工]的规定发出的指示,其后因为复工而遭受延误和(或)招致增加费用,承包商应向业主发出通知,并有权依照第20.1款[承包商的索赔]的规定提出:

(a)根据第8.4款[竣工期限的延长]的规定,如竣工已或将受到延误,应对任何此类延误给予延长期;
(b)对任何此类费用应加入合同价格,给予支付。

业主收到此通知后,应按照第3.5款[确定]的要求,对这些事项进行商定或确定。

承包商应无权得到为弥补因承包商有缺陷的设计、工艺或材料,或因承包商未能按照第8.8款[暂时停工]的规定保护、保管、或保证安全的后果,带来的延长期和招致费用的支付。

8.10 暂停时对生产设备和材料的付款

在下列条件下,承包商有权得到尚未运到现场的生产设备和(或)材料(按暂停开始日期时)的价值的付款:

(a)生产设备的生产或生产设备和(或)材料的交付被暂停达到28天以上;
(b)承包商已按业主的指示,标明上述生产设备和(或)材料为业主的财产。

8.11 拖长的停工

如果第8.8款[暂时停工]所述的暂停已持续84天以上,承包商可以要求业主允许继续施工。如在提出这一要求后28天内,业主没有给出许可,承包商可以通知业主,根据第13条[变更和调整]的规定,将工程受暂停影响的部分视为工程的遗漏的部分。若暂停影响到整个工程,承包商可以根据第16.2款[由承包商终止]的规定发出终止的通知。

8.12 复　　工

在发出继续施工的许可或指示后,双方应共同对受暂停影响的工程、生产设备和材料进行检查。承包商应负责恢复在暂停期间发生的工程、生产设备或材料的任何变质、缺陷或损失。

9 Tests d'achèvement

9.1 Obligation de l'Entrepreneur

L'Entrepreneur doit exécuter les Tests d'achèvement conformément à cette Clause et à la Sous-clause 7.4 [Tests] après avoir fourni les documents conformément à la Sous-clause 5.6 [*Documents " tels que construits "*] et à la Sous-clause 5.7 [*Manuels d'utilisation et de maintenance*].

L'Entrepreneur doit informer le Maître de l'ouvrage au moins 21 jours avant la date après laquelle l'Entrepreneur sera prêt à exécuter chaque Test d'achèvement. A moins qu'il n'en soit convenu autrement, les Tests d'achèvement doivent être exécutés dans un délai de 14 jours après cette date, au jour ou aux jours auxquels le Maître de l'ouvrage l'ordonne.

A moins que les Conditions Particulières n'en disposent autrement, les Tests d'achèvement doivent être effectués dans l'ordre suivant :

- (a) tests avant mise en service, qui doivent inclure les vérifications appropriées et les tests fonctionnels (" sec " ou " froid ") pour démontrer que chaque élément des Installations industrielles peut en toute sécurité entreprendre la prochaine étape ;
- (b) les tests de mise en service, qui doivent inclure les tests de fonctionnement spécifiés pour démontrer que les Travaux ou une Section peuvent être utilisés de manière sûre et telle que spécifiée, dans toutes les conditions de fonctionnements possible ; et
- (c) la période d'essai, qui doit démontrer que les Travaux ou une Section fonctionnent de manière fiable et conformément au Contrat.

Pendant la période d'essai, lorsque les Travaux fonctionnent dans des conditions stables, l'Entrepreneur doit aviser le Maître de l'ouvrage que les Travaux sont prêts pour tout autre test d'achèvement, y compris les tests de fonctionnement pour démontrer que les Travaux sont conformes aux critères spécifiés dans les Exigences du Maître de l'ouvrage et aux Garanties d'exécution.

La période d'essai ne doit pas constituer une réception selon la Clause 10 [*Réception par le Maître de l'ouvrage*]. A moins que les Conditions Particulières n'en disposent autrement, les produits fabriqués par les Travaux pendant la période d'essai sont la propriété du Maître de l'ouvrage.

En examinant les résultats des Tests d'achèvement, il faut tenir compte de façon appropriée des effets de toute utilisation des Travaux par le Maître de l'ouvrage sur les performances ou sur les autres caractéristiques des Travaux. Aussitôt que les Travaux ou une Section ont passé avec succès tous les Tests d'achèvement décrits dans le sous-paragraphe (a), (b) ou (c), l'Entrepreneur doit présenter au Maître de l'ouvrage un compte rendu certifié relatif aux résultats des ces Tests.

9.2 Tests retardé

Si les Tests d'achèvement sont retardés indûment par le Maître de l'ouvrage, la Sous-clause 7.4 [*Tests*] (5ème paragraphe) et/ou la Sous-clause 10.3 [*Interférence avec les Tests d'achèvement*] sera applicable.

9 竣工试验

9.1 承包商的义务

承包商应在按照第5.6款[竣工文件]和第5.7款[操作和维修手册]的要求,提供各种文件后,按照本条和第7.4款[试验]的要求进行竣工试验。

承包商应提前21天将其可以进行每项竣工试验的日期通知业主。除非另有商定,竣工试验应在此通知日期后的14天内,在业主指示的某日或某几日内进行。

除非在专用条件中另有说明,竣工试验应按照以下顺序进行:

(a)启动前试验,应包括适当的检验和("干"或"冷")性能试验,以证明每项生产设备能够安全地承受下一阶段的试验;

(b)启动试验,应包括规定的操作试验,以证明工程或分项工程能够在所有可利用的操作条件下安全地操作;

(c)试运行期间的各项指标,应能证明工程或分项工程运行可靠,符合合同要求。

在试运行期间,当工程正在稳定条件下运行时,承包商应通知业主,告知其工程已可以做任何其他竣工试验,包括各种性能试验,以证明工程是否符合业主要求中规定的标准和履约保证。

试运行不应构成第10条[业主验收]规定的验收。除非专用条件中另有说明,工程在试运行期间生产的任何产品应属于业主的财产。

在考虑竣工试验结果时,业主应适当考虑到因业主对工程的任何使用,对工程的性能或其他特性产生的影响。一旦工程或某分项工程通过了本款(a)、(b)或(c)项中的每项竣工试验,承包商应向业主提供一份经证实的这些试验结果的报告。

9.2 延误的试验

如果业主不当地延误竣工试验,应适用第7.4款[试验](第5段)和(或)第10.3款[对竣工试验的干扰]的规定。

Si les Tests d'achèvement sont retardé indûment par l'Entrepreneur, le Maître de l'ouvrage peut par avis exiger de l'Entrepreneur qu'il effectue ces Tests dans un délai de 21 jours après réception de l'avis. L'Entrepreneur doit effectuer ces Tests au ou aux jour(s) de la période qu'il peur fixer et dont il doit informer le Maître de l'ouvrage.

Si l'Entrepreneur ne réussit pas à effectuer les Tests d'achèvement dans la période de 21 jours, le Personnel du Maître de l'ouvrage peur procéder à ces Tests aux risques et aux coûts de l'Entrepreneur. Ces Tests d'achèvement sont alors réputés avoir été effectués en présence de l'Entrepreneur et les résultats de ces Tests doivent être acceptés comme étant exacts.

9.3 Nouveaux Tests

Si les Travaux ou une Section ne passent pas avec succès les Tests d'achèvement avec succès, la Sous-clause 7.5 [Rejet] doit être appliquée, et le Maître de l'ouvrage ou l'Entrepreneur peut exiger que les Tests non concluants et les Tests d'achèvement sur tout travail apparenté soient effectués à nouveau selon les mêmes modalités et dans les mêmes conditions.

9.4 Echec des Tests d'achèvement

Si les Travaux ou une Section ne réussissent pas à passer avec succès les Tests d'achèvement répétés selon la Sous-clause 9.3 [*Nouveaux Tests*], le Maître de l'ouvrage doit avoir le droit :

(a) d'ordonner un renouvellement supplémentaire des Tests d'achèvement conformément à la Sous-clause 9.3 ;

(b) si cet échec prive le Maître de l'ouvrage de manière substantielle de tout le bénéfice de ces travaux ou d'une Section, de rejeter les Travaux ou la Section (selon le cas), auquel cas le Maître de l'ouvrage doit avoir les mêmes recours que ceux stipulés dans le sous-paragraphe (c) de la Sous-clause 11.4 [*Echec de la suppression des vices*] ; ou

(c) de délivrer un Certificat de réception.

Dans le cas du sous-paragraphe (c), l'Entrepreneur doit procéder conformément à toutes les autres obligations du Contrat, et le Prix contractuel doit être réduit d'un montant approprié pour couvrir la perte de valeur subie par le Maître de l'ouvrage du fait de cette défaillance. A moins que la réduction due à cet échec ne soit mentionnée (ou sa méthode de calcul définie) dans le Contrat, le Maître de l'ouvrage peut exiger que la réduction soit (i) convenue entre les deux Parties (seulement pour la compensation intégrale de cette défaillance) et payée avant que le Certificat de réception n'ait été délivré ou (ii) déterminée et payée selon la Sous-clause 2.5 [*Réclamations du Maître de l'ouvrage*] et la Sous-clause 3.5 [*constatations*].

如果承包商不当地延误竣工试验,业主可通知承包商,要求在接到通知后 21 天内进行竣工试验。承包商应在上述期限内的某日或某几日内进行竣工试验,并将该日期通知业主。

如果承包商未在规定的 21 天内进行竣工试验,业主人员可自行进行这些试验。试验的风险和费用应由承包商承担。这些竣工试验应被视为是承包商在场时进行的,试验结果应认为准确,予以认可。

9.3 重新试验

如果工程或某分项工程未能通过竣工试验,应适用第 7.5 款[拒收]的规定,业主或承包商可要求按相同的条款和条件,重新进行此项未通过的试验和相关工程的竣工试验。

9.4 未能通过竣工试验

如果工程或某分项工程未能通过根据第 9.3 款[重新试验]的规定重新进行的竣工试验,业主应有权:

 (a)下令根据第 9.3 款再次重复竣工试验;

 (b)如果此项试验未通过,使业主实质上丧失了工程或分项工程的整个利益时,拒收工程或分项工程(视情况而定),在此情况下,业主应采取与第 11.4 款[未能修补缺陷]或该款下(c)项规定的相同补救措施;

 (c)颁发验收证书。

在采用(c)项办法的情况下,承包商应继续履行合同规定的所有其他义务。但合同价格应予以降低,减少的金额应足以弥补此项试验未通过的后果给业主带来的价值损失。除非对此项试验未通过相应减少的合同价格在合同中另有说明(或规定了计算方法),业主可以要求该减少额:(i)经双方商定(仅限于满足此项试验未通过的要求),并在此项接收证书颁发前支付;(ii)根据第 2.5 款[业主的索赔]和第 3.5 款[确定]的规定,确定并支付。

10 Réception par le Maître de l'ouvrage

10.1 Réception des Travaux et des Sections

A l'exception de ce qui est mentionné dans la Sous-clause 9.4 [*Echec des Tests d'achèvement*], les Travaux seront réceptionnés par le Maître de l'ouvrage lorsque (ⅰ) les Travaux auront été achevés conformément au Contrat, y compris les points décrits dans la Sous-clause 8.2 [*Délai d'achèvement*] et à l'exception de ce qui est permis dans le sous-paragraphe (a) ci-dessous, et (ⅱ) le Certificat de réception a été délivré pour les Travaux ou est considéré comme ayant été délivré conformément à cette Sous-clause.

L'Entrepreneur peut, par avis à l'Ingénieur, demander un Certificat de Réception, dans un délai de 14 jours précédents, selon l'opinion de l'Entrepreneur, l'achèvement des travaux et leur possible réception. Si les Travaux sont divisés en Sections, l'Entrepreneur devra procéder de façon similaire pour obtenir un Certificat de Réception pour chaque Section.

Le Maître de l'ouvrage doit, dans un délai de 28 jours après la réception de la demande de l'Entrepreneur :

(a) délivrer un Certificat de réception à l'Entrepreneur, mentionnant la date à laquelle les Travaux ou les Sections ont été achevés conformément au Contrat, à l'exception des travaux mineurs inachevés et des vices qui n'affecteront pas substantiellement l'usage auquel les Travaux ou une Section sont destinés (soit jusqu'à ce que ou pendant que ces travaux seront achevés et ces vices supprimés) ; ou

(b) rejeter la demande, de façon motivée et en spécifiant les travaux que l'Entrepreneur doit exécuter pour que le Certificat de réception soit délivré. L'Entrepreneur doit alors achever ces travaux avant de délivrer un autre avis par application de cette Sous-clause.

Si le Maître de l'ouvrage ne délivre pas de Certificat de réception et ne rejette pas non plus la demande de l'Entrepreneur dans le délai de 28 jours, et si les Travaux ou la Section (selon le cas) sont substantiellement conformes au Contrat, le Certificat de réception sera considéré comme ayant été délivré le dernier jour de cette période.

10.2 Réception de parties des travaux

Des parties des travaux (autres que des Sections) ne seront pas réceptionnées ou utilisées par le Maître de l'ouvrage à l'exception de ce qui peut être mentionné dans le Contrat ou peut être convenu par les deux Parties.

10.3 Interférence avec les Tests d'achèvement

Si l'Entrepreneur est empêché, pour plus de 14 jours, d'exécuter les Tests d'achèvement pour une raison dont est responsable le Maître de l'ouvrage, l'Entrepreneur doit exécuter les Tests d'achèvement aussitôt que possible.

10 业主验收

10.1 工程和分项工程的验收

除第9.4款[未能通过竣工试验]中所述情况外,(ⅰ)除本款下面(a)项允许的情况以外,工程已按合同规定包括第8.2款[竣工期限]中提出的事项竣工;(ⅱ)已按照本款规定颁发工程接收证书,或被认为已经颁发时,业主应接收工程。

承包商可在其认为工程将竣工并做好接收准备的日期前不少于14天,向业主发出申请接收证书的通知。若工程分成若干个分项工程,承包商可类似地为每个分项工程申请接收证书。

业主在收到承包商申请通知后28天内,应做如下工作:

(a)向承包商颁发验收证书,注明工程或分项工程按照合同要求竣工的日期,任何对工程或分项工程预期使用目的没有实质影响的少量收尾工作和缺陷(直到或当收尾工作和缺陷修补完成时)除外;

(b)拒绝申请,说明理由,并指出在能颁发验收证书前承包商需做的工作。承包商应在再次根据本款发出申请通知前,完成此项工作。

如果业主在28天期限内既未颁发验收证书,又未拒绝承包商的申请,而工程或分项工程(视情况而定)实质上符合合同规定,验收证书则应视为已在上述规定期限的最后一日颁发。

10.2 部分工程的验收

除合同中可能说明或可能经双方同意以外,任何部分工程(分项工程以外),业主均不得验收或使用。

10.3 对竣工试验的干扰

如果由业主负责的原因妨碍承包商进行竣工试验达14天以上,承包商应尽快地进行竣工试验。

Si à la suite de ce retard dans l'exécution des Tests d'achèvement l'Entrepreneur subit des retards et/ou encourt des Coûts, il doit en aviser le Maître de l'ouvrage et a droit selon la Sous-clause 20.1 [*Réclamations de l'Entrepreneur*] :

(a) à une prolongation du délai pour tout retard de ce type, si l'achèvement est ou sera retardé conformément à la Sous-clause 8.4 [*Prolongations du Délai d'achèvement*], et

(b) au paiement de ces Coûts et d'un profit raisonnable qui seront ajoutés au Prix contractuel.

Après réception de cet avis, le Maître de l'ouvrage doit procéder en accord avec la Sous-clause 3.5 [*Constatations*] pour convenir ou constater ces questions.

如果由于进行竣工试验的此项拖延,使承包商遭受延误和(或)招致增加费用,承包商应向业主发出通知,有权根据第20.1款[承包商的索赔]的规定提出:

(a)根据第8.4款[竣工期限的延长]的规定,如果竣工已或将受到延误,对任何此类延误给予延长期;
(b)对任何此类费用,加合理的利润,应加入合同价格,给予支付。

业主收到此通知后,应按照第3.5款[确定]的规定,对这些事项进行商定或确定。

11 La Responsabilité pour vices

11.1 Achèvement des Travaux inachevés et Suppression des vices

Afin que les Travaux et les Documents de l'Entrepreneur, ainsi que chaque Section, soient dans l'état exigé par le Contrat (à l'exception de l'usure normale) à la date d'expiration du Délai de notification des vices pertinente ou dès que possible par la suite, l'Entrepreneur doit :

(a) achever les travaux qui ne sont pas encore terminés à la date fixée dans le Certificat de réception, et ceci dans un délai raisonnable comme il a été ordonné par le Maître de l'ouvrage, et

(b) exécuter tous les travaux nécessaires pour supprimer les vices ou dommages tels que notifiés par le Maître de l'ouvrage à la date ou avant l'expiration du Délai de notification des vices pour les Travaux ou une Section (selon le cas).

Si des vices apparaissent ou des dommages surviennent, le Maître de l'ouvrage doit immédiatement en informer l'Entrepreneur.

11.2 Coûts relatifs à la suppression des vices

Tous les travaux mentionnés dans le sous-paragraphe (b) de la Sous-clause 11.1 [*Achèvement des travaux inachevés et suppression des vices*] doivent être exécutés aux risques et aux coûts de l'Entrepreneur, si et dans la mesure où les travaux résultent :

(a) de la conception des Travaux ;

(b) des Installations industrielles, des Matériaux et de la finition qui ne sont pas conformes au Contrat ;

(c) d'une opération ou d'une maintenance inappropriée, attribuable à des matières pour lesquelles l'Entrepreneur est responsable (selon les Sous-clause 5.5 à 5.7 ou autrement), ou

(d) à la défaillance de l'Entrepreneur à se conformer à toute autre obligation.

Si et dans la mesure où un tel travail est dû à toute autre cause, le Maître de l'ouvrage doit en informer l'Entrepreneur en conséquence, et la Sous-clause 13.3 [*Procédure de modification*] sera applicable.

11.3 Prolongation du Délai de notification des vices

Le Maître de l'ouvrage aura droit selon la Sous-clause 2.5 [*Réclamations du Maître de l'ouvrage*] à une prolongation du Délai de notification des vices pour les Travaux ou une Section si et dans la mesure où les Travaux, une Section, ou la majeure partie des Installations industrielles (selon le cas, et après la réception) ne peuvent pas être utilisés pour les besoins auxquels ils étaient destinés à raison d'un vice ou d'un dommage. Toutefois, le Délai de notification des vices ne doit pas être prolongé d'une durée supérieure à 2 ans.

11 缺陷责任

11.1 完成扫尾工作和修补缺陷

为了使工程、承包商文件和每个分项工程在相应缺陷通知期限期满日期或其后尽快达到合同要求(合理的损耗除外),承包商应完成以下工作:

(a)在业主指示的合理时间内,完成验收证书注明日期时尚未完成的任何工作;

(b)在工程或分项工程(视情况而定)的缺陷通知期限期满日期或其以前,按照业主可能通知的要求,完成修补缺陷或损害所需要的所有工作。

如果出现缺陷,或发生损害,业主应根据情况及时通知承包商。

11.2 修补缺陷的费用

如果是在下述原因中造成第11.1款[完成扫尾工作和修补缺陷](b)项中提出的所有工作,其完成上述工作中的风险和费用应由承包商承担:

(a)工程的设计;
(b)生产设备、材料或工艺不符合合同要求;

(c)由承包商(根据第5.5~5.7款或其他规定)负责的事项产生的不当的操作或维修;

(d)承包商未能遵守任何其他义务。

如果由于任何其他原因达到造成此类工作的程度,业主应根据情况通知承包商,并应适用第13.3款[变更程序]的规定。

11.3 缺陷通知期限的延长

如果因为某项缺陷或损害达到使工程、分项工程或某项主要生产设备(视情况而定,并在接收以后)不能按原定目的使用的程度,业主应有权根据第2.5款[业主的索赔]的规定对工程或某一分项工程的缺陷通知期限提出一个延长期。但是,缺陷通知期限的延长不得超过2年。

Si la livraison et/ou le montage des Installations industrielles et/ou des Matériaux ont été suspendus par application de la Sous-clause 8.8 [*Suspension des travaux*] ou de la Sous-clause 16.1 [*Droit de l'Entrepreneur de suspendre les travaux*], les obligations de l'Entrepreneur nées de cette Clause ne doivent pas être appliquées aux vices ou aux dommages survenus plus de 2 ans après que le Délai de notification des vices pour les Installations industrielles et/ou les Matériaux eût autrement expiré.

11.4 Echec de la Suppression des vices

Si l'Entrepreneur ne réussit pas à supprimer les vices ou les dommages dans un délai raisonnable, une date à laquelle ou jusqu'à laquelle le vice ou le dommage doit être supprimé peut être fixée par le (ou au nom du) Maître de l'ouvrage. L'Entrepreneur doit avoir été informé de manière raisonnable de cette date.

Si à cette date l'Entrepreneur ne réussit pas à supprimer le vice ou le dommage et si ce travail de réparation devait être exécuté aux coûts de l'Entrepreneur selon la Sous-clause 11.2 [*Coûts relatifs à la suppression des vices*], le Maître de l'ouvrage peut (à son choix) :

(a) exécuter le travail lui-même ou le faire exécuter par d'autre, d'une manière raisonnable et aux coûts de l'Entrepreneur, mais l'Entrepreneur ne sera pas responsable de ce travail ; et l'Entrepreneur doit, selon la clause 2.5 [*Réclamations du Maître de l'ouvrage*], payer au Maître de l'ouvrage les coûts raisonnablement exposés par le Maître de l'ouvrage pour supprimer le vice ou le dommage ;

(b) convenir ou constater une réduction appropriée du Prix contractuel, conformément à la Sous-clause 3.5 [*Constatations*] ; ou

(c) si le vice ou le dommage prive substantiellement le Maître de l'ouvrage de tout le bénéfice des Travaux ou de toute partie significative des Travaux, résilier tout le Contrat, ou la partie significative qui ne peut pas être utilisée pour l'usage auquel elle est destinée. Sans préjudice des autres droits, selon le Contrat ou d'une autre manière, le Maître de l'ouvrage sera alors autorisé à recouvrer toutes les sommes payées pour les Travaux ou une partie (selon le cas), y compris les coûts de financement et les coûts de démontage, de nettoyage du Chantier et de retour des Installations industrielles et des Matériaux à l'Entrepreneur.

11.5 Déplacement des travaux viciés

Si le vice ou le dommage ne peut pas être supprimé rapidement sur le Chantier et si le Maître de l'ouvrage donne son consentement, l'Entrepreneur peut enlever du Chantier et pour les besoins de la réparation les éléments des Installations industrielles qui sont viciés ou endommagés. Ce consentement, peut obliger l'Entrepreneur à augmenter le montant de la Garantie d'exécution du coût total de remplacement de ces éléments, ou de fournir une autre garantie appropriée.

11.6 Tests supplémentaires

Si les travaux de suppression des vices ou dommages affectent la performance des Travaux, le Maître de l'ouvrage peut exiger la répétition de tout Test prévu par le Contrat, y compris des Tests d'achèvement et/ou des Tests après achèvement. Cette demande doit être faite par avis dans un délai de 28 jours après la suppression du vice ou du défaut.

当生产设备和(或)材料的交付和(或)安装,已根据第8.8款[暂时停工]或第16.1款[承包商暂停工作的权利]的规定暂停进行时,对于生产设备和(或)材料的缺陷通知期限原期满日期2年后发生的任何缺陷或损害,本条规定的承包商各项义务应不适用。

11.4　未能修补缺陷

如果承包商未能在合理的时间内修补任何缺陷和损害,业主(或其代表)可确定一个日期,要求到或不迟于该日期修补好缺陷或损害,并应将该日期及时通知承包商。

如果承包商到该通知的日期仍未修补好缺陷或损害,且此项修补工作根据第11.2款[修补缺陷的费用]的规定应由承包商承担实施的费用,业主可以行使如下权利(自行选择):

(a) 以合理的方式由业主自己或他人进行此项工作,由承包商承担费用,但承包商对此项工作将不再负责任;承包商应按照第2.5款[业主的索赔]的规定,向业主支付由业主修补缺陷或损害而发生的合理费用;

(b) 按照第3.5款[确定]的要求,商定或确定合同价格的合理减少额;

(c) 如果上述缺陷或损害使业主实质上丧失了工程或工程的任何主要部分的整个利益时,终止整个合同,或其有关不能按原定意图使用的该主要部分。业主还应有权在不损害根据合同或其他规定所具有的任何其他权利的情况下,收回对工程或该部分工程(视情况而定)的全部支出总额,加上融资费用和拆除工程、清理现场以及将生产设备和材料退还给承包商所支付的费用。

11.5　移出有缺陷的工程

如果缺陷或损害在现场无法迅速修复,承包商可经业主同意,将此类有缺陷或损害的各项生产设备移出现场进行修复。业主对此项同意可要求承包商按该项设备的全部重置成本,增加履约担保的金额,或提供其他适宜的担保。

11.6　进一步试验

如果任何缺陷或损害的修补,可能对工程的性能产生影响,业主可要求重新进行合同提出的任何试验,包括竣工试验和(或)竣工后试验。这一要求应在缺陷或损害修补后28天内发出通知提出。

Ces tests doivent être exécutés selon les conditions applicables aux tests précédents, mais ils seront exécutés aux risques et coûts de la Partie responsable, selon la Sous-clause 11.2 [*Coûts relatifs à la suppression des vices*], pour les dépenses relatives aux travaux de réparation.

11.7 Droit d'accès

Jusqu'à ce que le Certificat d'exécution ait été délivré, l'Entrepreneur doit avoir un droit d'accès à toutes les parties des Travaux et aux notes relatives au fonctionnement et aux performances des Travaux, sauf si cela n'est pas compatible avec les restrictions raisonnables de sécurité du Maître de l'ouvrage.

11.8 Recherche de l'Entrepreneur

L'Entrepreneur doit, si le Maître de l'ouvrage le lui demande, rechercher la cause du vice, sous la direction du Maître de l'ouvrage. A moins que le vice doive être supprimé aux frais de l'Entrepreneur conformément à la Sous-clause 11.2 [*Coûts relatifs à la suppression des vices*], les Coûts de la recherche, y compris un profit raisonnable, doivent être accordés ou constatés conformément à la Sous-clause 3.5 [*Constatations*] et seront ajoutés au Prix contractuel.

11.9 Certificat d'exécution

L'exécution des obligations de l'Entrepreneur ne doit pas être considérée comme étant achevée avant que le Maître de l'ouvrage n'ait remis à l'Entrepreneur le Certificat d'exécution mentionnant la date à laquelle l'Entrepreneur a exécuté ses obligations conformément au Contrat.
Le Maître de l'ouvrage doit délivrer le Certificat d'exécution dans un délai de 28 jours après la plus tardive des dates d'expiration du Délai de notification des vices, ou aussitôt après que l'Entrepreneur aura fourni tous les Documents de l'Entrepreneur et a achevé et testé tous les Travaux, y compris la suppression des vices. Si le Maître de l'ouvrage ne délivre pas le Certificat d'exécution en conséquence :
  (a) le Certificat d'exécution doit être considéré comme ayant été délivré 28 jours après la date à laquelle il aurait dû être délivré, comme requis par cette Sous-clause, et
  (b) la Sous-clause 11.11 [*Nettoyage du Chantier*] et les sous paragraphe (a) de la Sous-clause 14.14 [*Fin de la responsabilité du Maître de l'ouvrage*] seront inapplicables.
Seul le Certificat d'exécution sera considéré comme constituant une acceptation des Travaux.

11.10 Obligations non exécutées

Après que le Certificat d'exécution aura été délivré, chaque Partie restera responsable de l'exécution de toutes les obligations qui demeurent inexécutées à ce moment. Afin de déterminer la nature et le volume des obligations inexécutées, le Contrat doit être réputé demeurer en vigueur.

11.11 Nettoyage du Chantier

A la réception du Certificat d'exécution, l'Entrepreneur doit enlever du Chantier tout le reste de son Equipement, le surplus de matériel, les décombres, les ordures et les Travaux provisoires.

这些试验,除应根据第 11.2 款[修补缺陷的费用]的规定,由对修补费用负责的一方承担试验的风险和费用外,应按先前试验的适用条款进行。

11.7 进 入 权

在颁发履约证书前,承包商应有进入工程的所有部分,使用工程的运行和工作记录的权利。但不符合业主的合理安保限制的情况除外。

11.8 承包商调查

如果业主要求承包商调查任何缺陷的原因,承包商应在业主的指导下进行调查。除根据第 11.2 款[修补缺陷的费用]的规定应由承包商承担修补费用的情况外,调查费用加合理的利润,应按照第 3.5 款[确定]的要求商定或确定,并加入合同价格。

11.9 履约证书

直到业主向承包商颁发履约证书,注明承包商完成合同规定的各项义务的日期后,才应认为承包商的义务已经完成。

履约证书应由业主在最后一个缺陷通知期限期满日期后 28 天内颁发,或在承包商提供所有承包商文件、完成了所有工程的施工和试验,包括修补任何缺陷后立即颁发。如果业主未能按此要求颁发履约证书:

(a)应认为履约证书已经在本款要求的应颁发日期后 28 天的日期颁发;

(b)第 11.11 款[现场清理]和第 14.14 款[业主责任的中止](a)项的规定不适用。

只有履约证书才被认为是构成对工程的认可。

11.10 未履行的义务

颁发履约证书后,每一方仍应负责完成当时尚未履行的任何义务。为了确定这些未完义务的性质和范围,合同应被认为仍然有效。

11.11 现场清理

在收到履约证书时,承包商应从现场撤走任何剩余的承包商设备、多余材料、残余物、垃圾和临时工程等。

Si tous ces éléments ne sont pas enlevés dans un délai de 28 jours après que le Maître de l'ouvrage a délivré le Certificat d'exécution, le Maître de l'ouvrage peut vendre ou disposer autrement des éléments restants. Le Maître de l'ouvrage doit avoir droit au paiement des coûts survenus en rapport avec ou imputables à la vente ou l'enlèvement et la remise en ordre du Chantier.

Le solde en argent résultant de la vente doit être versé à l'Entrepreneur. Si cette somme est inférieure aux coûts exposés par le Maître de l'ouvrage, l'Entrepreneur doit payer le solde restant au Maître de l'ouvrage.

如果所有这些物品,在业主颁发履约证书后 28 天内,尚未被运走,业主可出售或另行处理任何这些剩余物品。业主应有权收回有关或由于此类出售或处理以及恢复现场所发生的费用。

此类出售的任何余款应付给承包商。如果出售收入少于业主的费用,承包商应将差额付给业主。

12 Tests après achèvement

12.1 Procédure relative aux Tests après achèvement

Si les Tests après achèvement sont spécifiés dans le Contrat, cette Clause doit s'appliquer. A moins que les Conditions Particulières n'en disposent autrement :

(a) le Maître de l'ouvrage doit fournir toute l'électricité, le combustible et les matériaux, et mettre son Personnel et les installations industrielles à disposition ;

(b) l'Entrepreneur doit fournir tous les autres Installations industrielles, équipement et un personnel convenablement qualifié et expérimenté, nécessaires pour exécuter les Tests après achèvement de manière efficace ; et

(c) l'Entrepreneur doit exécuter les Tests après achèvement en présence de son Personnel et/ou du Personnel du Maître de l'ouvrage, comme l'une des Parties peut raisonnablement l'exiger.

Les Tests après achèvement doivent être exécutés aussitôt que possible après que les Travaux ou Sections ont été réceptionnés par le Maître de l'ouvrage. Le Maître de l'ouvrage doit informer l'Entrepreneur 21 jours avant la date à laquelle les Tests après achèvement seront exécutés. A moins qu'il n'en soit convenu autrement, ces Tests doivent être exécutés dans un délai de 14 jours après cette date, au jour ou aux jours déterminé(s) par le Maître de l'ouvrage.

Les résultats des Tests après achèvement doivent être compilés et évalués par l'Entrepreneur, qui doit préparer un rapport détaillé. Il faudra tenir compte de manière appropriée de l'effet de l'utilisation préalable des Travaux par le Maître de l'ouvrage.

12.2 Tests retardés

Si l'Entrepreneur encourt des Coûts à cause d'un retard déraisonnable du Maître de l'ouvrage à effectuer les Tests après achèvement, l'Entrepreneur doit (i) en aviser le Maître de l'ouvrage et (ii) doit avoir droit conformément à la Sous-clause 20.1 [*Réclamations de l'Entrepreneur*] au paiement des Coûts plus un profit raisonnable, qui seront ajoutés au Prix contractuel.

Après avoir reçu cet avis, le Maître de l'ouvrage doit procéder conformément à la Sous-clause 3.5 [*Constatations*] pour convenir ou constater ces Coûts et profits.

Si pour des raisons non imputables à l'Entrepreneur, un Test après achèvement des Travaux ou d'une Section ne peut être complété pendant le Délai de notification des vices (ou tout autre délai convenu par les deux Parties), alors les Travaux ou la Section seront considérés comme ayant passé ce Test après achèvement avec succès.

12.3 Nouveaux Tests

Si les Travaux ou une Section ne passent pas les Tests après achèvement avec succès :

12 竣工后试验

12.1 竣工后试验的程序

如果合同规定了竣工后试验,除非专用条件中另有说明,一般应适用本条规定:

(a) 业主应提供全部电力、燃料和材料,并安排动用业主人员和生产设备;

(b) 承包商应提供有效进行竣工后试验所需要的所有其他设备、装备以及有适当资质和经验的人员;

(c) 承包商应在任一方可能合理要求的业主和(或)承包商的有关人员的参加下,进行竣工后试验。

竣工后试验应在工程或分项工程被业主接收后的合理可行的时间内尽快进行。业主应提前 21 天将开始进行竣工后试验的日期通知承包商。除非另有商定,这些试验应在该日期后的 14 天内,在业主确定的某日或某几日进行。

竣工后试验的结果应由承包商负责整理和评价,并编写一份详细报告。对业主提前使用工程的影响应予以适当考虑。

12.2 延误的试验

如果由于业主对竣工后试验的无故延误,致使承包商增加费用,承包商有权:(ⅰ)向业主发出通知;(ⅱ)根据第 20.1 款[承包商的索赔]的规定提出对任何此类费用和合理利润应加入合同价格,给予支付。

业主收到通知后,应按照第 3.5 款[确定]的要求商定或确定此项费用和利润。

如果工程或任何分项工程的竣工后试验,未能在缺陷通知期限(或双方商定的任何其他期限)内完成,且原因不在承包商方面,工程或分项工程应被视为已通过了竣工后试验。

12.3 重新试验

如果工程或某分项工程未能通过竣工后试验,则:

(a) le sous-paragraphe (b) de la Sous-clause 11.1 [*Achèvement des Travaux inachevés et suppression des vices*] doit s'appliquer, et

(b) chaque Partie peut alors exiger que les Tests non-réussis et les Tests après achèvement relatifs aux travaux concernés soient répétés selon les mêmes modalités et sous les mêmes conditions.

Si et dans la mesure où cet échec et les nouveaux Tests sont attribuables à l'une des raisons énumérées dans les sous-paragraphes (a) à (d) de la Sous-clause 11.2 [*Coûts relatif à las suppression des vices*] et entraînent des coûts supplémentaires pour le Maître de l'ouvrage, l'Entrepreneur doit conformément à la Sous-clause 2.5 [*Réclamations du Maître de l'ouvrage*] rembourser ces coûts au Maître de l'ouvrage.

12.4 Echec des Tests après achèvement

Si les conditions suivantes se retrouvent, à savoir :

(a) les Travaux ou une Section ne passe(nt) pas avec succès un ou tous les Tests après achèvement ;

(b) la somme payable en cas d'échec au titre de dommages et intérêts pour non-exécution est mentionnée (ou la méthode de calcul est définie) dans le Contrat, et

(c) l'Entrepreneur paye cette somme au Maître de l'ouvrage pendant le Délai de notification des vices,

alors les Travaux ou la Section doivent/doit être considérés/considérée comme ayant passé ces Tests après achèvement avec succès.

Si les Travaux ou une Section ne passe(nt) pas avec succès un Test après achèvement et que l'Entrepreneur propose de faire des ajustements ou des modifications aux Travaux ou à cette Section, il peut être informé par (ou au nom du) le Maître de l'ouvrage que le droit d'accès aux Travaux ou aux Sections ne peut lui être accordé qu'au moment où cela convient au Maître de l'ouvrage. L'Entrepreneur restera alors responsable pour exécuter les ajustements ou modifications et satisfaire à ce Test, dans un délai raisonnable après la réception de l'avis du (ou au nom du) Maître de l'ouvrage précisant le délai qui lui convient. Toutefois, si l'Entrepreneur ne reçoit pas cet avis pendant le Délai de notification des vices, l'Entrepreneur doit être exonéré de cette obligation et les Travaux ou la Section (selon le cas) doivent être considérés avoir passé les Tests après achèvement avec succès.

Si l'Entrepreneur encourt des coûts supplémentaires résultant d'un retard déraisonnable du Maître de l'ouvrage en permettant l'accès aux Travaux ou aux Installations industrielles à l'Entrepreneur, dans le but soit de rechercher les causes de l'échec aux Tests après achèvement ou d'exécuter les ajustements ou les modifications, l'Entrepreneur doit (i) aviser le Maître de l'ouvrage et (ii) avoir droit conformément à la Sous-clause 20.1 [*Réclamations de l'Entrepreneur*] au paiement de tous ces Coûts et d'un profit raisonnable, qui seront ajoutés au Prix contractuel.

Après avoir reçu cet avis, le Maître de l'ouvrage doit procéder conformément à la Sous-clause 3.5 [*Constatations*] pour convenir ou constater ces coûts et le profit.

(a)适用第11.1款[完成扫尾工作和修补缺陷](b)项;

(b)任一方即可要求按相同条款和条件重新进行此项未通过的试验和任何相关工程的竣工后试验。

如果此项未通过试验和重新试验是由第11.2款[修补缺陷的费用](a)~(d)项所列任何事项造成的,达到致使业主增加费用的程度,承包商应根据第2.5款[业主的索赔]的规定向业主支付这些费用。

12.4　未能通过竣工后试验

如果下列条件成立,即:

(a)工程或某分项工程未能通过任何或全部竣工后试验;

(b)合同中已说明对此项未通过试验可作为未履约引起的延误损失和延误利息支付的相应金额(或其计算方法已规定);

(c)承包商已在缺陷通知期限内向业主支付了此项相应金额。

则该工程或分项工程应被视为已通过了这些竣工后试验。

如果工程或某分项工程未通过某项竣工后试验,而承包商建议对工程或该分项工程进行调整或修正,业主(或其代表)可指示承包商,到业主方便时才能给予工程或分项工程的进入权。此时,承包商应在等待业主(或其代表)关于业主方便时间的通知的合理期限内,对进行调整或修正并履行该项试验继续负责。但如果承包商在相关缺陷通知期限内未收到此项通知,承包商应解除上述义务,而工程或分项工程(视情况而定)应视为已通过该项竣工后试验。

如果对承包商为调查未通过某项竣工后试验的原因,或为进行任何调整或修正,要进入工程或生产设备,业主无故延误给予许可,招致承包商增加费用,承包商有权:(i)向业主发出通知;(ii)根据第20.1款[承包商的索赔]的规定提出将任何此类费用和合理利润加入合同价格,给予支付。

业主收到此通知后,应按照第3.5款[确定]的要求,对此项费用和利润进行商定或确定。

13 Modifications et Ajustements

13.1 Droit de modification

Des Modifications peuvent être initiées à tout moment par le Maître de l'ouvrage avant la délivrance du Certificat de réception pour les Travaux, soit sur instruction soit sur demande du Maître de l'ouvrage à l'Entrepreneur de présenter une proposition. Une Modification ne doit inclure aucune prestation qui sera à exécuter par d'autres.

L'Entrepreneur doit exécuter et est lié par toutes les Modifications, à moins qu'il n'avise le Maître de l'ouvrage immédiatement (et en détail) que (ⅰ) l'Entrepreneur ne peut pas obtenir à temps les Marchandises nécessaires pour la Modification, (ⅱ) que cela réduira la sécurité et la conformité des Travaux ou (ⅲ) que cela aura des effets contraires sur le succès de la Garantie de performance. Dès réception de cet avis, le Maître de l'ouvrage doit annuler, confirmer ou modifier cette instruction.

13.2 Valeur ajoutée de l'ingénierie

L'Entrepreneur peur, à tout moment, soumettre une proposition écrite au Maître de l'ouvrage qui (selon l'avis de l'Entrepreneur) en cas d'acception (ⅰ) accélèrera l'achèvement des Travaux, (ⅱ) réduira les coûts d'exécution, de maintenance ou d'exploitation des Travaux pour le Maître de l'ouvrage, (ⅲ) améliorera l'efficacité ou la valeur des Travaux achevés pour le Maître de l'ouvrage, ou (ⅳ) profitera d'une autre manière au Maître de l'ouvrage.

La proposition sera préparée aux coûts de l'Entrepreneur et inclura les éléments mentionnés dans la Sous-clause 13.3 [*Procédure de Modification*].

13.3 Procédure de modification

Si le Maître de l'ouvrage demande qu'une proposition lui soit faite, avant d'ordonner une Modification, l'Entrepreneur doit répondre par écrit le plus tôt possible, soit en donnant les raisons pour lesquelles il ne peut pas s'y conformer (si c'est le cas) soit en soumettant :

(a) une description de la conception proposée et/ou du travail à exécuter un emploi du temps pour son exécution ;

(b) la proposition de l'Entrepreneur pour toutes les modifications nécessaires de l'emploi du temps conformément à la Sous-clause 8.3 [*Emploi du temps*] et au Délai d'achèvement, et

(c) la proposition de l'Entrepreneur pour l'ajustement du Prix contractuel.

13 变更和调整

13.1 变更权

在颁发工程接收证书前的任何时间，业主可通过发布指示或要求承包商提交建议书的方式，提出变更。变更不应包括准备交他人进行的任何工作。

承包商应遵守并执行每项变更。除非承包商及时向业主发出通知，说明（附详细根据）：（ⅰ）承包商难以取得变更所需要的货物；（ⅱ）变更将降低工程的安全性或适用性；（ⅲ）将对履约保证的完成产生不利的影响。业主接到此类通知后，应取消、确认或改变原指示。

13.2 有价值的工程建议

承包商可随时向业主提交书面建议，提出（承包商认为）采纳后将产生的效果：（ⅰ）加快竣工；（ⅱ）降低业主的工程施工、维护或运行的费用；（ⅲ）提高业主的竣工工程的效率或价值；（ⅳ）给业主带来其他利益。

此类建议书应由承包商自费编制，并应包括第 13.3 款[变更程序]所列内容。

13.3 变更程序

如果业主在发出变更指示前要求承包商提出一份建议书，承包商应尽快做出书面回应，或提出其不能照办的理由（如果情况如此）。一般应提交如下：

(a) 对建议的设计和（或）要完成的工作的说明，以及实施的进度计划；

(b) 根据第 8.3 款[进度计划]和竣工时间的要求，承包商对进度计划做出必要修改的建议书；

(c) 承包商对调整合同价格的建议书。

Le Maître de l'ouvrage doit, aussitôt que possible après avoir reçu une telle proposition (selon la Sous-clause 13.2 [*Valeur ajoutée de l'ingénierie*] ou autrement) approuver, désapprouver ou donner des commentaires. L'Entrepreneur ne doit pas retarder les travaux dans l'attente d'une réponse.

Chaque ordre d'exécuter une Modification, ainsi que les demandes d'enregistrement des coûts, doit être donné par le Maître de l'ouvrage à l'Entrepreneur, qui doit en accuser réception.

Après instruction ou approbation de la Modification, le Maître de l'ouvrage doit procéder conformément à la Sous-clause 3.5 [*Constatations*] pour convenir ou constater les ajustements du Prix contractuel et du Calendrier des Paiements. Ces ajustements doivent inclure tout profit raisonnable, et doivent tenir compte des propositions de l'Entrepreneur selon la Sous-clause 13.2 [*Valeur ajoutée de l'ingénierie*], si elle est applicable.

13.4 Paiement dans les devises appropriées

Si, pour le paiement du Prix contractuel, le Contrat stipule plus d'une devise, alors lorsqu'un ajustement est accordé, approuvé ou déterminé comme susmentionné, le montant payable dans chacune de ces devises doit être spécifié. A cet effet, référence sera faite aux propositions réelles ou attendues de la devise dans les Coûts des travaux modifiés et aux propositions des différentes devises spécifiées pour le paiement du Prix contractuel.

13.5 Prix provisoire

Chaque Prix provisoire doit seulement être utilisé, en entier ou en partie, conformément aux instructions du Maître de l'ouvrage, et le Prix contractuel doit être ajusté en conséquence. La somme totale payée à l'Entrepreneur ne doit inclure que les montants pour les travaux, les livraisons ou les services relatifs aux Prix provisoires, tels qu'ordonnés par le Maître de l'ouvrage. Pour chaque Prix provisoire, le Maître de l'ouvrage peut ordonner :

(a) le travail à exécuter (y compris les Installations industrielles, les Matériaux ou les services à fournir) par l'Entrepreneur et évalué selon la Sous-clause 13.3 [*Procédure de modification*] ; et/ou

(b) les Installations industrielles, les Matériaux, les services à acheter par l'Entrepreneur, pour lesquels les Prix provisoires originels doivent être ajoutés au Prix contractuel :

(i) les montants réels payés (ou à payer) par l'Entrepreneur, et

(ii) une somme pour les charges générales et le profit, calculée comme un pourcentage de ces montants réels en appliquant le taux de pourcentage adéquat (s'il y en a) mentionné dans le Contrat.

L'Entrepreneur doit, si le Maître de l'ouvrage l'exige, présenter des devis, des factures, des quittances et des relevés de comptes ou reçus pour justification.

业主收到此类(根据第13.2款[有价值的工程建议]的规定或其他规定)提出的建议书后,应尽快给予批准、不批准或提出意见的回复。在等待答复期间,承包商不应延误任何工作。

应由业主向承包商发出执行每项变更以及要求做好各项费用记录的任何指示,承包商应签收确认收到该指示。

为下达指示或批准变更后,业主应按照第3.5款[确定]的要求,商定或确定对合同价格和付款计划表的调整。这些调整应包括合理的利润,如果适用,并应考虑承包商根据第13.2款[有价值的工程建议]提交的建议。

13.4 以适用货币支付

如果合同规定合同价格以一种以上货币支付,在上述商定、批准或确定调整时,应规定以每种适用货币支付的款额。为此,应参考变更后工作费用的实际或预期的货币比例,与规定的合同价格支付中的各种货币比例。

13.5 暂列价格

每项暂列价格只应按业主指示全部或部分地使用,并对合同价格相应进行调整。付给承包商的总金额只应包括业主已指示的,与暂列价格金额有关的工作、供货或服务的应付款项。对于每项临时价格,业主可以指示用于下列支付:

(a) 根据第13.3款[变更程序]的规定进行估价的,要由承包商实施的工作(包括要提供的生产设备、材料、或服务);

(b) 应加入扣除原列暂列价格后的合同价格的,要由承包商购买的生产设备、材料或服务的下列费用:
  (i) 承包商已付(或应付)的实际金额;
  (ii) 以合同规定的有关百分率(如果有)计算的,这些实际金额的一个百分比,作为管理费和利润的金额。

当业主要求时,承包商应出示报价单、发票、凭证以及账单或收据等证明。

13.6 Travail journalier

Pour les travaux mineurs ou de nature secondaire, le Maître de l'ouvrage peut ordonner qu'une Modification soit exécutée sur la base d'un travail journalier. Les travaux seront ensuite évalués conformément au bordereau de prix unitaires inclus dans le Contrat, et la procédure suivante doit être appliquée. Si le bordereau de prix unitaires n'est pas inclus dans le Contrat, cette Sous-clause ne sera pas applicable.

Avant de commander les Marchandises pour les travaux, l'Entrepreneur doit présenter un devis au Maître de l'ouvrage. Lorsque le paiement est exigé, l'Entrepreneur doit présenter les factures, les quittances et les relevés de compte et reçus pour toutes les Marchandises.

A l'exception des éléments pour lesquels le bordereau de prix unitaires spécifie qu'aucun paiement n'est dû, l'Entrepreneur doit fournir chaque jour au Maître de l'ouvrage des décomptes précis en double exemplaire qui doivent inclure les détails suivants des ressources utilisées en exécution du travail du jour précédent :

(a) les noms, les tâches et la durée du travail du Personnel de l'Entrepreneur;

(b) l'identification, le type et la durée d'utilisation de l'Equipement de l'Entrepreneur et des Travaux provisoires, et

(c) les quantités et les types d'Installations industrielles et de Matériaux utilisés.

Une copie de chaque décompte sera, s'il est correct ou approuvé, signé par le Maître de l'ouvrage et retournée à l'Entrepreneur. L'Entrepreneur doit ensuite présenter un décompte chiffré de ces ressources au Maître de l'ouvrage, avant leur insertion dans le prochain Décompte conformément à la Sous-clause 14.3 [*Demande de Paiements provisoires*].

13.7 Ajustements pour changements dans la législation

Le Prix contractuel doit être ajusté pour tenir compte de toute augmentation ou diminution des Coûts résultant d'un changement dans les Lois du Pays (y compris l'introduction de nouvelles Lois et l'abrogation ou la modification des Lois existantes) ou dans l'interprétation judiciaire ou réglementaire officielle de ces Lois, intervenue après la Date de référence, et affectant l'exécution des obligations de l'Entrepreneur selon le Contrat.

Si l'Entrepreneur subit (ou subira) des retards et/ou encourt (ou encourra) des Coûts supplémentaires résultant de ces changements dans la Loi ou dans de ces interprétations, intervenus après la Date de référence, l'Entrepreneur doit en aviser le Maître de l'ouvrage et doit avoir droit conformément à la Sous-clause 20.1 [*Réclamations de l'Entrepreneur*] :

(a) à une prolongation du délai pour tout retard de ce type, si l'achèvement est ou sera retardé, conformément à la Sous-clause 8.4 [*Prolongation du Délai d'achèvement*], et

(b) au paiement de ces Coûts qui seront ajoutés au Prix contractuel.

Après réception de cet avis, le Maître de l'ouvrage doit procéder conformément à la Sous-clause 3.5 [*Constatation*] pour convenir ou constater ces questions.

13.6 计日工作

对于一些小的或附带性的工作,业主可指示按计日工作实施变更。这时,工作应按照包括在合同中的单价表,并按下述程序进行估价。如果合同中未包括单价表,则本款不适用。

在为工程订购货物前,承包商应向业主提交报价单。当申请支付时,承包商应提交任何订购货物的发票、凭证以及账单或收据。

除单价表中规定不应支付的任何项目外,承包商应向业主提交每日的工程报表,一式二份,报表应包括前一日工作中使用的各项资源的详细资料:

(a)承包商人员的姓名、任务和工作期限;
(b)承包商设备和临时工程的标识、型号和使用时间;

(c)所用的生产设备和材料的数量和型号。
报表如果正确或经同意,将由业主签署并退回承包商1份。承包商根据第14.3款[期中付款的申请]的规定,在将它们列入其后提交的工程计价单之前,应先向业主提交动用这些资源而产生具体费用的估价表。

13.7 因法律改变的调整

在基准日期后,工程所在国的法律有改变(包括施用新的法律,废除或修改现有法律),或对此类法律的司法或政府解释有改变,由此对承包商履行合同规定的义务产生影响时,合同价格应考虑由上述改变造成的任何费用的增减进行调整。

如果由于这些基准日期后做出的法律或此类解释的改变,使承包商已(或将)遭受延误且已(或将)招致增加费用,承包商应向业主发出通知,并应有权根据第20.1款[承包商的索赔]的规定提出:

(a)根据第8.4款[竣工期限的延长]的规定,如果竣工已(或)将受到延误,对任何此类延误给予延长期;
(b)任何此类费用应加入合同价格,给予支付。
业主收到此类通知后,应按照第3.5款[确定]的要求,对此类事项进行商定或确定。

13.8 Ajustements pour changements des Coûts

Si le Prix contractuel doit être ajusté du fait de hausses et de baisses des coûts de la main d'œuvre, des Marchandises et autres moyens pour réaliser les travaux, ces ajustements seront calculés conformément aux dispositions des Conditions Particulières.

13.8 因成本改变的调整

当合同价格要根据劳动力、货物以及工程的其他投入的成本的升降进行调整时,应按照专用条件的规定进行计算。

14 Prix contractuel et Paiement

14.1 Prix contractuel

A moins que les Conditions Particulières n'en disposent autrement :
(a) le paiement des Travaux sera fait sur la base du montant forfaitaire du Prix contractuel, sujet à des ajustements conformément au Contrat, et
(b) l'Entrepreneur paiera toutes les taxes, droits et frais qu'il doit payer selon le Contrat, et le Prix contractuel ne sera pas ajusté en raison d'un de ces coûts, à l'exception de ce qui est mentionné dans la Sous-clause 13.7 [*Ajustements pour changements dans la législation*].

14.2 Paiement anticipé

Le Maître de l'ouvrage doit procéder à un paiement anticipé, en tant que prêt sans intérêt pour la mobilisation et la conception, lorsque l'Entrepreneur présente une garantie conformément à cette Sous-clause, incluant les détails précisés dans les Conditions Particulières. Si les Conditions Particulières ne mentionnent pas :
(a) le montant du paiement anticipé, alors cette Sous-clause ne sera pas applicable;
(b) le nombre des versements et la date des échéances des paiements anticipés, alors il n'y aura qu'un paiement anticipé;
(c) la devise et les proportions entre les devises applicables, alors ce seront celles dans lesquelles le Prix contractuel sera payable; et/ou
(d) le taux d'amortissement des versements pour le remboursement, alors celui-ci sera calculé en divisant le montant global du paiement anticipé par le Prix contractuel mentionné dans l'Accord contractuel, moins les Prix provisoires.

Le Maître de l'ouvrage doit payer le premier versement après avoir reçu (i) un avis (selon la Sous-clause 14.3 [*Demande de paiements provisoires*]), (ii) la Garantie d'exécution conformément à la Sous-clause 4.2 [*Garantie d'exécution*], et (iii) une garantie d'un montant et dans une devise équivalente au paiement anticipé. Cette garantie sera émise par une entité et d'un pays (ou d'un autre ordre juridique) agréé par le Maître de l'ouvrage et doit être formulaire annexé aux Conditions Particulières ou d'un autre formulaire approuvé par le Maître de l'ouvrage. A moins et jusqu'à ce que le Maître de l'ouvrage ait reçu cette garantie, cette Sous-clause n'est pas applicable.

14 合同价格和付款

14.1 合同价格

除非在专用条件中另有规定,否则:

(a)工程款的支付应以总额合同价格为基础,按照合同规定进行调整;

(b)承包商应支付根据合同要求应由其支付的各项税费。除第13.7款[因法律改变的调整]说明的情况以外,合同价格不应因任何这些税费进行调整。

14.2 预付款

当承包商按照本款,包括专用条件中提出的详细要求,提交一份保函后,业主应支付一笔预付款作为用于动员和设计的无息贷款。如果专用条件没有说明,则:

(a)预付款的数量,本款应不适用;

(b)分期付款的期数和时间安排,应只有一次;

(c)预付款的适用货币及比例,应按合同价格支付的货币比例支付;

(d)预付款分期摊还比率,应按预付款总额除以减去暂列金额的合同协议书中规定的合同价格得出的比率进行计算。

业主在收到:(ⅰ)根据第14.3款[期中付款的申请]的规定提交的报表;(ⅱ)按照第4.2款[履约担保]的规定,递交的履约担保;(ⅲ)由业主批准的国家(或其他司法管辖区)的实体按专用条件所附格式或业主批准的其他格式签发的,金额与币种等同于预付款的保函后,应支付首次分期付款。除非并直到业主收到此保函,本款应不适用。

L'Entrepreneur doit assurer que la garantie est valable et exécutoire jusqu'à ce que le paiement anticipé ait été remboursé, mais son montant peut être réduit progressivement du montant remboursé par l'Entrepreneur. Si les stipulations de la garantie indiquent sa date d'expiration et que le paiement anticipé n'a pas été remboursé au moins 28 jours avant la date d'expiration, l'Entrepreneur doit étendre la validité de la garantie jusqu'à ce que le paiement anticipé ait été remboursé.

Le paiement anticipé sera remboursé par déductions proportionnelles des paiements provisoires. Les déductions doivent être faites selon le taux d'amortissement prévu dans les Conditions Particulières (ou si rien n'y est prévu, comme mentionné au sous-paragraphe (d) ci-dessus), qui doit être appliqué au montant autrement dû (à l'exclusion des paiements anticipés et déductions et remboursement des montants retenus), jusqu'au moment où le paiement anticipé aura été remboursé.

Si le paiement anticipé n'a pas été remboursé avant la délivrance du Certificat de réception pour les Travaux ou avant la résiliation selon la Clause 15 [*Résiliation par le Maître de l'ouvrage*], la Clause 16 [*Suspension et résiliation par l'Entrepreneur*] ou la Clause 19 [*Force majeure*] (selon le cas), la totalité du solde restant deviendra immédiatement exigible et payable par l'Entrepreneur au Maître de l'ouvrage.

14.3 Demande de paiements provisoires

L'Entrepreneur doit remettre un Décompte en 6 exemplaires au Maître de l'ouvrage après l'expiration de la période de paiement prévue par le Contrat (si rien d'autre n'est prévu, à la fin de chaque mois), en utilisant un formulaire approuvé par le Maître de l'ouvrage, et indiquant en détail les montants auxquels l'Entrepreneur considère avoir droit, accompagné des documents justificatifs, lesquels doivent inclure le rapport relatif à l'avancement des Travaux durant ce mois conformément à la Sous-clause 4.21 [*Etats périodiques*].

Le Décompte doit inclure les éléments suivants, si applicables, qui doivent être exprimés dans les différentes devises dans lesquelles le Prix contractuel est payable, conformément à l'ordre suivant :

(a) la valeur contractuelle estimée des Travaux effectués et les Documents de l'Entrepreneur produits jusqu'à la fin du mois (incluant les Modifications mais excluant les éléments décrits aux sous-paragraphes (b) à (f) ci-dessous) ;

(b) tous les montants à ajouter et à déduire pour les changements dans la législation et les changements dans les coûts, conformément à la Sous-clause 13.7 [*Ajustements pour changements dans la législation*] et 13.8 [*Ajustements pour changements des Coûts*] ;

(c) tous les montants à déduire pour retenue, calculés en appliquant le pourcentage de retenue mentionné dans les Conditions Particulières au total des montants ci-dessus jusqu'à ce que le montant ainsi retenu par le Maître de l'ouvrage atteigne la limite du montant de la Retenue de garantie (s'il y en a), mentionné dans les Conditions Particulières ;

在还清预付款前,承包商应确保该保函一直有效并可执行。但其总额可根据承包商付还的金额逐渐减少。如果该保函条款中规定了期满日期,而在期满日期前28天预付款尚未还清时,承包商应将保函有效期延至预付款还清为止。

预付款应通过在期中付款中按比例减少的方式付还。扣减应按照专用条件中规定的分期摊还比率(如无此规定,则按上述(d)项中所述比率)计算,该比率应用于其他应付款项(不包括预付款、减少额和保留金的付还),直到预付款还清为止。

如果在颁发工程移交证书前,或根据第15条[由业主终止]、第16条[由承包商暂停和终止]、第19条[不可抗力](视情况而定)的规定终止前,预付款尚未还清,则全部余额应立即成为承包商对业主的到期应付款。

14.3 期中付款的申请

承包商应在合同规定的支付期限末(如无规定,则在每月月末),按业主批准的格式,向业主提交一式六份报表,详细说明承包商自己认为有权得到的款额,以及包括按第4.21款[进度报告]的规定编制的相关进度报告在内的证明文件。

适用时,该报表应包括下列项目,以合同价格应付的各种货币表示,并按下列顺序排列:

(a)截至月末已实施的工程和已提出的承包商文件的估算合同价值(包括各项变更,但不包括以下(b)~(f)项所列项目);

(b)按照第13.7款[因法律改变的调整]和第13.8款[因成本改变的调整]的规定,由于法律改变和成本改变,应增减的任何款额;

(c)至业主提取的保留金额达到专用条件中规定的保留金限额前(如果有),用专用条件中规定的保留金百分比计算的,对上述款项总额应减少的任何保留金额;

(d) tous les montants à ajouter et à déduire pour le paiement anticipé et les remboursements, conformément à la Sous-clause 14.2 [Paiement anticipé].

(e) toute autres additions ou déductions susceptibles d'être devenues exigibles conformément au Contrat ou autre, incluant celles selon la Sous-clause 20 [*Réclamations, litiges et arbitrage*], et

(f) la déduction des montants inclus dans les Décomptes précédents.

14.4 Calendrier des paiements

Si le Contrat inclut un Calendrier des Paiements spécifiant les versements suivant lesquels le Prix contractuel doit être payé, alors à moins que ce calendrier n'en dispose autrement :

(a) les versements cités dans le Calendrier des Paiements doivent correspondre aux valeurs contractuelles estimées pour les besoins du sous-paragraphe (a) de la Sous-clause 14.3 [*Demande de paiements provisoires*] conformément à la Sous-clause 14.5 [*Installations industrielles et matériaux envisagés pour les Travaux*] ; et

(b) si ces versements ne sont pas définis par référence aux progrès réels effectués dans l'exécution des Travaux, et si la progression réelles est inférieure à celle sur laquelle est basé le Calendrier des paiements, alors le Maître de l'ouvrage doit procéder conformément à la Sous-clause 3.5 [*Constatations*] pour convenir et constater les versements révisés, qui doivent prendre en compte la mesure dans laquelle la progression est inférieure à celle sur laquelle les versements se basaient antérieurement.

Si le Contrat n'inclut aucun Calendrier des paiements, l'Entrepreneur doit soumettre des estimations des paiements dépourvues de force obligatoire, dont il attend qu'elles seront exigibles chaque trimestre. La première estimation sera soumise dans un délai de 42 jours après la Date de commencement. Des estimations révisées doivent être soumises à intervalles trimestriels, jusqu'à ce que le Certificat de réception ait été délivré pour les Travaux.

14.5 Installations industrielles et Matériaux envisagés pour les Travaux

Si l'Entrepreneur est autorisé, selon le Contrat, à effectuer un paiement provisoire pour les Installations industrielles et les Matériaux qui ne se trouvent pas encore sur le Chantier, l'Entrepreneur ne sera cependant pas autorisé à exiger ce paiement, à moins que :

(a) les Installations industrielles et les Matériaux concernés se trouvent dans le Pays et ont été marqués comme étant la propriété du Maître de l'ouvrage conformément aux instructions du Maître de l'ouvrage ; ou

(b) l'Entrepreneur ait fourni au Maître de l'ouvrage la preuve d'une assurance et d'une garantie bancaire délivrée sur formulaire par un organisme approuvé par le Maître de l'ouvrage, équivalente en montant et en devises à ce paiement. Cette garantie peut être délivrée sur un formulaire similaire au formulaire auquel il est fait référence dans la Sous-clause 14.2 [*Paiement anticipé*] et doit être valable jusqu'à ce que les Installations industrielles et les Matériaux soient convenablement stockés sur le Chantier et protégés contre la perte, le dommage ou la détérioration.

(d)按照第 14.2 款[预付款]的规定,因预付款的支付和付还应增加和减少的任何款额;

(e)根据合同或包括根据第 20 条[索赔、争端和仲裁]等其他规定,应付的任何其他增加额或减少额;

(f)在先前报表中包括的减少额。

14.4　付款计划表

如果合同包括对合同价格的支付规定了分期支付的付款计划表,除非该表中另有规定,否则:

(a)该付款计划表所列分期付款额,应是为了应对第 14.3 款[期中付款的申请]中(a)项,并依照第 14.5 款[拟用于工程的生产设备和材料]的规定估算的合同价值;

(b)如果分期付款额不是参照工程实施达到的实际进度确定,且发现实际进度比付款计划表依据的进度落后时,业主可按第 3.5 款[确定]的要求进行商定或确定,修改该分期付款额。这种修改应考虑实际进度落后于该分期付款额原依据的进度的程度。

如果合同未包括付款计划表,承包商应在每三个月期间,提交其预计应付的无约束性估算付款额。第一次估算应在开工日期后 42 天内提交。直到颁发工程接收证书前,每三个月间隔应提交修正的估算。

14.5　拟用于工程的生产设备和材料

如果根据合同规定,承包商有权获得尚未运到现场的生产设备和材料的期中付款,承包商必须具备下列条件才有权得到:

(a)相关生产设备和材料在工程所在国,并已按业主的指示,标明是业主的财产;

(b)承包商已向业主提交保险的证据和经业主批准的实体按批准的格式签发的,数额和币种与该项付款相同的银行保函。该保函可以用与第 14.2 款[预付款]中提到的格式相似的格式,并应做到在生产设备和材料已在现场妥善储存并做好防止损失、损害或变质的保护以前一直有效。

14.6　Paiements provisoires

Aucun montant ne sera payé jusqu'à ce que le Maître de l'ouvrage ait reçu et approuvé la Garantie d'exécution. Ensuite le Maître de l'ouvrage doit dans un délai de 28 jours après la réception d'un Décompte et des documents confirmatifs, communiquer en détails à l'Entrepreneur tous les éléments de ce Décompte avec lesquels le Maître de l'ouvrage n'est pas d'accord. Les paiements dus ne seront pas retenus sauf que :

(a) si une chose livrée ou un travail effectué par l'Entrepreneur n'est pas conforme au Contrat, les coûts de la rectification ou du remplacement peuvent être retenus jusqu'à l'achèvement de la rectification ou du remplacement ; et/ou

(b) si l'Entrepreneur est ou a été défaillant dans l'exécution d'un travail ou d'une obligation découlant du Contrat, et que cela lui a été notifié par le Maître de l'ouvrage, la valeur de ce travail ou de cette obligation peur être retenue jusqu'à ce travail ou l'obligation ait été exécuté(e).

Le Maître de l'ouvrage peut, par tout paiement, procéder à toute correction ou modification qui aurait dû être effectuée correctement sur tout montant préalablement considéré comme dû. Les paiements ne doivent pas être considérés comme exprimant l'acception, l'approbation, le consentement, ou la satisfaction du Maître de l'ouvrage.

14.7　Date des paiements

A moins que la Sous-clause 2.5 [*Réclamations du Maître de l'ouvrage*] n'en dispose autrement, le Maître de l'ouvrage doit payer à l'Entrepreneur :

(a) le premier versement du paiement anticipé dans un délai de 42 jours après la date à laquelle le Contrat aura pris effet ou dans un délai de 21 jours après que le Maître de l'ouvrage ait reçu les documents conformément à la Sous-clause 4.2 [*Garantie d'exécution*] et à la Sous-clause [*Paiement anticipé*], quelle que soit la date la plus tardive ;

(b) le montant qui est dû conformément à chaque Décompte, autre que le Décompte final, dans un délai de 56 jours après avoir reçu le Décompte et les documents confirmatifs ; et

(c) le montant final dû, dans un délai de 42 jours après avoir reçu le Décompte final et la décharge écrite conformément à la Sous-clause 14.11 [*Demande de paiement final*] et de la Sous-clause 14.12 [*Décharge*].

Le paiement de chaque montant dû dans chaque devise doit être effectué sur un compte bancaire, désigné par l'Entrepreneur, dans le pays de paiement (pour cette devise) spécifié dans le Contrat.

14.6 期中付款

在业主收到并认可履约担保前,不办理付款。其后,业主应在收到有关报表和证明文件后28天内,向承包商发出关于报表中业主不同意的任何项目的通知,并附细节说明。除下列情况外,对应付款项不应予以扣发:

(a) 如果承包商任何供应的物品或完成的工作不符合合同要求,在修正或更换完成前,可以扣发该修正或更换所需费用;

(b) 如果承包商未能按照合同要求履行任何工作或义务,且业主已为此发出过通知时,可以在该项工作或义务完成前,扣发该工作或义务的价值。

业主可以在任一次付款时,对以前曾被认为应付的任何款额做出应有的任何改正或修正。付款不应被认为,表明业主的接受、批准、同意或满意。

14.7 付款日期

除第2.5款[业主的索赔]另有规定以外,业主应在以下时间向承包商支付款额:

(a) 在合同开始实施和生效日期后42天,或业主收到按照第4.2款[履约担保]和第14.2款[预付款]的规定提出的文件后21天,二者中较晚的日期内,支付首期预付款;

(b) 在收到有关报表和证明文件后56天内,最终报表除外,支付每期报表的应付款额;

(c) 在收到按照第14.11款[最终付款的申请]和第14.12款[结清证明]的规定提出的最终报表和书面结清证明42天内,支付应付的最终款额。

每种货币的应付款额应汇入位于合同(为此货币)指定的付款国境内承包商指定的银行账户。

14.8　Paiement retardé

Si l'Entrepreneur ne reçoit pas le paiement conformément à la Sous-clause 14.7 [*Date des paiements*], l'Entrepreneur aura droit au paiement des intérêts de retard constitués mensuellement sur le montant impayé pendant la période de retard.

A moins que les Conditions Particulières n'en disposent autrement, ces intérêts de retard doivent être calculés sur la base d'un taux annuel de 3% au-dessus du taux d'escompte de la banque centrale du pays, dans la devise duquel le Prix contractuel sera payable, et doivent être payés dans cette devise.

L'Entrepreneur a droit à ce paiement sans avis formel, et sans préjudice d'autres droits ou recours.

14.9　Paiement de la Retenue de garantie

Lorsque le Certificat de réception a été délivré pour les Travaux, et lorsque ceux-ci ont passé tous les tests spécifiés avec succès (y compris les Tests après achèvement, s'il y en a), la première moitié de la Retenue de garantie doit être payée à l'Entrepreneur. Si un Certificat de réception a été délivré pour une Section, le pourcentage pertinent de la première moitié de la Retenue de garantie doit être payé lorsque la Section aura passé tous les tests avec succès.

Immédiatement après la plus tardive des dates d'expiration des Délais de notification des vices, le solde restant de la Retenue de garantie doit être payé à l'Entrepreneur. Si un Certificat de réception a été délivré pour une Section, le pourcentage pertinent de la seconde moitié de la Retenue de garantie doit être payé immédiatement après expiration du Délai de notification des vices de la Section.

Toutefois, si un travail reste à exécuter selon la Clause 11 [*La Responsabilité pour vices*] ou selon la Clause 12 [*Tests après achèvement*], le Maître de l'ouvrage doit avoir le droit de retenir les coûts estimés de ce travail jusqu'à ce qu'il ait été exécuté.

Le pourcentage pertinent pour toute Section doit être la valeur exprimée en pourcentage de la Section telle que déterminée dans le Contrat. Si la valeur exprimée en pourcentage de la Section n'est pas mentionnée dans le Contrat, aucun pourcentage relatif à une des moitiés de la Retenue de garantie ne doit être libéré selon cette Sous-clause par rapport à cette Section.

14.10　Décompte à l'achèvement

Dans un délai de 84 jours après la réception du Certificat de réception pour les Travaux, l'Entrepreneur doit soumettre au Maître de l'ouvrage le Décompte à l'achèvement en 6 exemplaires avec les documents confirmatifs, conformément à la Sous-clause 14.3 [*Demande de Paiements provisoires*], indiquant :

 (a) la valeur de tout le travail effectué conformément au Contrat jusqu'à la date mentionnée dans le Certificat de réception des Travaux;

 (b) toutes autres sommes que l'Entrepreneur considère comme étant dues, et

14.8 延误的付款

如果承包商没有在按照第 14.7 款[付款日期]规定的时间收到付款,承包商应有权就未付款额按月计算复利。

除非专用条件中另有规定,上述延误利息以高出付款货币所在国中央银行的贴现率 3 个百分点的年利率进行计算,并应用同种货币支付。

承包商应有权得到上述付款,无需正式通知,且不需要采取其他维权或上诉行为。

14.9 保留金的支付

当已颁发工程接收证书,且工程已通过所有规定的试验(包括竣工后试验,如果有)时,应将保留金的前一半付给承包商。如果对某分项工程颁发了接收证书,当该分项工程通过了所有试验时,应付给保留金前一半的相关百分比部分。

在各缺陷通知期限的最末一个期满日期后,应立即将保留金未付的余额付给承包商。如对某分项工程颁发了接收证书,则在该分项工程缺陷通知期限期满日期后,应立即付给保留金后一半的相关百分比部分。

但如果根据第 11 条[缺陷责任]或第 12 条[竣工后试验]的规定,还有任何工作要做,业主应有权在该项工作完成前,扣发完成该工作的估算费用。

每个分项工程的相关百分比应是合同中规定的该分项工程的价值百分比。如果合同中没有规定该分项工程的价格百分比,则不应根据本款对有关分项工程的保留金任何一半按百分比放还。

14.10 竣工报表

在收到工程接收证书后 84 天内,承包商应按照第 14.3 款[期中付款的申请]的要求,向业主递交竣工报表并附证明文件,一式六份。列出的内容:

(a)截至工程接收证书载明的日期,按合同要求完成的所有工作的价值;

(b)承包商认为应付的任何其他款额;

(c) une estimation de toute autre somme que l'Entrepreneur considère comme lui étant dus selon le Contrat. Les montants estimés doivent être indiqués séparément dans ce Décompte à l'achèvement.

Le Maître de l'ouvrage doit ensuite informer l'Entrepreneur conformément à la Sous-clause 14.6 [*Paiements provisoires*] et effectuer le paiement conformément à la Sous-clause 14.7 [*Date des paiements*].

14.11 Demande de paiement final

Dans un délai de 56 jours après la réception du Certificat d'exécution, l'Entrepreneur doit soumettre au Maître de l'ouvrage un projet de décompte final en six exemplaires avec les documents confirmatifs en utilisant un formulaire approuvé par le Maître de l'ouvrage et indiquant en détail :

(a) la valeur de tout le travail effectué conformément au Contrat, et

(b) toutes les autres sommes que l'Entrepreneur considère comme lui étant dues en vertu du Contrat ou autrement.

Si le Maître de l'ouvrage n'est pas d'accord ou qu'il ne peut pas vérifier une partie du projet de décompte final, l'Entrepreneur doit présenter toutes les informations supplémentaires que le Maître de l'ouvrage peut raisonnablement exiger et doit procéder aux modifications du projet dont ils auraient pu convenir. L'Entrepreneur doit ensuite préparer et soumettre au Maître de l'ouvrage le décompte final tel qu'il a été convenu. Il est fait référence dans ces Conditions à ce décompte convenu en tant que"Décompte final".

Toutefois, si selon les discussions entre les Parties et tout changement au projet de décompte final qui a été convenu, il est clair qu'un différend existe, le Maître de l'ouvrage doit payer les parties du projet de décompte final, qui ont été acceptées conformément à la Sous-clause 14.6 [*Paiements provisoires*] et à la Sous-clause 14.7 [*Date des paiements*]. Par la suite, si le litige est finalement résolu conformément à la Sous-clause 20.4 [*Obtention de la décision du Bureau de conciliation*] ou à la Sous-clause 20.5 [*Règlement amiable*], l'Entrepreneur doit alors préparer et soumettre un Décompte finale au Maître de l'ouvrage.

14.12 Décharge

En présentant le Décompte final, l'Entrepreneur doit également présenter une décharge écrite qui confirme que le total du Décompte final représente le règlement total et définitif de toutes les sommes dues à l'Entrepreneur selon ou en rapport avec le Contrat. Cette décharge peut mentionner qu'elle prendra effet lorsque l'Entrepreneur aura reçu la Garantie d'exécution et le solde des sommes restant à payer, auquel cas la décharge ne prendra effet qu'à cette date.

（c）承包商认为根据合同规定将应付给其任何其他款项的估计款额。估计款额在竣工报表中应单独列出。

此时业主应按照第 14.6 款[期中付款]的规定核发支付证书,并按照第 14.7 款[付款日期]的规定支付。

14.11 最终付款的申请

在收到履约证书后 56 天内,承包商应按照业主批准的格式,向业主递交最终报表草案,并附证明文件,一式六份,详细列出如下内容:

（a）根据合同完成的所有工作的价值,
（b）承包商认为根据合同或其他规定应支付给其任何其他款额。

如果业主不同意或无法核实最终报表草案中的任何部分,承包商应按照业主可能提出的合理要求提交补充资料,并按照双方可能商定的意见,对该草案进行修改。然后,承包商应按商定的意见编制并向业主提交最终报表。这份经商定的报表在本条件中称为"最终报表"。

如果在双方协商并就协商一致的意见对最终报表草案进行修改过程中,明显存在争端,业主应按照第 14.6 款[期中付款]和第 14.7 款[付款日期]的规定,支付最终报表草案中同意的部分。此后,如果争端根据第 20.4 款[取得调解委员会的决定]或第 20.5 款[友好解决]的规定,最终得到解决,承包商随后应编制并向业主提交最终报表。

14.12 结清证明

承包商在提交最终报表时,应提交一份书面结清证明,确认最终报表上的总额代表了根据合同或与合同有关的事项,应付给承包商的所有款项的全部和最终的结算总额。该结清证明可注明在承包商收到退回的履约担保和该总额中尚未付清的余额后生效,在此情况下,结清证明应在该日期生效。

14. 13 Paiement final

Conformément au sous-paragraphe(c) de la Sous-clause 14. 7 [*Date des paiements*], le Maître de l'ouvrage doit payer à l'Entrepreneur le montant finalement dû, moins tous les montants qui ont été préalablement payés par le Maître de l'ouvrage et toutes les déductions conformément à la Sous-clause 2. 5 [*Réclamations du Maître de l'ouvrage*].

14. 14 Fin de la Responsabilité du Maître de l'ouvrage

Le Maître de l'ouvrage ne doit pas être responsable envers l'Entrepreneur pour toute question ou toute chose née du ou en rapport avec le Contrat ou l'exécution des Travaux, sauf dans la mesure où l'Entrepreneur a expressément prévu un montant pour cela :
- (a) dans le Décompte final et également;
- (b) (sauf pour les questions ou choses survenants après la délivrance du Certificat de réception des Travaux) dans le Décompte lors de l'achèvement décrit dans la Sous-clause 14. 10 [*Décompte à l'achèvement*].

Toutefois, cette Sous-clause ne peut pas limiter la responsabilité du Maître de l'ouvrage de ses obligations d'indemnisation, ni sa responsabilité en cas de fraude, de vice intentionnel ou d'inconduite.

14. 15 Devises de Paiement

Le Prix contractuel doit être payé dans la ou les devises désignées dans l'Accord contractuel. A moins que les Conditions Particulières n'en disposent autrement, et si plus d'une devise est ainsi désignée, les paiements seront effectués de la manière suivante :
- (a) si le Prix contractuel est seulement exprimé dans la Devise nationale :
  - (i) les proportions ou montants de la Devise locale et de la Devise étrangère, et les taux de change fixés devant être utilisés lors du calcul des paiements doivent être ceux mentionnés dans l'Accord contractuel sauf si les deux Parties en conviennent autrement;
  - (ii) les paiements et les déductions selon la Sous-clause 13. 5 [*prix provisoires*] et la Sous-clause 13. 7 [*Ajustements pour changements dans la législation*] doivent être effectués dans les devises et proportions applicables; et
  - (iii) les autres paiements et déductions des sous paragraphes(a) à (d) de la Sous-clause 14. 3 [*Demande de paiements provisoires*] doivent être effectués dans les devises et proportions spécifiées dans le sous-paragraphe(a)(i) susmentionné.
- (b) le paiement des dommages et intérêts spécifiés dans les Conditions Particulières doit être effectué dans les devises et proportions spécifiés dans les Conditions Particulières;
- (c) les autres paiements faits par l'Entrepreneur au Maître de l'ouvrage doivent être effectués dans la devise dans laquelle la somme a été dépensée par le Maître de l'ouvrage, ou dans la devise sur laquelle les deux parties se sont mises d'accord;

14.13 最终付款

业主应按照第14.7款[付款日期](c)项的规定,向承包商支付最终应付款额扣除业主过去已付的全部款额,以及按照第2.5款[业主的索赔]的规定决定的任何减少额后的款额。

14.14 业主责任的中止

除承包商在下列文件中,为合同或工程实施引发的或与之有关的任何问题或事项,明确提出款额要求以外,业主应不再为上述问题或事项对承包商承担责任:

(a)在最终报表中;
(b)在第14.10款[竣工报表]所述的竣工报表中(颁发工程接收证书后发生的问题或事项除外)。

但本款不应限制业主因其赔偿义务,或因其任何欺骗、有意违约或轻率的不当行为等情况引起的责任。

14.15 支付的货币

合同价格应按合同协议书规定的货币或几种货币支付,除非专用条件中另有说明。如果规定了一种以上货币,应按以下办法支付:

(a)如果合同价格只是用当地货币表示:
(ⅰ)当地货币和外币的比例或款额,以及计算付款采用的固定汇率,除双方另有商定外,应按合同协议书的规定执行;

(ⅱ)根据第13.5款[暂列价格]和第13.7款[因法律改变的调整]规定的付款和扣减应按适用货币和比例执行;

(ⅲ)根据第14.3款[期中付款的申请](a)~(d)项做出的其他支付和扣减,应按上述(a)中(ⅰ)项规定的货币和比例执行。

(b)专用条件中规定的对损害赔偿费的支付应按照专用条件中规定的货币和比例执行;

(c)由承包商付给业主的其他款项应以业主花费该款项实际用的货币,或双方可能商定的货币执行;

(d) si une somme payable par l'Entrepreneur au Maître de l'ouvrage dans une devise particulière excède la somme payable par le Maître de l'ouvrage à l'Entrepreneur dans cette devise, le Maître de l'ouvrage peut récupérer le reste de ce montant sur les sommes payables autrement à l'Entrepreneur dans d'autres devises ; et

(e) si aucun taux de change n'est mentionné dans le Contrat, le taux sera celui qui prévaut à la Date de référence et qui sera déterminé par la banque centrale du Pays.

(d) 如果承包商应付给业主的某种货币的任何款额,超过了业主应付给承包商的该种货币的款额,业主可以从另外应付给承包商的其他货币的款额中,收回该项差额;

(e) 如果在合同中没有说明汇率,应采用基准日期当天工程所在国中央银行确定的汇率。

15 Résiliation par le Maître de l'ouvrage

15.1 Notification pour rectification

Si l'Entrepreneur n'exécute pas une de ses obligations selon le Contrat, le Maître de l'ouvrage doit aviser l'Entrepreneur d'avoir à réparer sa défaillance et d'y remédier dans un délai raisonnable spécifié.

15.2 Résiliation par le Maître de l'ouvrage

Le Maître de l'ouvrage a le droit de résilier le Contrat si l'Entrepreneur :

(a) ne respecte pas la Sous-clause 4.2 [*Garantie d'exécution*] ou la mise en demeure conformément à la Sous-clause 15.1 [*Notification pour rectification*] ;

(b) abandonne les Travaux ou démontre d'une autre manière clairement son intention de ne pas vouloir continuer l'exécution de ses obligations découlant du Contrat ;

(c) ne procède pas sans excuse valable aux Travaux conformément à la Clause 8 [*Commencement, Retards et Suspension*] ;

(d) sous-traite l'ensemble des Travaux ou cède le Contrat sans le consentement requis ;

(e) fait faillite ou devient insolvable, est mis en liquidation, se voit placé par ordonnance sous administration ou redressement judiciaire, conclut un arrangement avec ses créanciers, ou poursuit son activité sous le contrôle d'un administrateur judiciaire ou d'un syndic de la faillite ou d'un liquidateur au profit de ses créanciers, ou si un acte ou des évènements similaires surviennent qui (selon la Loi applicable) produisent les mêmes effets que ces actes ou évènement, ou

(f) donne ou est prêt à donner (directement ou indirectement) à une personne un pot-de-vin, un cadeau, un pourboire, une commission ou une autre chose de valeur, comme avantage ou récompense :

  (i) pour faire ou s'abstenir de faire une action en relation avec le Contrat, ou

  (ii) pour accorder ou s'abstenir d'accorder une faveur ou une défaveur à une personne en relation avec le Contrat ou si un membre du Personnel de l'Entrepreneur, un des agents ou Sous-traitants, donne ou se propose de donner (directement ou indirectement) à une personne un tel avantage ou une telle récompense comme décrit dans ce sous-paragraphe (f). Toutefois, des avantages ou récompenses légaux enfaveur du Personnel de l'Entrepreneur ne donnent pas droit à la résiliation.

Si un de ces évènements ou circonstances se produit, le Maître de l'ouvrage peut, en avisant l'Entrepreneur 14 jours auparavant, résilier le Contrat et renvoyer l'Entrepreneur du Chantier. Toutefois, dans l'hypothèse du sous-paragraphe (e) ou (f), le Maître de l'ouvrage peut par avis résilier le Contrat immédiatement.

15 由业主终止

15.1 通知改正

如果承包商未能根据合同履行任何义务,业主可通知承包商,要求其在规定的合理时间内,纠正并补救其违约行为。

15.2 由业主终止

如果承包商有下列行为,业主应有权终止合同:
(a)未能遵守第4.2款[履约担保]的规定,或未能根据第15.1款[通知改正]的规定发出通知的要求进行纠正;
(b)放弃工程,或明确表现出不继续按照合同履行其义务的意向;
(c)无合理解释,未按照第8条[开工、延误和暂停]的规定进行工程;
(d)未经必要的许可,将整个工程分包出去,或将合同转让他人;
(e)破产或无力偿债,停业清理,已有对其财产的接管令或管理令,与债权人达成和解,或为其债权人的利益在财产接管人、受托人或管理人的监督下营业,或采取了任何行动或发生任何事件(根据有关适用法律)具有与前述行动或事件相似的效果;

(f)向任何人(直接或间接)付给或企图付给任何贿赂、礼品、赏金、回扣及其他贵重物品,以引诱或回报他人:

(i)采取或不采取有关合同的任何行动;
(ii)对与合同有关的任何人做出或不做出有利或不利的表示,或任何承包商人员、代理人或分包商(直接或间接)向任何人付给或企图付给本款(f)项所述的任何此类引诱或回报。但对给予承包商人员的合法鼓励和奖赏无权终止。

在出现任何上述事件或情况时,业主可提前14天向承包商发出通知,终止合同,并要求其离开现场。但在(e)或(f)项情况下,业主可发出通知立即终止合同。

Le choix du Maître de l'ouvrage de résilier le Contrat ne doit pas porter préjudice aux autres droits du Maître de l'ouvrage, selon le Contrat ou autrement.

L'Entrepreneur doit ensuite quitter le Chantier et remettre toutes les Marchandises requises, tous les Documents de l'Entrepreneur, et les autres documents de conception faits par ou pour lui, au Maître de l'ouvrage. Toutefois, l'Entrepreneur doit mettre en œuvre tous les efforts nécessaires pour se conformer à toutes les instructions comprises dans l'avis(i)pour la cession de tout sous-contrat, et (ii)pour la protection de la vie, ou la propriété ou de la sécurité des Travaux.

Après la résiliation, le Maître de l'ouvrage peut achever les Travaux lui-même et/ou charger toute entité de le faire. Le Maître de l'ouvrage et ces entités peuvent alors utiliser toutes les Marchandises, les Documents de l'Entrepreneur et les documents de conception faits par ou au nom de l'Entrepreneur.

Le Maître de l'ouvrage doit alors aviser l'Entrepreneur que son Equipement et les Travaux provisoires lui seront remis sur le Chantier ou dans la proximité du Chantier. L'Entrepreneur doit immédiatement organiser leur déplacement, à ses propres risques et coûts. Toutefois, si à ce moment l'Entrepreneur n'a pas effectué un paiement dû au Maître de l'ouvrage, ces éléments pourront être vendus par le Maître de l'ouvrage afin de recouvrer ce paiement. Tout solde positif qui pourrait en résulter doit être reversé à l'Entrepreneur.

15.3 Evaluation à la date de résiliation

Dès que l'avis de la résiliation selon la Sous-clause 15.2 [*Résiliation par le Maître de l'ouvrage*] aura pris effet, le Maître de l'ouvrage doit procéder conformément à la Sous-clause 3.5 [*Constatations*] pour convenir ou constater la valeur des Travaux, des Marchandises et des Documents de l'Entrepreneur, et de toute autre somme due à l'Entrepreneur pour les travaux exécutés conformément au Contrat.

15.4 Paiement après résiliation

Après que l'avis de résiliation en vertu de la Sous-clause 15.2 [*Résiliation par le Maître de l'ouvrage*] aura pris effet, le Maître de l'ouvrage peut :
- (a)procéder conformément à la Sous-clause 2.5 [*Réclamations du Maître de l'ouvrage*] ;
- (b)retarder les futurs paiements à l'Entrepreneur jusqu'à ce que les coûts de conception, de l'exécution, de l'achèvement et de la suppression des vices, des dommages et intérêts dus au retard dans l'achèvement(s'il y en a), et tous les autres coûts encourus par le Maître de l'ouvrage, aient été établis, et/ou
- (c)récupérer de l'Entrepreneur toutes les pertes et dommages et intérêts subis par le Maître de l'ouvrage et tous les coûts supplémentaires pour l'achèvement des Travaux, après avoir tenu compte des sommes dues à l'Entrepreneur selon la Sous-clause 15.3 [*Evaluation à la date de résiliation*]. Après avoir recouvré les pertes, dommages et intérêts et les coûts supplémentaires, le Maître de l'ouvrage doit reverser le solde à l'Entrepreneur.

业主做出终止合同的选择,不应损害其根据合同或其他规定所享有的其他任何权利。

此时,承包商应撤离现场,并将任何需要的货物、所有承包商文件以及由或为其做的其他设计文件交给业主。但承包商应立即尽最大努力遵从包括通知中关于:(ⅰ)转让任何分包合同;(ⅱ)保护生命和财产或工程的安全的任何合理的指示。

终止合同后,业主可以继续完成工程,或安排其他实体完成。这时业主和这些实体可以使用任何货物、承包商文件和由承包商或以其名义编制的其他设计文件。

其后业主应发出通知,将在现场或其附近把承包商设备和临时工程放还给承包商。承包商应迅速自行承担风险和费用,安排将这些设备和临时工程运走。但如果此时承包商还有应付业主的款项没有付清,业主可以出售这些物品,以收回欠款。收益的任何余款应付给承包商。

15.3 终止日期时的估价

在根据第15.2款[由业主终止]的规定发出的终止通知生效后,业主应立即按照第3.5款[确定]的要求商定或确定工程、货物和承包商文件的价值以及承包商按照合同实施的工作应得其他任何的款项。

15.4 终止后的付款

在根据第15.2款[由业主终止]的规定发出的终止通知生效后,业主可以行使如下权利:

(a)按照第2.5款[业主的索赔]的规定进行索赔;
(b)在确定设计、施工、竣工和修补任何缺陷的费用、因延误竣工(如果有)的损害赔偿费以及由业主负担的全部其他费用前,暂不向承包商支付进一步款额;

(c)在根据第15.3款[终止日期时的估价]的规定答应付给承包商的任何款额后,先从承包商处收回业主蒙受的任何损失和损害赔偿费,以及完成工程所需的任何额外费用。在收回任何此类损失、损害赔偿费和额外费用后,业主应将任何余额付给承包商。

15.5 Droit du Maître de l'ouvrage de résilier le Contrat

Le Maître de l'ouvrage a le droit de résilier le Contrat à tout moment qui lui convient, en avisant l'Entrepreneur par avis de cette résiliation. La résiliation prendra effet 28 jours après la plus tardive des dates suivantes : la date à laquelle l'Entrepreneur aura reçu cet avis ou la date à laquelle le Maître de l'ouvrage aura restitué la Garantie d'exécution. Le Maître de l'ouvrage ne doit pas résilier le Contrat selon cette Sous-clause afin d'exécuter les Travaux lui-même ou afin que les Travaux soient exécutés par un autre entrepreneur.

Après cette résiliation, l'Entrepreneur doit procéder conformément à la Sous-clause 16.3 [*Cessation des travaux et enlèvement de l'Equipement de l'Entrepreneur*] et doit être payé conformément à la Sous-clause 19.6 [*Résiliation optionnelle, paiement et libération*].

15.5 业主终止合同的权利

业主应有权在对其方便的任何时候,通过向承包商发出终止通知,终止合同。此项终止应在承包商收到该通知或业主退回的履约担保两者中较晚的日期后第 28 日生效。业主不应为了要自己实施或安排另外的承包商实施工程,而根据本款终止合同。

在此项终止后,承包商应按照第 16.3 款[停止工程和承包商设备的撤离]的规定执行,并应按照第 19.6 款[自主选择终止、支付和解除]的规定获得付款。

16 Suspension et résiliation par l'Entrepreneur

16.1 Droit de l'Entrepreneur de suspendre les travaux

Si le Maître de l'ouvrage ne respecte pas ses obligations conformément à la Sous-clause 2.4 [*Accords financiers du Maître de l'ouvrage*] ou la Sous-clause 14.7 [*Date des Paiements*], l'Entrepreneur peut, après avoir avisé le Maître de l'ouvrage au moins 21 jours auparavant, suspendre les travaux (ou réduire la cadence des travaux) à moins et jusqu'à ce que l'Entrepreneur ait reçu une preuve raisonnable ou le paiement, selon le cas et tel que décrit dans l'avis.

L'action de l'Entrepreneur ne doit pas porter préjudice à son droit aux intérêts de retard selon la Sous-clause 14.8 [*Paiement retardé*] et à résiliation selon la Sous-clause 16.2 [*Résiliation par l'Entrepreneur*].

Si l'Entrepreneur reçoit par la suite une telle preuve ou le paiement (tel que décrit dans la Sous-clause pertinente et dans l'avis sus-mentionné) avant de notifier la résiliation, l'Entrepreneur doit reprendre normalement le travail aussitôt que cela est raisonnablement possible.

Si l'Entrepreneur subit un retard ou/et encourt des Coûts suite à la suspension des travaux (ou à la réduction de la progression des travaux) conformément à cette Sous-clause, l'Entrepreneur doit en informer le Maître de l'ouvrage et doit avoir droit selon la Sous-clause 20.1 [*Réclamations de l'Entrepreneur*] :

- (a) à une prolongation du délai pour tout retard de ce type, si l'achèvement est ou sera retardé, conformément à la Sous-clause 8.4 [*Prolongation du Délai d'achèvement*], et
- (b) au paiement de tous les Coûts et d'un profit raisonnable, qui devront être ajoutés au Prix contractuel.

Après avoir reçu cet avis, le Maître de l'ouvrage doit procéder conformément à la Sous-clause 3.5 [*Constatations*] pour convenir ou constater ces questions.

16.2 Résiliation par l'Entrepreneur

L'Entrepreneur est en droit de résilier le Contrat si :

- (a) l'Entrepreneur ne reçoit pas la preuve raisonnable dans un délai de 42 jours après avoir délivré l'avis selon la Sous-clause 16.1 [*Droit de l'Entrepreneur de suspendre les Travaux*] relatif au non-respect de la Sous-clause 2.4 [*Accords financiers du Maître de l'ouvrage*] ;
- (b) l'Entrepreneur ne reçoit pas la somme due dans un délai de 42 jours après l'expiration du délai mentionné dans la Sous-clause 14.7 [*Date des paiements*], délai pendant lequel le paiement aurait dû être effectué (excepté pour les déductions faites conformément à la Sous-clause 2.5 [*Réclamations du Maître de l'ouvrage*]) ;
- (c) le Maître de l'ouvrage fait substantiellement défaut à ses obligations nées du Contrat ;

16 由承包商暂停和终止

16.1 承包商暂停工作的权利

如果业主未能遵守第2.4款[业主的资金安排]或第14.7款[付款日期]的规定,承包商可在不少于21天前通知业主,暂停工作(或放慢工作速度),除非并直到承包商根据情况和通知中所述,收到付款证书、合理的证明或付款为止。

承包商的上述行为不应影响其根据第14.8款[延误的付款]的规定获得融资费用和根据第16.2款[由承包商终止]的规定提出终止的权利。

如果在发出终止通知前承包商随后收到了上述证明或付款(如有关条款和上述通知中所述),承包商应在合理可能情况下,尽快恢复正常工作。

如果因按照本款暂停工作(或放慢工作速度)承包商遭受延误和(或)招致费用,承包商应向业主发出通知,有权根据第20.1款[承包商的索赔]的规定提出如下要求:

(a) 根据第8.4款[竣工期限的延长]的规定,如竣工已或将受到延误,对任何此类延误给予延长期;
(b) 任何此类费用和合理的利润,应加入合同价格,给予支付。

业主收到此通知后,应按照第3.5款[确定]的要求对这些事项进行商定或确定。

16.2 由承包商终止

如出现下列情况,承包商应有权终止合同:

(a) 承包商在根据第16.1款[承包商暂停工作的权利]的规定,就未能遵照第2.4款[业主的资金安排]规定的事项发出通知后42天内,仍未收到合理的证明;

(b) 在第14.7款[付款日期]规定的付款时间到期后42天内,承包商仍未收到该期间的应付款额(按照第2.5款[业主的索赔]规定的减少部分除外);

(c) 业主实质上未能根据合同规定履行其义务;

(d) le Maître de l'ouvrage ne respecte pas la Sous-clause 1.7 [*Cession*];

(e) une suspension prolongée affecte l'ensemble des Travaux tel que décrit dans la Sous-clause 8.11 [*Suspension prolongée*] ou;

(f) le Maître de l'ouvrage fait faillite ou devient insolvable, est mis en liquidation, se voit placé par ordonnance sous administration ou redressement judiciaire, conclut un arrangement avec ses créanciers, ou poursuit son activité sous le contrôle d'un administrateur judiciaire ou d'un syndic de la faillite ou d'un liquidateur au profit de ses créanciers, ou si un acte ou des évènements similaires surviennent qui (selon la Loi applicable) produisent les mêmes effets que ces actes ou évènements.

Dans l'hypothèse de la survenance d'un tel évènement ou d'une telle circonstance, l'Entrepreneur peut, en informant le Maître de l'ouvrage 14 jours auparavant, résilier le Contrat. Toutefois, dans le cas du sous paragraphe (e) ou (f), l'Entrepreneur peut, par avis, résilier le Contrat immédiatement.

Le choix de l'Entrepreneur de résilier le Contrat ne doit pas porter préjudice à d'autres droits de l'Entrepreneur en vertu du Contrat ou autre.

16.3 Cessation des travaux et enlèvement de l'Equipement de l'Entrepreneur

Après que l'avis de résiliation en vertu de la Sous-clause 15.5 [*Droit du Maître de l'ouvrage de résilier le Contrat*], de la Sous-clause 16.2 [*Résiliation par l'Entrepreneur*] ou de la Sous-clause 19.6 [*Résiliation optionnelle, paiement et libération*] aura pris effet, l'Entrepreneur doit immédiatement :

(a) arrêter tous les autres travaux, excepté ceux qui ont été ordonnés par le Maître de l'ouvrage pour la protection de la vie ou de la propriété ou de la sécurité des Travaux;

(b) remettre les Documents de l'Entrepreneur, les Installations industrielles, les Matériaux et les autres travaux, pour lesquels l'Entrepreneur a été payé, et

(c) enlever toutes les autres Marchandises du Chantier, à l'exception de ce qui est nécessaire pour la sécurité, et quitter le Chantier.

16.4 Paiement après résiliation

Après que l'avis de résiliation en vertu de la Sous-clause 16.2 [*Résiliation par l'Entrepreneur*] aura pris effet, le Maître de l'ouvrage doit immédiatement:

(a) restituer la Garantie d'exécution à l'Entrepreneur;

(b) payer l'Entrepreneur conformément à la Sous-clause 19.6 [*Résiliation optionnelle, paiement et libération*], et

(c) payer à l'Entrepreneur le montant de toute perte de profit, autre perte ou dommage subis par l'Entrepreneur à la suite de cette résiliation.

(d)业主未遵守第 1.7 款[权益转让]的规定;

(e)如第 8.11 款[拖长的停工]所述的拖长的停工影响了整个工程;

(f)业主破产或无力偿债,停业清理,已有对其财产的接管令或管理令,与债权人达成和解,或为其债权人的利益在财产接管人、受托人或管理人的监督下营业,或采取了任何行动或发生任何事件(根据有关适用法律)具有与前述行动或事件相似的效果。

在上述任何事件或情况下,承包商可通知业主 14 天后终止合同。但在(e)或(f)项情况下,承包商可发出通知立即终止合同。

承包商做出终止合同的选择,不应影响其根据合同或其他规定所享有的其他任何权利。

16.3 停止工程和承包商设备的撤离

在根据第 15.5 款[业主终止合同的权利]、第 16.2 款[由承包商终止]或第 19.6 款[自主选择终止、支付和解除]的规定发出的终止通知生效后,承包商应迅速做如下工作:

(a)停止所有进一步的工作,业主为保护生命、财产或工程的安全可能指示的工作除外;

(b)移交承包商已得到付款的承包商文件、生产设备、材料和其他工作;

(c)从现场运走除为了安全需要以外的所有其他货物,并撤离现场。

16.4 终止后的付款

在根据第 16.2 款[由承包商终止]的规定发出的终止通知生效后,业主应迅速做如下工作:

(a)将履约担保退还承包商;

(b)按照 19.6 款[自主选择终止、支付和解除]的规定,向承包商付款;

(c)付给承包商因此项终止而蒙受的任何利润损失或其他损失或损害的款额。

17 Risque et responsabilité

17.1 Indemnités

L'Entrepreneur doit indemniser et dédommager le Maître de l'ouvrage, le Personnel du Maître de l'ouvrage et leurs agents respectifs contre et de toutes les réclamations, dommages et intérêts, perte et dépenses(y compris dépenses et frais légaux)en ce qui concerne :

- (a) les atteintes corporelles, les maladies ou le décès de toute personne qui surviennent en relation avec ou pendant ou en raison de la conception, de l'exécution et de l'achèvement des Travaux et de la suppression des vices, à moins que ceux-ci ne soient imputables à une négligence, un acte délibéré, ou une violation du Contrat par le Maître de l'ouvrage, son Personnel ou un de leurs agents respectifs, et
- (b) le dommage à ou la perte de toute propriété mobilière ou immobilière(autre que les travaux eux-mêmes)dans la mesure où ce dommage ou cette perte :
  - (ⅰ)survient en relation avec ou pendant ou en raison de la conception de l'Entrepreneur, de l'exécution et de l'achèvement des Travaux et de la suppression des vices, et
  - (ⅱ)n'est pas imputable à une négligence, à un acte délibéré ou à une violation du Contrat par le Maître de l'ouvrage, son Personnel ou leurs agents respectifs, ou quiconque a été employé directement ou indirectement par une de ces personnes.

Le Maître de l'ouvrage doit indemniser et dédommager l'Entrepreneur, le Personnel de l'Entrepreneur et leurs agents respectifs contre et de toutes les réclamations, dommages et intérêts, pertes et dépenses (y compris frais et dépense légaux) relatifs (a) aux atteintes corporelles, aux maladies ou au décès qui sont attribuables à une négligence, à un acte délibéré ou une violation du Contrat par le Maître de l'ouvrage, par son Personnel ou un de leurs agents respectifs, et(b) aux questions pour lesquelles la responsabilité doit être exclue de la couverture d'assurance, telles que mentionnées dans les sous-paragraphe (d) (ⅰ) , (ⅱ) et (ⅲ) de la Sous-clause 18.3 [*Assurance contre les atteintes aux personnes et les dommages à la propriété*].

17.2 Protection des travaux par l'Entrepreneur

L'Entrepreneur doit assumer l'entière responsabilité pour la protection des Travaux et des Marchandises dès la Date de commencement jusqu'à ce que le Certificat de réception pour les Travaux ait été délivré (ou soit considéré comme ayant été délivré selon la Sous-clause 10.1 [*Réception des Travaux et des Sections*]), moment auquel la responsabilité pour la protection des Travaux sera transférée au Maître de l'ouvrage. Si un Certificat de réception pour une Section des Travaux est délivré(ou est considéré comme ayant été délivré), la responsabilité pour la protection de la Section est transférée au Maître de l'ouvrage.

17 风险与职责

17.1 赔偿

承包商应补偿和赔偿业主、业主人员以及其各自的代理人就以下所有索赔、损害、利息损失和开支(包括法律费用和开支)带来的费用损失:

(a)由工程设计、施工和竣工以及修补任何缺陷引起,或在其过程中,或因其原因产生的任何人员的人身伤害、患病、疾病或死亡,除非是由于业主、业主人员、或其各自的任何代理人的任何疏忽、故意行为或违反合同造成的。

(b)由下列情况造成的对任何财产、不动产或动产(工程除外)的损害或损失:

(i)由工程设计、施工和竣工以及修补任何缺陷引起,或在其过程中,或因其原因产生的;

(ii)不是由于业主、业主人员、及其各自的代理人或他们中任何人直接或间接聘用的任何人的任何疏忽、故意行为或违反合同造成的。

业主应补偿和赔偿承包商、承包商人员以及其各自的代理人就以下所有索赔、损害、利息损失和开支(包括法律费用和开支)带来的费用损失:(a)由业主、业主人员或其各自的代理人的任何疏忽、故意行为或违反合同造成的人身伤害、患病、疾病或死亡;(b)如第18.3款[人身伤害和财产损害险](d)项(i)、(ii)和(iii)中所述的其责任可以不包括在保险范围的各类事项。

17.2 承包商对工程的保护

承包商应从开工日期起承担照管工程和货物的全部职责,直到颁发工程接收证书(或根据第10.1款[工程和分项工程的验收]的规定应视为已颁发)之日止,这时工程照管职责应移交给业主。如果对某分项工程颁发了(或照上述应视为已颁发)接受证书,则对该分项工程的照管职责应移交给业主。

Après que la responsabilité ait été par conséquent transférée au Maître de l'ouvrage, l'Entrepreneur sera responsable pour la protection de tous les travaux inachevés à la date mentionnée dans un Certificat de réception, jusqu'à ce que ces travaux inachevés aient été achevés.

Si une perte ou un dommage affecte les Travaux, les Marchandises ou les Documents de l'Entrepreneur pendant la période durant laquelle l'Entrepreneur est responsable pour leur protection, du fait d'une cause non mentionnée dans la Sous-clause 17.3 [*Risques du Maître de l'ouvrage*], l'Entrepreneur doit réparer la perte ou le dommage à ses propres risques et coûts, de sorte que les Travaux, les Marchandises et les Documents de l'Entrepreneur soient conformes au Contrat.

L'Entrepreneur sera responsable pour la perte ou le dommage causé par toutes ses actions exécutées après qu'un Certificat de réception ait été délivré. L'Entrepreneur sera également responsable pour cette perte ou dommage qui survient après la délivrance d'un Certificat de réception et résultant d'un évènement antérieur dont l'Entrepreneur était responsable.

17.3 Risques du Maître de l'ouvrage

Les risques auxquels se réfèrent la Sous-clause 17.4 ci-dessous sont :

(a) guerre, hostilités (avec ou sans déclaration de guerre), invasion, acte d'ennemis étrangers ;

(b) rébellion, terrorisme, révolution, insurrection, putsch militaire ou usurpation de pouvoir, ou guerre civile dans le Pays ;

(c) émeutes, agitation ou désordres dans le Pays qui émanent de personnes autres que le Personnel de l'Entrepreneur et de ses autres employés ou de ses Sous-traitants ;

(d) munitions de guerre, matériaux explosifs, radiations ionisantes, ou contamination radioactive dans le Pays, à l'exception de ce qui est attribuable à l'utilisation par l'Entrepreneur de telles munitions, explosifs, radiations ou radioactivité, et

(e) ondes de choc causées par les avions ou autres appareils aériens qui se déplacent à vitesse sonique ou supersonique.

17.4 Conséquences des risques du Maître de l'ouvrage

Si et dans la mesure où un des risques énumérés dans la Sous-clause 17.3 ci-dessus conduit à une perte ou un dommage des Travaux, des Marchandises, ou des Documents de l'Entrepreneur, l'Entrepreneur doit en aviser immédiatement le Maître de l'ouvrage et réparer cette perte ou ce dommage dans la mesure exigée par le Maître de l'ouvrage.

Si l'Entrepreneur subit des retards et/ou encourt des Coûts résultant de la réparation de cette perte ou de ce dommage, l'Entrepreneur doit délivrer un avis supplémentaire au Maître de l'ouvrage et a droit conformément à la Sous-clause 20.1 [*Réclamations de l'Entrepreneur*] :

(a) à une prolongation du délai pour tout retard de ce type, si l'achèvement est ou sera retardé selon la Sous-clause 8.4 [*Prolongation du Délai d'achèvement*] et

(b) au paiement de ces Coûts qui seront ajoutés au Prix contractuel.

Après réception de cet avis supplémentaire, le Maître de l'ouvrage doit procéder conformément à la Sous-clause 3.5 [*Constatations*] pour convenir ou constater ces questions.

在照管职责按上述规定移交给业主后,承包商仍应对在接收证书上注明日期时的任何扫尾工作承担照管职责,直到该扫尾工作完成为止。

如果在承包商负责照管期间,由于第17.3款[业主的风险]中所列风险以外的原因,致使工程、货物或承包商文件发生任何损失或损害,承包商应自行承担风险和费用,修正该项损失或损害,使工程、货物和承包商文件符合合同要求。

承包商应对颁发接收证书后由其采取的任何行动造成的任何损失或损害负责。承包商还应对颁发接收证书后发生的,由承包商负责的以前的事件引起的任何损失或损害负责。

17.3 业主的风险

下述第17.4款谈到的风险是指:
(a)战争、敌对行动(不论宣战与否)、入侵、外敌行动;
(b)工程所在国国内的叛乱、恐怖主义、革命、暴动、军事政变或篡夺政权、内战;
(c)承包商人员及承包商和分包商的其他雇员以外的人员在工程所在国内的骚动、喧闹或混乱;
(d)工程所在国内的战争军火、爆炸物资、电离辐射或放射性引起的污染,但可能由承包商使用此类军火、炸药、辐射或放射性引起的除外;
(e)由音速或超音速飞行的飞机或飞行装置所产生的压力波。

17.4 业主风险的后果

如果上述第17.3款列举的任何风险达到对工程、货物及承包商文件造成损失或损害的程度,承包商应立即通知业主,并应按业主要求,修正此类损失或损害。

如果因修正此类损失或损害使承包商遭受延误和(或)招致增加费用,承包商应进一步通知业主,有权根据第20.1款[承包商的索赔]的规定,提出如下要求:

(a)根据第8.4款[竣工期限的延长]的规定,如竣工已或将受到延误,对任何此类延误给予延长期;
(b)任何此类费用,应加入合同价格,给予支付。

业主收到此类进一步通知后,应按照第3.5款[确定]的要求,对这些事项进行商定或确定。

17.5 Droits de propriété intellectuelle et industrielle

Dans cette Sous-clause, "violation" signifie une violation (ou violation alléguée) des brevets, des dessins et modèles déposés, des droits d'auteur, marques de fabrique, des appellations commerciales, des secrets de fabrication ou autres droits de propriété intellectuelle ou industrielle relatifs aux Travaux; et "réclamation" signifie une réclamation (ou poursuite judiciaire de la réclamation) alléguant une violation.

Lorsqu'une Partie n'avise pas l'autre Partie d'une réclamation dans un délai de 28 jours après la réception de la réclamation, la première Partie sera considérée comme ayant renoncé aux droits à indemnisation selon cette Sous-clause.

Le Maître de l'ouvrage doit indemniser et dédommager l'Entrepreneur contre et de toute réclamation alléguant une violation qui est ou était :

(a) le résultat inévitable de la conformité aux Exigences du Maître de l'ouvrage, ou

(b) le résultat de l'utilisation des Travaux par le Maître de l'ouvrage :

    (i) dans un but autre que celui indiqué dans le Contrat ou qui peuvent être raisonnablement inférés du Contrat, ou

    (ii) en combinaison avec une chose non livrée par l'Entrepreneur, à moins qu'une telle utilisation n'ait été notifiée à l'Entrepreneur avant la Date de référence ou convenue contractuellement.

L'Entrepreneur doit indemniser et dédommager le Maître de l'ouvrage contre et de toute autre réclamation qui s'élève de, ou est en relation avec :

    (i) la conception, la fabrication, la construction ou l'exécution des Travaux par l'Entrepreneur;

    (ii) de l'utilisation de l'Equipement de l'Entrepreneur, ou

    (iii) de l'utilisation adéquate des Travaux.

Si une Partie a le droit d'être indemnisée selon cette Sous-clause, la Parie qui indemnise peut (à ses propres coûts) mener des négociations en vue d'un règlement relatif à la réclamation et toute procédure judiciaire ou arbitrale qui peut en résulter. L'autre Partie doit, sur demande et aux coûts de la Partie qui indemnise, prêter son assistance en contestant la réclamation. Cette autre Parie (et son Personnel) ne doit pas faire des aveux qui pourraient être préjudiciables à la Partie qui indemnise, à moins que celle-ci se soit montrée défaillante dans la conduite des négociations, de la procédure judiciaire ou arbitrale alors que l'autre Partie le lui a demandé.

17.6 Limitation de la responsabilité

Aucune des Parties ne sera responsable envers l'autre Partie pour une perte de l'usage de tous Travaux, perte de profits, perte d'un contrat ou perte ou dommage indirect ou consécutif qui ont pu être subis par l'autre Partie en relation avec le Contrat, autrement que selon la Sous-clause 16.4 [*Paiement après résiliation*] et la Sous-clause 17.1 [*Indemnités*].

17.5 知识产权和工业产权

在本款中,"侵权"是指侵犯(或被指侵犯)与工程有关的任何专利权、已登记的设计、版权、商标、商号商品名称、商业机密或其他知识产权或工业产权;"索赔"是指指称一项侵权的索赔(或为索赔进行的诉讼)。

当一方未能在收到任何索赔28天内,向另一方发出关于索赔的通知时,该方应被认为已放弃根据本款规定的任何受保障的权利。

业主应保障并保持承包商免受因以下情况提出的指称侵权的任何索赔引起的损害:

(a)因承包商遵从业主的要求,而造成的不可避免的结果;
(b)因业主为以下原因使用任何工程的结果:
　　(ⅰ)为了合同中指明的或根据合同可合理推断的事项以外的目的;

　　(ⅱ)与非承包商提供的任何物品联合使用,除非此项使用已在基准日期前向承包商透露,或在合同中有规定。

承包商应补偿和赔偿业主免受由以下事项产生或与之有关的任何其他索赔引起的损害:

　　(ⅰ)承包商的工程设计、制造、施工或实施;

　　(ⅱ)承包商设备的使用;
　　(ⅲ)工程的正确使用。

如果一方根据本款规定有权受保障,补偿方(由其承担费用)可组织解决索赔的谈判,以及可能由其引起的任何诉讼或仲裁。在补偿方请求并承担费用的情况下,另一方应协助争辩该索赔。此另一方(及其人员)不应做出可能损害补偿方的任何承认,除非补偿方未能在该另一方请求下,接办组织任何谈判、诉讼或仲裁事宜。

17.6 责任限度

除根据第16.4款[终止时的付款]和第17.1款[赔偿]的规定外,任何一方不应对另一方使用任何工程中的损失、利润损失、任何合同的损失,或对另一方可能遭受的与合同有关的任何间接的或引发的损失或损害负责。

L'entière responsabilité de l'Entrepreneur envers le Maître de l'ouvrage selon ou en relation avec le Contrat, autre que selon la Sous-clause 4.19 [*Electricité, Eau et Gaz*], la Sous-clause 4.20 [*Equipement du Maître de l'ouvrage et matériaux gratuitement mis à disposition*], la Sous-clause 17.1 [*Indemnités*] et la Sous-clause 17.5 [*Droits de propriété intellectuelle et industrielle*] ne doit pas excéder la somme fixée dans les Conditions Particulières ou (si aucune somme n'y est fixée) le Prix contractuel fixé dans l'Accord contractuel.

Cette Sous-clause ne doit pas limiter la responsabilité en cas de fraude, de vice intentionnel ou de conduite fortement négligente de la Partie en faute.

除根据第4.19款[电、水和燃气]第4.20款[业主的设备和免费供应的材料]、第17.1款[赔偿]和第17.5款[知识产权和工业产权]的规定外,承包商应根据有关合同对业主的全部责任不应超过专用条件中规定的总额,或合同协议书中规定的合同价格(如果没有规定该总额)。

本款不应限制违约方的欺骗、有意违约或轻率的不当行为等任何情况的责任。

18 Assurance

18.1　Exigences générales relatives aux assurances

Dans cette Clause la "Partie qui assure" signifie pour chaque type d'assurance, la Partie responsable de la souscription et du maintien de l'assurance spécifiée dans la Sous-clause pertinente.

Lorsque l'Entrepreneur est la Partie qui assure, chaque assurance sera souscrite auprès d'assureurs et dans les conditions approuvées par le Maître de l'ouvrage. Ces conditions seront compatibles avec les conditions approuvées par les deux Parties avant qu'elles ne signent l'Accord contractuel. Cet accord sur les conditions prévaudra sur les dispositions de cette Clause.

Lorsque le Maître de l'ouvrage est la Partie qui assure, chaque assurance sera souscrite auprès d'assureurs et dans des conditions compatibles avec les détails annexés aux Conditions Particulières.

Si une police est exigée pour indemniser des co-assurés, la couverture doit être appliquée à chaque assuré séparément comme si une police séparée avait été délivrée pour chacun des co-assurés. Si une police indemnise un co-assuré supplémentaire, à savoir en plus de l'assuré spécifié dans cette clause, (i) l'Entrepreneur doit agir selon la police pour le compte de ces co-assurés supplémentaires sauf que le Maître de l'ouvrage doit agir pour son propre Personnel, (ii) les co-assurés supplémentaires n'ont pas le droit de recevoir directement les paiements de l'assureur ou d'avoir d'autres relations directes avec l'assureur, et (iii) la Partie qui assure doit exiger de tous les co-assurés supplémentaires le respect des conditions stipulées dans la police.

Chaque police assurant contre la perte ou les dommages doit disposer que les paiements seront effectués dans les devises exigées pour réparer la perte ou le dommage. Les paiements provenant des assureurs doivent être utilisés pour la réparation de la perte ou du dommage.

La Partie qui assure doit présenter à l'autre Partie, pendant les périodes respectives mentionnées dans les Conditions Particulières (calculées à compter de la Date de commencement) :

(a) la preuve que les assurances décrites dans cette Clause ont été souscrites, et
(b) les copies des polices d'assurance décrites dans la Sous-clause 18.2 [*Assurance des Travaux et de l'Equipement de l'Entrepreneur*] et la Sous-clause 18.3 [*Assurance contre les atteintes aux personnes et les dommages à la propriété*].

Lorsque chaque prime est payée, la Partie qui assure doit présenter la preuve du paiement à l'autre Partie.

Chaque Partie doit respecter les conditions stipulées dans chacune des polices d'assurance. La Partie qui assure doit garder les assureurs informés de tout changement pertinent dans l'exécution des Travaux et faire en sorte que l'assurance soit maintenue conformément à cette Clause.

Aucune Partie ne pourra faire de modifications matérielles des conditions de l'assurance sans le consentement préalable de l'autre Partie. Si un assureur fait ou (tente de faire) des modifications, la Partie avertie en premier par l'assureur doit immédiatement en aviser l'autre Partie.

18 保 险

18.1 有关保险的一般要求

在本条中,对于每种类型的保险,"应投保方"是指对办理并保持相关条款中规定的保险负有责任的一方。

当承包商是应投保方时,应按照业主批准的条件向保险人办理每项保险。这些条件应与双方在签订合同协议书前协商同意的任何条件相一致。这一条件协议的地位应优先于本条各项规定。

当业主是应投保方时,应按照与专用条件所附的详细内容相一致的条件,向保险人办理每项保险。

如果保险单需要对联合被保人提供保障,保险赔偿应如同已向联合被保人的每一方发出单独保险单一样,对每个被保人分别施用。如果保险单对附加联合被保人提供保障,即在本条规定的被保人之外附加,则:(ⅰ)除业主应代表业主人员行动外,承包商应代表这些附加联合被保人根据保险单行动;(ⅱ)附加联合被保人无权从保险人处直接得到付款,或与保险人有其他直接往来;(ⅲ)应投保方应要求所有附加联合被保人遵守保险单规定的条件。

每份承保损失或损害的保险单应以修正损失或损害需要的货币进行赔偿。从保险人处收到的付款应用于修正损失或损害。

有关应投保方应在专业条件中规定的各自期限内(从开工日期算起),向另一方提交如下材料:
(a)本条中所述保险已经生效的证据;
(b)第18.2款[工程和承包商设备的保险]及第18.3款[人身伤害和财产损害险]所述保险的保险单副本。

当每项保险费已付时,应投保方应向另一方提供支付证据。

每方应遵守每份保险单规定的条件。应投保方应保持使保险人随时了解工程实施中的任何相关变化,并确保按照本条要求维持保险。

没有得到另一方的事先批准,任一方都不应对任何保险的条件做出实质性变动。如果保险人做出(或要做出)任何变动,首先收到保险人通知的一方应立即通知另一方。

Si la Partie qui assure ne souscrit ou ne maintient pas les effets d'une des assurances qu'il doit souscrire et maintenir en vertu du Contrat, ou ne met pas à disposition les preuves satisfaisantes et les copies des polices conformément à cette Sous-clause, l'autre Partie peut souscrire (selon son choix et sans préjudice des autres droits ou recours) une assurance pour la couverture pertinente et payer les primes dues. La Parie qui assure doit reverser le montant de ces primes à l'autre Partie et le Prix contractuel sera ajusté en conséquence.

Rien dans cette Clause ne limite les obligations et les responsabilités de l'Entrepreneur ou du Maître de l'ouvrage, conformément aux autres dispositions du Contrat ou autre. Les montants non assurés ou non remboursés par les assureurs seront supportés par l'Entrepreneur et/ou le Maître de l'ouvrage conformément à ces obligations et responsabilités. Toutefois, si la Partie qui assure ne souscrit et ne maintient pas les effets de l'assurance qui est disponible et qu'elle doit souscrire et maintenir selon le Contrat, et que l'autre Partie ni n'approuve l'omission et ni ne souscrit une assurance pour la couverture pertinente de ce défaut, toute somme qui aurait été recouvrable selon cette Clause sera payée par la Partie qui assure.

Les paiements faits par une Partie à l'autre Partie dépendront de la Sous-clause 2.5 [*Réclamations du Maître de l'ouvrage*] ou de la Sous-clause 20.1 [*Réclamations de l'Entrepreneur*], selon ce qui est applicable.

18.2 Assurance des travaux et de l'Equipement de l'Entrepreneur

La Partie qui assure doit assurer les Travaux, les Installations industrielles, les Matériaux, et les Documents de l'Entrepreneur pour un montant qui ne peut être inférieur aux coûts de remplacement intégral y compris les coûts de démolition, d'enlèvement des débris et des taxes et profits professionnels. Cette assurance doit être effective à partir de la date à laquelle la preuve doit être présentée selon le sous-paragraphe (a) de la Sous-clause 18.1 [*Exigences générales relatives aux assurances*], jusqu'à la date de délivrance du Certificat de réception des Travaux.

La Partie qui assure doit maintenir cette assurance pour couvrir jusqu'à la date de délivrance du Certificat d'exécution, la perte ou le dommage dont l'Entrepreneur est responsable, résultant d'une cause survenue avant la délivrance du Certificat de réception, et la perte ou le dommage causé(e) par l'Entrepreneur ou les Sous-traitants au cours d'autres opérations (y compris celles de la Clause 11 [*La Responsabilité pour vices*] et de la Clause 12 [*Tests après achèvement*]).

La Partie qui assure doit assurer l'Equipement de l'Entrepreneur pour un montant qui ne peut être inférieur aux coûts de remplacement intégral, y compris la livraison sur le Chantier. Pour chaque élément de l'Equipement de l'Entrepreneur, l'assurance doit être effective pendant le transport sur le Chantier et jusqu'à ce qu'il ne soit plus nécessaire comme Equipement de l'Entrepreneur.

A moins que les Conditions Particulières n'en disposent autrement, les assurances de cette Sous-clause:

  (a) doivent être souscrites et maintenues par l'Entrepreneur, en tant que Partie qui assure;
  (b) doivent être souscrites au nom des deux Paries, qui seront autorisées conjointement à recevoir les paiements des assureurs, paiements qui sont retenus ou affectés par les Parties à l'unique objectif de réparer la perte ou le dommage;

如果应投保方对合同要求办理并维持的任何保险未按要求办好并保持有效，或未能按本款要求提供满意的证据和保险单的副本，另一方可以（由其选择，并在不影响任何其他权利或补偿的情况下）办理该保险范围的保险，并付应交的保险费。应投保方应向另一方支付这些保险费，并相应调整合同价格。

本条规定不限制合同其余条款或其他文件所规定的承包商或业主的义务、责任或职责。任何未保险或未能从保险人处收回的款项，应由承包商和（或）业主按照这些义务、责任或职责的规定承担。但是，如果应投保方对于能做到的并在合同中规定要办理并保持的某项保险，未能按要求办好并保持有效，而另一方既没有认可这项省略，又没有办理与此项违约有关的保险范围的保险，则根据此项保险应能收回的任何款额应由应投保方支付。

一方向另一方的支付，应按适用情况，根据第2.5款[业主的索赔]或第20.1款[承包商的索赔]的规定办理。

18.2 工程和承包商设备的保险

应投保方应为工程、生产设备、材料和承包商文件投保，保险额不低于全部复原费用，包括拆除、运走废弃物的费用以及专业费用和利润。该保险应从第18.1款[有关保险的一般要求]（a）项规定的提交证据的日期起，至颁发工程接收证书的日期止保持有效。

应投保方应维持该保险在直到颁发履约证书的日期为止的期间继续有效，以便对承包商应负责的，由颁发接收证书前发生的某项原因引起的损失或损害，以及由承包商或分包商在任何其他作业（包括根据第11条[缺陷责任]和第12条[竣工后试验]规定的作业）过程中造成的损失或损害，提供保险。

应投保方应对承包商设备投保，保险金额不低于全部重置价值，包括运至现场的费用。对承包商的每项设备，该保险都应在该设备运往现场的过程起，直到其不再需要作为承包商设备为止的期间保持有效。

除非在专用条件中另有规定，本款规定的各项保险：

(a) 应由承包商作为应投保方办理和维持；
(b) 应由共同有权从保险人处得到赔偿的各方联名投保，保险赔偿金在各方间保有或分配，唯一用于修正损失或损害；

(c) doivent couvrir toute perte et dommage résultant d'une cause non mentionnée dans la Sous-clause 17.3 [*Risques du Maître de l'ouvrage*] ;

(d) doivent également couvrir les pertes et dommages résultant des risques énumérés dans le sous-paragraphe (c) de la Sous-clause 17.3 [*Risques du Maître de l'ouvrage*], avec une franchise par évènement limitée au montant fixé dans les Conditions Particulières (si aucun montant n'y est fixé, ce sous paragraphe (d) ne s'appliquera pas), et

(e) peuvent toutefois exclure les pertes, les dommages, et les réintégrations :

(i) d'une partie des Travaux se trouvant dans un état défectueux dû à un défaut dans sa conception, dans les matériaux ou dans la qualité de son exécution (mais la couverture doit inclure les autres parties qui sont perdues ou endommagées en conséquence directe de cet état défectueux et non tel que mentionné dans le sous-paragraphe (ii) ci-dessous) ;

(ii) d'une partie des Travaux qui est perdue ou endommagée afin de rétablir une autre partie des Travaux si cette autre partie se trouve dans un état défectueux dû à un défaut de conception, de matériaux ou de l'exécution ;

(iii) d'une partie des Travaux qui a été réceptionnée par le Maître de l'ouvrage, excepté dans la mesure où l'Entrepreneur est responsable pour la perte ou le dommage, et

(iv) les Marchandises, pendant le temps où elles ne se trouvent pas dans le Pays, conformément à la Sous-clause 14.5 [*Installations industrielles et Matériaux envisagés pour les Travaux*].

Si, plus d'un an après la Date de référence, la couverture décrite dan le sous-paragraphe (d) ci-dessus cesse d'être disponible dans des conditions commerciales raisonnables, l'Entrepreneur (en tant que Partie qui assure) doit en informer en détail le Maître de l'ouvrage. Le Maître de l'ouvrage a ensuite (i) droit conformément à la Sous-clause 2.5 [*Réclamations du Maître de l'ouvrage*] au paiement d'une somme équivalent à ces conditions commerciales raisonnables, somme que l'Entrepreneur aurait dû envisager de payer pour cette couverture, et (ii) sera considéré, à moins qu'il n'obtienne la couverture à des conditions commerciales raisonnables, avoir approuvé l'omission conformément à la Sous-clause 18.1 [*Exigences générales relatives des assurances*].

18.3 Assurance contre les atteintes aux personnes et les dommages à la propriété

La Parie qui assure s'assurer contre la responsabilité de chaque Partie pour la perte, les dommages, le décès ou atteintes corporelles qui peuvent survenir à tout bien (excepté les choses assurées conformément à la Sous-clause 18.2 [*Assurance des Travaux et de l'Equipement de l'Entrepreneur*] ou à toute personne (excepté les personnes assurées conformément à la Sous-clause 18.4 [*Assurance Pour le Personnel de l'Entrepreneur*]), qui peuvent naître de l'exécution du Contrat par l'Entrepreneur et survenir avant la délivrance du Certificat d'exécution.

Cette assurance doit être limitée par évènement pour un montant qui ne peut être inférieur à celui mentionné dans les Conditions Particulières, et elle ne doit pas contenir de limitation quant au nombre d'évènements. Si aucun montant n'a été fixé dans le Contrat, cette Sous-clause ne s'appliquera pas.

(c)应对未列入第17.3款[业主的风险]列举的任何原因造成的所有损失和损害提供保险;

(d)还应对因第17.3款[业主的风险](c)项中列举的风险造成的损失或损害提供保险,每次事件的免赔额不应超过专用条件中规定的数额(如果没有规定此数额,本项应不适用);

(e)但可以不包括下列部分的损失、损害及复原:
(ⅰ)由于其自身的设计、材料或工艺缺陷造成的处于有缺陷状况的工程部分(但保险应包括不属于下述第(ⅱ)项情况的,由上述有缺陷状况直接造成损失或损害的任何其他部分);

(ⅱ)为复原因设计、材料或工艺缺陷造成的其他处于有缺陷状况的工程部分,而遭受损失或损害的某一工程部分;

(ⅲ)业主已经接收的工程部分,但承包商对其损失或损害应负责任的除外;

(ⅳ)根据第14.5款[拟用于工程的生产设备和材料]的规定,不在工程所在国的货物。

如果在基准日期后一年以上,上述(d)项所述保险不能在合理的商务条件下继续投保,承包商(作为应投保方)应通知业主,并附详细说明。这时,业主有权:(ⅰ)根据第2.5款[业主的索赔]的规定,获得等同于承包商在该合理商务条件下,为该类保险预期要支付的款额;(ⅱ)除非业主在商务合理条件下获得该保险,否则被认为已根据第18.1款[有关保险的一般要求]的规定,批准了此项省略。

18.3 人身伤害和财产损害险

应投保方应为可能由承包商履行合同引起,并在履约证书颁发前发生的,任何物质财产(根据第18.2款[工程和承包商设备的保险]规定被保的物品除外)的任何损失或损害,或任何人员(根据第18.4款[承包商人员的保险]规定被保的人员除外)的任何死亡或伤害,办理每方责任险。

此类保险,对发生每次事件的保险金限额应不低于专用条件中规定的数额,事件发生次数不限。如果合同没有规定数额,本款应不适用。

A moins que les Conditions Particulières n'en disposent autrement, les assurances spécifiées dans cette Sous-clause:

(a) seront souscrites et maintenues par l'Entrepreneur en tant que Partie qui assure;

(b) doivent être souscrites au nom des deux Parties;

(c) doivent être étendues pour couvrir la responsabilité pour toutes les pertes et tous les dommages affectant la propriété du Maître de l'ouvrage (à l'exception des choses assurées dans la Sous-clause 18.2) provenant de l'exécution du Contrat par l'Entrepreneur, et

(d) peuvent toutefois exclure la responsabilité dans la mesure où elle résulte:

   (i) du droit du Maître de l'ouvrage de voir l'ouvrage exécuté sur, au-dessus, sous, dans ou à travers un terrain et d'occuper ce terrain pour les Travaux définitifs;

   (ii) du dommage qui est le résultat inévitable des obligations de l'Entrepreneur d'exécuter les Travaux et de supprimer les vices, et

   (iii) d'une cause mentionnée dans la Sous-clause 17.3 [*Risque du Maître de l'ouvrage*] excepté dans la mesure où la couverture est disponible à des conditions commerciales raisonnables.

18.4 Assurance pour le Personnel de l'Entrepreneur

L'Entrepreneur doit souscrire et maintenir l'assurance responsabilité pour les réclamations, les dommages et intérêts, les pertes et les dépenses (y compris dépenses et frais légaux) résultant des atteintes corporelles, de la maladie ou du décès de toute personne employée par l'Entrepreneur ou d'un membre du Personnel de l'Entrepreneur.

Le Maître de l'ouvrage doit également être indemnisé en vertu de la police d'assurance, sauf que cette assurance peut exclure les pertes et les réclamations dans la mesure où elles résultent d'un acte ou d'une négligence du Maître de l'ouvrage ou de son Personnel.

La validité et l'efficacité de l'assurance doivent être maintenues pendant toute la période où ce personnel participe à l'exécution des Travaux. Pour les employés d'un Sous-traitant, l'assurance peut être souscrite par le Sous-traitant, toutefois l'Entrepreneur est responsable de sa conformité avec cette Clause.

除非在专用条件中另有规定,本款规定的各项保险包括:

(a)应由承包商作为应投保方办理和维持;
(b)应以各方联合名义投保;
(c)保险范围应扩展到因承包商履行合同引起的对业主财产(根据第18.2款规定被保的物品除外)的所有损失或损害的责任;

(d)可以不包括由以下事项引起的责任:
　(i)业主在任何土地上面、上方、下面、范围内,或穿过它实施永久工程,以及为了永久工程占用该土地的权利;
　(ii)由承包商实施工程和修补任何缺陷的义务造成的不可避免的损害;
　(iii)第17.3款[业主的风险]列举的某项原因,但可以按合理的商务条件得到保险的范围除外。

18.4　承包商人员的保险

承包商应对承包商雇用的任何人员或任何其他承包商人员的伤害、患病、疾病或死亡引起的索赔、损害赔偿费、损失或开支(包括法律费用和开支)的责任办理并维持保险。

除该保险可不包括由业主或业主人员的任何行为或疏忽引起的损失和索赔的情况以外,业主也应由该项保险单得到保障。

此类保险应在这些人员参加工程实施的整个期间保持全面实施和有效。对于分包商的雇员,此类保险可以由分包商投保,但承包商应对其符合本条规定负责。

19 Force majeure

19.1 Définition de la Force majeure

Dans cette Clause, "Force majeure" désigne un évènement ou une circonstance exceptionnel(le):
- (a) qui échappe au contrôle d'une des Parties;
- (b) que cette Partie n'a pas pu raisonnablement prévoir avant de conclure le Contrat;
- (c) qui, étant survenu, n'aurait raisonnablement pas pu être évité ou surmonté par cette Partie, et
- (d) qui n'est pas substantiellement imputable à l'autre Partie.

La Force majeure peut inclure-sans pourtant y être limitée-des évènements et circonstances exceptionnels tels que ceux cités ci-dessous, aussi longtemps que les exigences (a) à (d) ci-dessus sont réunies:
- (i) guerre, hostilités (avec ou sans déclaration de guerre), invasion, acte d'ennemis étrangers;
- (ii) rébellion, terrorisme, révolution, insurrection, putsch militaire ou usurpation de pouvoir, ou guerre civile;
- (iii) émeute, agitation, désordre, grève ou lock-out de personnes autres que le Personnel de l'Entrepreneur ou des autres employés de l'Entrepreneur ou des Sous-traitants;
- (iv) munitions de guerre, matériaux explosifs, radiation ionisante ou contamination par la radioactivité, sauf si elle peut être imputable à l'utilisation par l'Entrepreneur de telles munitions, explosifs, radiation ou radioactivité, et
- (v) catastrophes naturelles telles que tremblement de terre, cyclone, typhon ou activité volcanique.

19.2 Avis de Force majeure

Si une Partie est ou sera empêchée d'exécuter ses obligations découlant du Contrat à cause de la Force Majeure, elle doit alors aviser l'autre Partie de l'évènement ou de la circonstance constituant la Force Majeure et doit spécifier les obligations dont l'exécution est ou sera empêchée. L'Avis doit être transmis dans un délai de 14 jours après que la Partie ait eu connaissance, ou aurait dû avoir connaissance de l'évènement ou de la circonstance qui constitue la Force Majeure.

La Partie, après avoir donné l'avis, sera exonérée de l'exécution de ses obligations pour la durée pendant laquelle la Force Majeur l'empêche de pouvoir exécuter ses obligations.

Nonobstant toute autre disposition de cette Clause, la Force Majeure ne doit pas s'appliquer aux obligations de paiement d'une Partie à l'autre selon le Contrat.

19.3 Devoir de minimiser le retard

Chaque Partie doit toujours faire tous les efforts raisonnables pour minimiser les retards dus à la Force Majeure lors de l'exécution du Contrat.

19 不可抗力

19.1 不可抗力的定义

在本条中,"不可抗力"系指某种异常的事件或情况,包括:
(a)一方无法控制的;
(b)该方在签订合同前,不能对之进行合理准备的;
(c)发生后,该方不能合理避免或克服的;
(d)不能主要归因于他方的。

只要满足上述(a)~(d)项条件,不可抗力可以包括但不限于下列各种异常事件或情况:

(ⅰ)战争、敌对行动(不论宣战与否)、入侵、外敌行为;
(ⅱ)叛乱、恐怖主义、革命、暴动、军事政变或篡夺政权、内战;
(ⅲ)承包商人员和承包商及其分包商其他雇员以外的人员的骚动、喧闹、混乱、罢工或停工;
(ⅳ)战争军火、爆炸物资、电离辐射或放射性污染,但可能因承包商使用此类军火、炸药、辐射或放射性引起的除外;

(ⅴ)自然灾害,如地震、飓风、台风、火山活动。

19.2 不可抗力的通知

如果一方因不可抗力使其履行合同规定的任何义务已或将受到阻碍,应向他方发出关于构成不可抗力的事件或情况的通知,并应明确说明履行已或将受到阻碍的各项义务。此项通知应在该方察觉或已察觉到构成不可抗力的有关事件或情况后14天内发出。

发出通知后,该方应在该不可抗力阻碍其履行义务期内免于履行该义务。

不管本条的其他任何规定,不可抗力的规定不应施用于任一方根据合同向另一方支付的义务。

19.3 将延误减至最小的义务

每方都应始终尽所有合理的努力,使不可抗力对履行合同造成的任何延误减至最小。

Une Partie doit informer l'autre Partie lorsqu'elle cesse d'être affectée par la Force Majeure.

19.4 Conséquences de la Force majeure

Si l'Entrepreneur est empêché d'exécuter une de ses obligations du Contrat à cause de la Force majeure, laquelle a été notifiée selon la Sous-clause 19.2 [*Avis de Force majeure*], et qu'il subit un retard ou/et des Coûts en raison de ladite Force Majeure, l'Entrepreneur doit avoir droit conformément à la Sous-clause 20.1 [*Réclamations de l'Entrepreneur*] à :

(a) une prolongation du délai pour tout retard de ce type, si l'achèvement est ou sera retardé, conformément à la Sous-clause 8.4 [*Prolongation du Délai d'achèvement*], et

(b) si l'événement ou la circonstance est de la sorte décrite dans les sous-paragraphes (i) à (iv) de la Sous-clause 19.1 [*Définition de la Force majeure*] et, dans l'hypothèse des sous-paragraphes (ii) à (iv), survient dans le Pays, au paiement de ces Coûts.

Après réception de cet avis, le Maître de l'ouvrage doit procéder conformément à la Sous-clause 3.5 [*Constatations*] pour convenir ou constater ces questions.

19.5 Force majeure affectant les Sous-traitants

Si un Sous-traitant a droit selon un contrat ou un accord relatif aux Travaux à une exonération en raison de la force majeure selon des conditions supplémentaires ou plus larges que celles spécifiées dans cette Clause, alors ces circonstances ou événements supplémentaires ou plus larges de la force majeure ne doivent pas exonérer l'Entrepreneur pour la non-exécution ou lui donner droit à exonération selon cette Clause.

19.6 Résiliation optionnelle, paiement et libération

Si, en raison de la Force Majeure qui a été notifiée selon la Sous-clause 19.2 [*Avis de Force majeure*], l'exécution de la majeure partie des Travaux en cours est empêchée pour une période continue de 84 jours ou pour plusieurs périodes qui ensemble s'élèvent à plus de 140 jours en raison d'une même Force Majeure, alors chacune des Parties peut donner à l'autre Partie un avis de résiliation du Contrat. Dans cette hypothèse, la résiliation doit prendre effet 7 jours après l'envoi de l'avis, et l'Entrepreneur doit procéder conformément à la Sous-clause 16.3 [*Cessation des Travaux et enlèvement de l'Equipement de l'Entrepreneur*].

Dans l'hypothèse d'une telle résiliation, le Maître de l'ouvrage doit payer à l'Entrepreneur :

(a) les sommes dues pour les travaux exécutés et pour lesquelles le Contrat précise le prix ;

(b) les Coûts des Installations industrielles et des Matériaux commandés pour les Travaux qui ont été livrés à l'Entrepreneur, ou dont l'Entrepreneur est susceptible d'accepter la livraison : ces Installations industrielles et ces Matériaux deviendront la propriété (et seront aux risques) du Maître de l'ouvrage aussitôt qu'ils sont payés par lui, et l'Entrepreneur doit les mettre à la disposition du Maître de l'ouvrage ;

(c) tous les autres Coûts ou responsabilités, que l'Entrepreneur a pu dans ces circonstances supporter de manière raisonnable dans l'attente de l'achèvement des Travaux ;

当一方不再受不可抗力影响时,应向另一方发出通知。

19.4 不可抗力的后果

如果承包商因已根据第19.2款[不可抗力的通知]的规定发出通知的不可抗力,妨碍其履行合同规定的任何义务,使其遭受延误和(或)招致增加费用,承包商应有权根据第20.1款[承包商的索赔]的规定,提出如下要求:

(a) 根据第8.4款[竣工期限的延长]的规定,如果竣工已或将受到延误,对任何此类延误给予延长期;

(b) 如果是第19.1款[不可抗力的定义]中第(ⅰ)~(ⅳ)所述的事件或情况,且第(ⅱ)~(ⅵ)所述事件或情况发生在工程所在国,对任何此类费用给予支付。

业主收到此通知后,应按照第3.5款[确定]的要求,对这些事项进行商定或确定。

19.5 影响分包商的不可抗力

如果任何分包商根据有关工程的任何合同或协议,有权因较本条规定更多或更广范围的不可抗力免除其某些义务,此类更多或更广的不可抗力事件或情况,不应成为承包商不履约的借口,或有权根据本条规定免除其义务。

19.6 自主选择终止、支付和解除

如果因已根据第19.2款[不可抗力的通知]的规定发出通知的不可抗力,使基本上全部进展中的工程实施受到阻碍已连续84天,或由于同一通知的不可抗力断续阻碍几个期间累计超过140天,任一方可以向他方发出终止合同的通知。在此情况下,终止应在该通知发出7天后生效,承包商应按照第16.3款[停止工程和承包商设备的撤离]的规定进行。

在此类终止的情况下,业主应向承包商支付如下费用:

(a) 已完成的、合同中有价格规定的任何工作的应付金额;

(b) 为工程订购的、已交付给承包商或承包商有责任接受交付的生产设备和材料的费用;当业主支付上述费用后,此项生产设备与材料应成为业主的财产(风险也由其承担),承包商应将其交由业主处理;

(c) 在承包商原预期要完成工程的情况下,合理导致的任何其他费用或债务;

(d) les Coûts de l'enlèvement des Travaux provisoires et de l'Equipement de l'Entrepreneur du Chantier et le retour de ces éléments dans les locaux de l'Entrepreneur dans son Pays (ou à toute autre destination, à un prix non supérieur) ; et

(e) les Coûts de rapatriement du personnel de l'Entrepreneur et de la main d'œuvre qui étaient employés exclusivement pour les Travaux à la date de la résiliation.

19.7 Impossibilité d'exécution selon la Loi

Nonobstant les autres dispositions de cette Clause, si un évènement ou une circonstance hors du contrôle des Parties (y compris, mais non limitée à, la Force Majeure) survient, qui rend impossible ou illégale pour une ou les deux Paries l'exécution d'une ou de plusieurs obligations contractuelles ou qui, selon le droit applicable au Contrat, autorise les Parties à se libérer de l'exécution future du Contrat, alors, par avis de l'une Partie à l'autre d'un tel évènement ou circonstance:

(a) les Parties doivent être libérées de l'exécution future, sans préjudice des droits des Parties relatifs à une violation précédente du Contrat, et

(b) la somme payable par le Maître de l'ouvrage à l'Entrepreneur doit être la même que celle qui aurait été payable selon la Sous-clause 19.6 [*Résiliation optionnelle, paiement et libération*] si le Contrat avait été résilié selon la Sous-clause 19.6.

(d) 将临时工程和承包商设备撤离现场，并运回承包商本国工作地点的费用（或运往任何其他目的地，但其费用不得超过）；

(e) 将终止日期时的完全为工程雇用的承包商的员工遣返回国的费用。

19.7　根据法律解除履约

不管本条的任何其他规定，如果发生各方不能控制的任何事件或情况（包括但不限于不可抗力），使任一方或双方完成其或其共同的合同义务成为不可能或非法，或根据管理合同的法律规定，各方有权解除进一步履行合同的义务，则根据任一方向他方就此类事件或情况发出的通知，包括：

(a) 双方应解除进一步履约的义务，并不影响任一方对过去任何违反合同事项的权利；

(b) 业主应支付给承包商的款额，应等于如已根据第19.6款［自主选择终止、支付和解除］的规定终止合同，按该款规定应予以支付的款额。

20 Réclamations, Litiges et Arbitrage

20.1 Réclamations de l'Entrepreneur

Si l'Entrepreneur considère qu'il a droit à une prolongation du Délai d'achèvement et/ou à un paiement supplémentaire, selon l'une des Clause de ces Conditions ou autrement en relation avec le Contrat, l'Entrepreneur doit aviser le Maître de l'ouvrage, en décrivant l'évènement ou la circonstance donnant lieu à la réclamation. L'avis doit être donné le plus tôt possible, et au plus tard 28 jours après que l'Entrepreneur ait pris ou aurait dû prendre connaissance de cet évènement ou de cette circonstance.

Si l'Entrepreneur n'avise pas le Maître de l'ouvrage de sa réclamation dans un délai de 28 jours, le Délai d'achèvement ne sera pas prolongé, l'Entrepreneur n'aura pas droit à un paiement supplémentaire, et le Maître de l'ouvrage sera libéré de toute responsabilité en relation avec la réclamation. Sinon, les dispositions suivantes de cette Sous-clause doivent être applicables.

L'Entrepreneur doit également soumettre tous les autres avis requis par le Contrat, et tous les détails pertinents en rapport avec la réclamation en ce qui concerne un tel évènement ou une telle circonstance.

L'Entrepreneur doit tenir toutes les notes contemporaines à un tel évènement ou une telle circonstance nécessaires pour justifier le bien-fondé de sa réclamation, ou bien sur le Chantier ou dans un autre endroit acceptable pour le Maître de l'ouvrage. Sans admettre sa responsabilité, le Maître de l'ouvrage peut, après avoir reçu un avis selon cette Sous-clause, contrôler la tenue de notes et/ou ordonner à l'Entrepreneur de tenir des notes contemporaines supplémentaires. L'Entrepreneur doit permettre au Maître de l'ouvrage de vérifier toutes ces notes, et doit en (si cela est ordonné) soumettre des copies au Maître de l'ouvrage.

Dans un délai de 42 jours après que l'Entrepreneur ait pris ou aurait dû avoir pris connaissance de l'évènement ou de la circonstance donnant lieu à la réclamation, ou pendant une période proposée par l'Entrepreneur et approuvée par le Maître de l'ouvrage, l'Entrepreneur doit envoyer au Maître de l'ouvrage une réclamation pleinement détaillée qui comporte toutes les précisions sur lesquelles se base cette réclamation et la prolongation du délai et/ou tout paiement supplémentaire réclamé. Si l'événement ou la circonstance donnant lieu à la réclamation produit un effet continu:

(a) cette réclamation complète et détaillée sera considérée comme provisoire;

(b) l'Entrepreneur doit envoyer d'autres réclamations provisoires à des intervalles mensuels, qui mentionnent le retard accumulé et/ou le moment réclamé, ainsi que tous les autres détails que le Maître de l'ouvrage peut raisonnablement exiger; et

(c) l'Entrepreneur doit envoyer une réclamation finale dans un délai de 28 jours après la fin des effets résultant de l'évènement ou de la circonstance ou pendant toute autre période proposée par l'Entrepreneur et approuvée par le Maître de l'ouvrage.

20 索赔、争端和仲裁

20.1 承包商的索赔

如果承包商认为,根据本条件任何条款或与合同有关的其他文件,其有权得到竣工期限的任何延长期和(或)任何追加付款,承包商应向业主发出通知,说明引起索赔的事件或情况。该通知应尽快在承包商察觉或应已察觉该事件或情况后 28 天内发出。

如果承包商未能在上述 28 天期限内发出索赔通知,则竣工时间不得延长,承包商应无权获得追加付款,而业主应免除有关该索赔的全部责任。如果承包商及时发出索赔通知,应适用本款以下规定。

承包商还应提交所有有关该事件或情况的合同要求的任何其他通知,以及支持索赔的详细资料。

承包商应在现场或业主认可的另外地点,保持用以证明任何索赔可能需要的此类同期记录。业主收到根据本款发出的任何通知后,未承认责任前,可检查记录保持情况,并可指示承包商保持进一步的同期记录。承包商应允许业主检查所有这些记录,并应向业主(若有指示要求)提供复印件。

在承包商觉察(或应已觉察)引起索赔的事件或情况后 42 天内,或在承包商可能建议并经业主认可的其他期限内,承包商应向业主递交一份充分详细的索赔报告,包括索赔的依据、要求延长的时间和(或)追加的付款的全部详细资料。如果引起索赔的事件或情况具有连续影响,则:

(a)上述充分详细的索赔报告应被视为中间的;
(b)承包商应按月向业主递交进一步的中间索赔报告,说明累计索赔的延误时间和(或)金额,以及业主可能合理要求的此类进一步详细资料;
(c)承包商应在引起索赔的事件或情况产生的影响结束后 28 天内,或在承包商可能建议并经业主认可的此类其他期限内,递交一份最终索赔报告。

· 151 ·

Dans un délai de 42 jours après la réception d'une réclamation ou de détails supplémentaires fondant une réclamation préalable, ou pendant toute autre période proposée par le Maître de l'ouvrage et approuvée par l'Entrepreneur, le Maître de l'ouvrage doit répondre avec des commentaires détaillés en approuvant ou désapprouvant. Il peut également exiger des détails supplémentaires, mais doit toutefois donner sa réponse sur le principe de cette réclamation dans ce délai.

Chaque paiement provisoire doit inclure les montants des réclamations pour lesquels des preuves raisonnables ont été fournies afin de prouver leur bien-fondé conformément aux dispositions pertinentes du Contrat. A moins et jusqu'à ce que les détails communiqués suffisent pour justifier le bien-fondé de l'intégralité de la réclamation, l'Entrepreneur n'aura droit qu'au paiement de la partie de la réclamation, dont il aura pu justifier le bien-fondé.

Le Maître de l'ouvrage doit procéder conformément à la Sous-clause 3.5 [*Constatations*] pour convenir ou constater (j) la prolongation (le cas échéant) du Délai d'achèvement (avant ou après son expiration) conformément à la Sous-clause 8.4 [*Prolongation du Délai d'achèvement*], et/ou (ji) le paiement supplémentaire (s'il y en a) auquel l'Entrepreneur a droit selon le Contrat.

Les exigences de cette Sous-clause s'ajoutent à celles de toute autre Sous-clause qui peut être applicable à la réclamation. Si l'Entrepreneur ne respecte pas cette Sous-clause ou une autre Sous-clause relative à toute réclamation, toute prolongation des délais et/ou un paiement supplémentaire doit prendre en compte la mesure (le cas échéant) dans laquelle la défaillance a empêché ou a compromis l'examen correct de la réclamation, à moins que la réclamation ne soit exclue en vertu du second paragraphe de cette Sous-clause.

20.2 Désignation du Bureau de conciliation

Les litiges seront tranchés par le Bureau de conciliation selon la Sous-clause 20.4 [*Obtention de la décision du Bureau de conciliation*]. Les Paries doivent conjointement désigner le Bureau de conciliation dans un délai de 28 jours après qu'une Partie a notifié à l'autre son intention de porter le litige devant le Bureau de conciliation conformément à la Sous-clause 20.4.

Le Bureau de conciliation doit comprendre, comme mentionné dans les Conditions Particulières, une ou trois personnes convenablement qualifiées(s) (les membres). Si aucun nombre n'est prévu et que les Parties n'ont pas trouvé un autre accord, le Bureau de conciliation comprendra trois personnes.

Si le Bureau de conciliation doit comprendre trois personnes chaque Partie doit présenter un membre à l'agrément de l'autre Partie. Les deux Parties doivent consulter ces membres et doivent s'accorder sur le troisième membre, qui doit agir en tant que président.

Toutefois si le Contrat comprend une liste de membres potentiels, les membres doivent être choisis parmi ceux de la liste, à l'exception des personnes qui ne peuvent ou ne veulent pas accepter la désignation au Bureau de conciliation.

L'accord entre les Parties et l'unique membre (le conciliateur) ou entre les Parties et chacun des trois membres doit inclure les Conditions Générales de la Convention de conciliation, contenues dans l'appendice de ces Conditions Générales, avec les modifications qui ont été convenues entre eux.

业主在收到索赔报告或对过去索赔的任何进一步证明资料后42天内,或在业主可能建议并经承包商认可的其他期限内,做出回应,表示批准或不批准并附具体意见。业主还可以要求任何必需的进一步的资料,但业主仍要在上述时间内对索赔的原则做出回应。

每次期中付款应包括已根据合同有关规定合理证明是有依据的对任何索赔的应付款额。除非并直到提供的详细资料足以证明索赔的全部要求是有依据的以前,承包商只有权得到索赔中已能证明是有依据的部分。

业主应按照第3.5款[确定]的要求,就以下事项商定或确定:(ⅰ)根据第8.4款[竣工时间的延长]的规定,应给予的竣工时间(其期满前或后)的延长期(如果有);(ⅱ)根据合同,承包商有权得到的追加付款(如果有)。

本款各项要求是对适用于索赔的任何其他条款的追加要求。如果承包商未能达到本款或有关任何索赔的其他条款的要求,除非该索赔根据本款第二段的规定被拒绝,否则对给予任何延长期和(或)追加付款,均应考虑承包商此项未达到要求对索赔的彻底调查造成阻碍或影响(如果有)的程度。

20.2 调解委员会的任命

争端应按照第20.4款[取得调解委员会的决定]的规定,由调解委员会调解。双方应在一方向另一方发出通知,提出按第20.4款将争端提交调解委员会的意向后28天内,联合任命一个调解委员会。

调解委员会应按专用条件中的规定,由具有适当资格的一名或三名人员(成员)组成。如果对委员人数没有规定,且双方没有另外协议,调解委员会应由三人组成。

如果调解委员会由三人组成,各方均应推荐一人,报另一方认可,双方应同这些成员协商,并商定第三名成员,此人应任命为主席。

但如果合同中包括有备选成员名单,除有人不能或不愿接受调解委员会的任命外,成员应从名单上的人员中选择。

双方与该唯一成员(调解人)或该三人成员的每个人间的协议书,应参考本通用条件附录的调解协议书一般条件,结合相互间商定的此类修订意见拟定。

Les conditions de la rémunération du membre unique ou de chacun des trois membres doivent être acceptées de façon mutuelle par les Parties lorsqu'elles acceptent les conditions de la désignation. Chaque Partie sera tenue au paiement de la moitié de la rémunération.

Si à un moment donné les Parties se mettent d'accord, elles peuvent désigner une ou des personnes convenablement qualifiées pour remplacer un ou plusieurs membres du Bureau de conciliation. A moins que les Parties n'en conviennent autrement, la désignation prendra effet si un membre refuse d'agir ou est incapable d'agir suite à un décès, à une incapacité, à une démission ou à la résiliation de sa désignation. Le remplaçant doit être désigné de la même façon que la personne remplacée a été nommée et acceptée tel que décrit dans cette Sous-clause.

Il peut être mis un terme à la désignation d'un membre par un accord mutuel des deux Parties, mais non par l'Entrepreneur ou le Maître de l'ouvrage agissant seul. A moins que les deux Parties n'en conviennent autrement, la désignation du Bureau de conciliation (incluant chaque membre) sera caduque lorsque le Bureau de conciliation aura donné sa décision concernant le litige qui a été porté devant lui conformément à la Sous-clause 20.4 [*Obtention de la décision du Bureau de conciliation*], à moins que d'autres litiges n'aient été soumis au Bureau de conciliation d'ici là selon la Sous-clause 20.4, auquel cas la date pertinente sera celle où le Bureau de conciliation aura également donné ses décisions concernant ces litiges.

20.3 Echec de la désignation du Bureau de Conciliation

Lorsque l'on est en présence de l'un des cas de figure suivants:

(a) les Parties ne se sont pas mises d'accord sur la désignation de l'unique membre du Bureau de conciliation avant la date mentionnée dans le 1ier paragraphe de la Sous-clause 20.2;

(b) une des Parties n'a pas désigné un membre (à l'agrément de l'autre Partie) du Bureau de conciliation constitué de trois personnes avant cette date;

(c) les Parties ne se sont pas mises d'accord sur la désignation du troisième membre (devant agir en tant que président) du Bureau de conciliation avant cette date, ou

(d) les Parties ne se sont pas mises d'accord sur la désignation d'une personne remplaçante dans un délai de 42 jours après la date à laquelle l'unique membre ou l'un des trois membres refuse d'agir ou est incapable d'agir à raison d'un décès, d'une incapacité, d'une démission ou de la résiliation de sa désignation.

alors l'entité ou la personne officielle chargé(e) de la désignation, nommé dans les Conditions Particulières doit, à la demande d'une des Parties ou des deux Parties et après une consultation adéquate des deux Parties, désigner ce membre du Bureau de conciliation. Cette désignation sera définitive et concluante. Chaque Partie sera tenue au règlement de la moitié de la rémunération de l'organe ou de la personne officielle chargé(e) de la désignation.

该唯一成员或三人成员中的每个人的报酬条件,应由双方在协商任命条件时共同商定。每方应负担上述报酬的一半。

如果经双方同意,他们可以在任何时候任命一位或几位有适当资格的人员,替代调解委员会的任何一位或几位成员。除非双方另有协议,否则在某一成员拒绝履行职责,或因其死亡、无行为能力、辞职或任命期满而不能履行职责时,上述替代任命即告生效。替代任命应按照本款所述对被替代人员在提名或商定时所需的同样方式进行。

对任何成员的任命,可以经过双方相互协议终止,但业主或承包商都不能单独采取行动。除非双方另有协议,否则对调解委员会(包括每位成员)的任命应在调解委员会已就根据第20.4[取得调解委员会的决定]款提交给它的争端做出决定时期满,如这时又有其他争端应根据第20.4款提交给调解委员会,在此情况下,相应的期满日期应是调解委员会对这些争端做出决定时。

20.3 调解委员会指定未能取得一致

如果下列任一情况适用,即:

(a)到第20.2款第一段规定的日期,双方未能就调解委员会唯一成员的任命达成一致意见;

(b)到该日期,任一方未能提名调解委员会三人成员中的一人(供另一方认可);

(c)到该日期,双方未能就调解委员会第3位成员(将担任主席)的任命达成一致意见;

(d)在唯一成员或三人成员中的一人拒绝履行职责,或因其死亡、无行为能力、辞职或任命期满而不能履行职责后42天内,双方未能就任命一位替代人员达成一致意见;

这时,在专用条件中指名的任命实体或职员,应在任一方或双方请求下,并经与双方做应有的协商后,任命调解委员会的成员。此项任命应是最终的、决定性的。每方应负责支付给该指定实体或职员报酬的一半。

20.4　Obtention de la décision du Bureau de conciliation

Si un litige (de quelque type que ce soit) naît entre les Parties relativement au ou survenant du Contrat ou de l'exécution des Travaux, y compris tout litige concernant les certificats, les décisions, les instructions, les opinions ou les évaluations du Maître de l'ouvrage, alors, après qu'un Bureau de conciliation a été constitué conformément à la Sous-clause 20.2 [*Désignation du Bureau de conciliation*] et 20.3 [*Echec de la désignation du Bureau de conciliation*], chacune des Parties peut soumettre le litige par écrit au Bureau de conciliation pour qu'il le tranche, en remettant une copie à l'autre Partie. L'acte introductif doit mentionner qu'il est effectué conformément à cette Sous-clause.

Lorsque le Bureau de conciliation est constitué de trois personnes, le Bureau de conciliation doit être considéré avoir reçu l'acte introductif à la date à laquelle le président du Bureau de conciliation l'a reçue.

Les deux Parties doivent immédiatement mettre à la disposition du Bureau de conciliation toutes les informations nécessaires, l'accès au Chantier, et à toutes les autres installations que le Bureau de conciliation peut exiger pour les besoins de la décision concernant un tel litige. Le Bureau de conciliation sera réputé comme ne pas agir à titre d'arbitre(s).

Dans un délai de 84 jours après avoir reçu l'acte introductif, ou le paiement anticipé auquel se réfère la Clause 6 de l'Appendice - Conditions Générales de la Convention de Conciliation, quelles que soit la date la plus tardive, ou pendant toute autre période qui pourrait être proposée par le Bureau de conciliation et approuvée par les deux Parties, le Bureau de conciliation doit rendre une décision, qui doit être motivée et mentionner qu'elle a été rendue conformément à cette Sous-clause.

Toutefois, si aucune des Parties n'a payé en entier les factures présentées par chaque membre conformément à la Clause 6 de l'Appendice, le Bureau de conciliation ne sera pas obligé de rendre une décision jusqu'à ce que ces factures aient été réglées en entier. La décision doit lier les deux Parties, qui doivent immédiatement l'appliquer, à moins et jusqu'à ce qu'elle ait été révisée dans un accord amiable ou une sentence arbitrale, comme décrit ci-dessous. A moins que le Contrat n'ait déjà abandonné, rejeté ou résilié, l'Entrepreneur doit continuer à procéder aux Travaux conformément au Contrat.

Si l'une des Parties n'est pas satisfaite de la décision du Bureau de conciliation, elle doit alors informer l'autre Partie de son désaccord dans un délai de 28 jours après réception de la décision. Si le Bureau de conciliation ne rend pas sa décision dans le délai de 84 jours (ou s'il en a été convenu autrement) après la réception d'un tel acte introductif ou d'un tel paiement, l'une des Parties peut alors, dans un délai de 28 jours après expiration de ce délai, informer l'autre Partie de son désaccord.

Dans chaque cas, cet avis de désaccord doit indiquer qu'il a été conformément à cette Sous-clause, et doit mettre en évidence les motifs du litige et les raisons du désaccord. A l'exception de ce qui est mentionné dans la Sous-clause 20.7 [*Non-respect de la décision du Bureau de conciliation*] et dans la Sous-clause 20.8 [*Expiration de la désignation du Bureau de conciliation*], aucune Partie n'aura le droit de recourir à l'arbitrage du litige à moins qu'un avis de désaccord n'ait été rendu conformément à cette Sous-clause.

20.4 取得调解委员会的决定

如果双方间发生了有关或起因于合同或工程实施的争端(不论任何种类),包括对业主的任何证明、确定、指示、意见或估价的任何争端,在已依照第20.2款[调解委员会的任命]和第20.3款[调解委员会指定未能取得一致]的规定任命调解委员会后,任一方可以将该争端事项以书面形式提交调解委员会,并将副本送另一方,委托调解委员会做出裁定。此项委托应说明是根据本款规定做出的。

对于3人的调解委员会,该调解委员会应被认为,在其主席收到委托的日期已收到该项委托。

双方应立即向调解委员会提供调解委员会为对该争端做出决定可能需要的所有资料、现场进入权及相应设施。调解委员会应被认为不是在进行仲裁人的工作。

调解委员会应在收到此项委托或附录调解协议书一般条件第6条中提到的预付款额,二者中较晚的日期后84天内,或在可能由调解委员会建议并经双方认可的此类其他期限内,提出调解委员会的决定,决定应是有理由的,并说明是根据本款规定提出的。但是,如果任一方未能对每位成员按照附录调解协议书一般条件第6条的规定提交的发票全部付清,在直到该发票全部被付清前,调解委员会应有权不提交其决定。决定应对双方具有约束力,双方都应立即遵照实行,除非并直到如下文所述,决定在友好解决或仲裁裁决中做出修改,或合同已被放弃、拒绝或终止,否则承包商应继续按照合同进行工程。

如果任一方对调解委员会的决定不满意,可以在收到该决定通知后28天内,将其不满向另一方发出通知。如果调解委员会未能在收到此项委托或此项付款后84天(或经认可的其他)期限内,提出其决定,则任一方可以在该期限期满后28天内,向另一方发出不满的通知。

在上述任一情况下,表示不满的通知应说明是根据本款规定发出的,并应说明争端的事项和不满的理由。除第20.7款[未能遵守调解委员会的决定]和第20.8款[调解委员会任命期满]所述情况外,除非已按本款规定发出表示不满的通知,否则任一方都无权着手争端的仲裁。

Si le Bureau de conciliation a rendu sa décision quant à un litige entre les deux Parties, et qu'aucun avis de désaccord n'a été transmis par les Parties dans un délai de 28 jours après la réception de la décision du Bureau de conciliation, la décision deviendra alors définitive et obligatoire pour les deux Parties.

20.5 Règlement amiable

Lorsqu'un avis de désaccord a été rendu selon la Sous-clause 20.4 susmentionnée, les deux Parties doivent essayer de régler le litige à l'amiable avant d'entamer la procédure d'arbitrage. Toutefois, à moins que les deux Parties n'en conviennent autrement, l'arbitrage peut commencer le ou après le $56^{\text{ème}}$ jour, après la date à laquelle l'avis de désaccord a été délivré, même si aucune tentative de règlement à l'amiable n'a été entreprise.

20.6 Arbitrage

A moins qu'il n'ait été réglé à l'amiable, le litige à la suite duquel la décision du Bureau de conciliation (le cas échéant) n'est pas devenue définitive et obligatoire, sera réglé selon une procédure arbitrale internationale. A moins que les Parties n'en conviennent autrement :

(a) le litige doit être réglé définitivement selon le Règlement d'Arbitrage de la Chambre de Commerce Internationale ;

(b) le litige doit être réglé par trois arbitres désignés conformément à ce Règlement ;

(c) l'arbitrage doit être mené dans la langue de communication définie dans la Sous-clause 1.4 [*Loi et Langues*].

L'arbitre ou les arbitres doit/doivent avoir pleine compétence pour ouvrir, revoir ou réviser les certificats, décisions, instructions, opinions, ou évaluations faits par (ou au nom du) le Maître de l'ouvrage ainsi que toute décision du Bureau de conciliation relative au litige.

Aucune des Parties ne sera limitée dans la procédure arbitrale aux preuves et arguments déjà avancés devant le Bureau de conciliation pour obtenir sa décision, ou par les motifs de désaccord avancés dans l'avis de désaccord. Chaque décision du Bureau de conciliation doit constituer une preuve recevable lors de la procédure d'arbitrage.

La procédure d'arbitrage peut être introduite avant ou après l'achèvement des Travaux. Les obligations des Parties et du Bureau de conciliation ne doivent pas être modifiées par le fait que la procédure d'arbitrage soit poursuivie pendant la progression des Travaux.

20.7 Non-respect de la décision du Bureau de conciliation

Dans l'hypothèse où :

(a) aucune des Parties n'a rendu un avis de désaccord dans le délai mentionné dans la Sous-clause 20.4 [*Obtention de la décision du Bureau de conciliation*] ;

(b) la décision rendue par le Bureau de conciliation (le cas échéant) est devenue définitive et obligatoire, et

(c) une Partie ne respecte pas cette décision.

如果调解委员会已就争端事项向双方提交了其决定,而任一方在收到调解委员会决定后28天内,均未发出表示不满的通知,则该决定应成为最终的,对双方均具有约束力。

20.5 友好解决

如果已按照上述第20.4款发出了表示不满的通知,双方应在着手仲裁前,努力以友好方式来解决争端。但是,如果双方另有协议,仲裁可以在表示不满的通知发出后第56天或其后着手进行,即使未曾做过友好解决的努力。

20.6 仲　　裁

经调解委员会对之做出的决定(如果有)未能成为最终的和有约束力的任何争端,除非已获得友好解决,否则应通过国际仲裁对其作出最终解决。除双方另有协议外,一般:

(a)争端应根据国际商会仲裁规则最终解决;

(b)争端应由按照上述规则任命的3位仲裁人负责解决;
(c)仲裁应以第1.4款[法律和语言]规定的交流语言进行。

仲裁人应有全权公开、审查和修改与该争端有关的业主(或其代表)发出的任何证书、确定、指示、意见或估价,以及调解委员会的任何决定。

任一方在仲裁人面前的诉讼中,应不受以前为获得调解委员会的决定而向其提供的证据或论据,或在其表示不满的通知中提出的不满意理由的限制。调解委员会的任何决定均可以作为仲裁中的证据。

仲裁在工程竣工前或竣工后,都可以着手进行。双方与调解委员会的义务,不得因为在工程进行过程中正在进行任何仲裁而改变。

20.7 未能遵守调解委员会的决定

在以下情况下:
(a)任一方在第20.4款[取得调解委员会的决定]中规定的期限内均未发出表示不满的通知;
(b)调解委员会的有关决定(如果有)已成为最终的、有约束力的;
(c)有一方未遵守上述决定。

alors l'autre Partie peut, sans préjudice des autres droits qu'elle peut avoir, soumettre ce manquement à l'arbitrage selon la Sous-clause 20.6 [*Arbitrage*]. La Sous-clause 20.4 [*Obtention de la décision du Bureau de conciliation*] et la Sous-clause 20.5 [*Règlement amiable*] ne seront pas applicables en l'espèce.

20.8 Expiration de la désignation du Bureau de conciliation

Si un litige relatif au Contrat ou à l'exécution des Travaux survient entre les Parties, et qu'il n'y a pas de Bureau de conciliation, en raison de l'expiration de sa désignation ou pour toute autre raison :
(a) la Sous-clause 20.4 [*Obtention de la décision du Bureau de conciliation*] et la Sous-clause 20.5 [*Règlement amiable*] ne s'appliqueront pas, et
(b) le litige peut être directement soumis à arbitrage conformément à la Sous-clause 20.6 [*Arbitrage*].

这时,另一方可以在不损害其可能拥有的其他权利的情况下,根据第20.6款[仲裁]的规定,将上述未遵守决定的事项提交仲裁。在此情况下,第20.4款[取得调解委员会的决定]和第20.5款[友好解决]的规定不适用。

20.8 调解委员会任命期满

如果双方因与合同或工程实施相关或由其引起的问题产生争端,且又因调解委员会任命期满或其他原因,没有调解委员会进行工作,则:

(a)第20.4款[取得调解委员会的决定]和第20.5款[友好解决]的规定不适用;

(b)此项争端可以根据第20.6款[仲裁]的规定,直接提交仲裁。

APPENDICE

Conditions Générales de la Convention de conciliation

1 Définitions

Chaque Convention de conciliation est un accord tripartie de et entre :

(a) le " Maître de l'ouvrage " ;

(b) l' " Entrepreneur " ;

(c) le " Membre ", qui est défini dans la Convention de conciliation comme étant.

    (ⅰ) le membre unique du " Bureau de conciliation " (ou " conciliateur "), auquel cas toutes les autres références aux " Autres Membres " ne sont pas applicables, ou

    (ⅱ) une des trois personnes qui sont conjointement appelés le " Bureau de conciliation ", auquel cas des deux autres personnes sont appelées les " Autres Membres ".

Le Maître de l'ouvrage et l'Entrepreneur concluent (ou envisagent de conclure) un contrat, lequel est appelé le " Contrat " et est défini dans la Convention de conciliation, qui comprend cet Appendice. Dans la Convention de conciliation, les mots et expressions qui ne sont pas autrement définis doivent avoir les sens qui leur est attribué dans le Contrat.

2 Dispositions Générales

La Convention de conciliation prendra effet lorsque le Maître de l'ouvrage, l'Entrepreneur et chacun des Membres (ou le Membre) auront chacun signé une convention de conciliation.

Dès que la Convention de conciliation aura pris effet, le Maître de l'ouvrage et l'Entrepreneur en informeront tous deux le Membre. Si le Membre ne reçoit aucun avis dans un délai de six mois après la conclusion de la Convention de conciliation, elle sera nulle et de nul effet.

Cet emploi du Membre est une nomination personnelle. Aucune cession ou sous-traitance de la Convention de conciliation n'est permise sans l'autorisation écrite préalable de toutes les parties à cette Convention et des Autres Membres (s'il y en a).

3 Garanties

Le Membre garantit et consent qu'il/elle est et sera impartial(e) et indépendant(e) du Maître de l'ouvrage, de l'Entrepreneur et du Représentant du Maître de l'ouvrage. Le Membre doit divulguer immédiatement à chacun d'eux et aux Autres Membres (s'il y en a) tous les faits et circonstances qui pourraient sembler incompatibles avec la garantie et la déclaration relative à son impartialité et son indépendance.

附 录

调解协议书一般条件

1 定 义

每份"调解协议书"是由下列三方签订的三方协议书:
　(a)业主;
　(b)承包商;
　(c)成员,"成员"在调解协议书中定义为:
　　(i)"调解委员会"的唯一成员(或"调解人"),在此情况下,所有"其他成员"的说法都不适用;
　　(ii)联合称为"调解委员会"的三人中的一人,在此情况下,另外二人称为"其他成员"。

业主和承包商已(或将)签一份合同,在调解协议书中称为"合同",其含义是确定的,该合同包括本附录。调解协议书中的词语和措辞,除另有规定的以外,其他均应具有合同赋予它们的含义。

2 一般规定

调解协议书应在业主、承包商和三人成员中的每个成员(或唯一成员)分别签署调解协议书后生效。

调解协议书生效后,业主和承包商每方都应相应向成员发出通知。如果在签订调解协议书6个月内,成员没有收到任一份通知,该协议书应作废和无效。

这种对成员的聘任属对个人的任命,事先未经涉及各方和其他成员(如果有)的书面同意,调解协议书不得转让或分包。

3 保 证

成员保证并同意,他(或她)对业主、承包商和业主代表保持和应保持公正和独立。成员应将看来可能与其公正和独立的保证和同意不相符的任何事实或情况,立即告知各方及其他成员(如果有)。

Lorsqu'ils désignent le Membre, le Maître de l'ouvrage et l'Entrepreneur se fient aux indications fournies par le Membre selon lesquelles il/elle :

(a) a de l'expérience dans les travaux que l'Entrepreneur doit exécuter en vertu du Contrat;

(b) a de l'expérience dans l'interprétation des documents formant le contrat, et

(c) parle couramment la langue de communication définie dans le Contrat.

4　Obligations Générales du Membre

Le Membre

(a) ne doit avoir aucun intérêt financier ou autre auprès du Maître de l'ouvrage ou de l'Entrepreneur, ou dans le Contrat si ce n'est pour le paiement en vertu de la Convention de conciliation ;

(b) ne doit avoir été préalablement employé comme consultant ou autre par le Maître de l'ouvrage ou l'Entrepreneur, excepté dans des circonstances qui ont été révélées par écrit au Maître de l'ouvrage et à l'Entrepreneur avant qu'ils ne signent la Convention de conciliation;

(c) doit avoir révélé par écrit au Maître de l'ouvrage, à l'Entrepreneur et aux Autres Membres (s'il y en a), avant de conclure la Convention de conciliation et autant qu'il/elle le sache et s'en souvienne toute relation personnelle ou professionnelle avec tout gérant, fonctionnaire ou employé du Maître de l'ouvrage ou de l'Entrepreneur et toute participation antérieure dans le projet global dont le Contrat fait partie ;

(d) ne doit pas être employé pour toute la durée de la convention de conciliation comme consultant ou autre par le Maître de l'ouvrage ou l'Entrepreneur, excepté s'il en a été convenu autrement par écrit avec le Maître de l'ouvrage, l'Entrepreneur et les Autres Membres (s'il y en a);

(e) doit se conformer aux règles procédurales annexées et à la Sous-clause 20.4 des Conditions du Contrat ;

(f) ne doit pas donner de conseils au Maître de l'ouvrage, à l'Entrepreneur, au Personnel du Maître de l'ouvrage ou de l'Entrepreneur en ce qui concerne l'exécution du Contrat, si ce n'est conformément aux règles procédurales annexées ;

(g) ne doit pas tant qu'il est Membre, conduire de négociations ou conclure des accords avec le Maître de l'ouvrage, ou l'Entrepreneur en ce qui concerne un emploi chez l'un d'eux, que ce soit à titre de consultant ou autre, après avoir cessé ses fonctions conformément à la Convention de conciliation ;

(h) doit assurer sa disponibilité pout effectuer la visite des chantiers et les auditions nécessaires ; et

(i) doit traiter les détails du Contrat et toutes les activités et auditions du Bureau de conciliation de façon privée et confidentielle et ne doit pas les publier ou les divulguer sans le consentement préalable écrit du Maître de l'ouvrage, de l'Entrepreneur et des Autres Membres (s'il y en a).

当任命成员时,业主和承包商应依据成员他(或她)的下列表现:

(a)具有承包商根据合同从事的工作的经验;
(b)具有解释合同文件的经验;
(c)能流利地使用合同规定的交流语言。

4 成员的一般义务

成员应:

(a)除根据调解协议书的付款外,与业主或承包商没有财务或其他利益关系;在合同中没有任何财务利益;

(b)以前未曾被业主或承包商聘任咨询顾问或其他职务,在签订调解协议书前,已书面告知业主和承包商的情况除外;

(c)在签订调解协议书前,已就他(或她)的了解和记忆所及,将其与业主或承包商的董事、职员或雇员之间的任何业务或个人关系,以及此前在本合同为其组成部分的全面工程中的任何参与情况,书面告知业主、承包商和其他成员(如果有);

(d)在执行调解协议书期间,除经业主、承包商和其他成员(如果有)的书面同意外,不接受业主或承包商的聘任,担任咨询顾问或其他职位;

(e)依从所附程序规则和合同条件第20.4款的规定;

(f)除按照所附程序规则办事外,不应向业主、承包商、业主人员或承包商人员提供有关执行合同的建议;

(g)在担任成员期间,不与业主或承包商就其停止按调解协议书任职后就任他们中某一方的咨询顾问或其他职位进行洽谈或签订任何协议;

(h)保证出席任何必要的现场视察和意见听取会;

(i)将合同的所有细节及调解委员会的所有活动和意见听取会情况视为私人的和机密的事项,没有业主、承包商和其他成员(如果有)的事先书面同意,不得将前述各事项公开发表或向外泄露。

5 Obligations Générales du Maître de l'ouvrage et de l'Entrepreneur

Le Maître de l'ouvrage, l'Entrepreneur, le Personnel du Maître de l'ouvrage et celui de l'Entrepreneur ne doivent exiger du Membre aucun conseil ou aucune consultation relatif au Contrat, autrement que dans le cadre normal des activités du Bureau de conciliation en vertu du Contrat et de la Convention de conciliation, et excepté dans la mesure où le Maître de l'ouvrage, l'Entrepreneur et les Autres Membres (s'il y en a) y ont préalablement donné leur accord. Le Maître de l'ouvrage et l'Entrepreneur sont responsables du respect par leur Personnels respectifs de cette disposition.

Le Maître de l'ouvrage et l'Entrepreneur s'engagent l'un envers l'autre et envers le Membre à ce que le Membre ne doive pas, à moins que le Maître de l'ouvrage, l'Entrepreneur, le Membre et les Autres Membres (s'il y en a) n'en aient convenu autrement par écrit :

(a) être désigné comme arbitre dans toutes les procédures d'arbitrage en vertu du Contrat ;

(b) être appelé comme témoin pour apporter des preuves concernant tout litige devant le(s) arbitre(s) nommé(s) pour la procédure d'arbitrage selon le Contrat ; ou

(c) être tenu pour responsable de toutes réclamations relatives à toute action ou omission lors de l'exercice ou du prétendu exercice par le Membre de ses fonctions, à moins qu'il ne soit démontré que cette action ou omission ont été commises de mauvaise foi.

Le Maître de l'ouvrage et l'Entrepreneur indemnisent solidairement et dédommagent le Membre contre et de toutes réclamations pour lesquelles il a été déchargé de sa responsabilité en vertu du paragraphe précédent.

6 Paiement

Le Membre doit être payé de la manière suivante, et dans la devise désignée dans la Convention de conciliation :

(a) un honoraire journalier, qui doit être considéré comme paiement intégral pour :

(i) chaque jour de travail consacré à lire des conclusions, à assister aux auditions (s'il y en a), à préparer des décisions ou à faire des visites du chantier (s'il y en a) ; et

(ii) chaque jour ou partie de jour jusqu'à deux jours au maximum de temps en déplacement dans chaque direction pour le trajet (s'il y en a) entre le domicile du Membre et le chantier ou un autre lieu de rencontre avec les Autres Membres (s'il y en a) et/ou le Maître de l'ouvrage et l'Entrepreneur.

(b) toutes les dépenses raisonnablement occasionnées du fait des obligations du Membre, y compris le coût des services de secrétariat, des appels téléphoniques, des frais de coursier, de fax et de télex, des frais de déplacement, d'hôtel et des frais de subsistance ; un reçu doit être exigé pour chaque élément excédant 5% de l'honoraire journalier mentionné dans le sous-paragraphe (a) de cette Clause ; et

(c) toutes taxes prélevées correctement dans le Pays sur les paiements effectué par le Membre (à moins qu'il ne soit un ressortissant national ou un résident permanent de ce Pays) selon cette Clause 6.

5 业主和承包商的一般义务

除事先经业主、承包商和其他成员(如果有)同意的范围以外,业主、承包商、业主人员和承包商人员不应在调解委员会根据合同和本调解协议书进行活动的正常过程之外,就合同有关问题要求成员提供建议,或与其协商。业主和承包商应分别对业主人员和承包商人员遵守此规定负责。

除另经业主、承包商、成员和其他成员(如果有)书面同意外,业主和承包商应互相向成员承诺,成员不应:

(a) 在根据合同进行的任何仲裁中,被任命为仲裁人;
(b) 在根据合同进行的任何仲裁中任命的仲裁人面前,被请来作为对任何争端提供证据的证人;
(c) 对因执行或据称执行成员任务中的任何行为或忽略提出的任何索赔负责,除非该行为或忽略表明是不诚实的。

业主和承包商在此共同并各自补偿和赔偿成员免受因上述中他(或她)已被解除的责任引起的索赔带来的损害。

6 报 酬

成员应按调解协议书中规定的货币,得到以下付款:

(a) 日酬金,此项费用应被视为对下列事项的全部付款:
 (i) 用于阅读递交的资料、参加意见听取会(如果有)、准备决定意见或进行现场视察(如果有)的每个工作日;
 (ii) 在成员住所与现场或与其他成员(如果有)和(或)业主和承包商开会的其他地点之间单向一天或不足一天,最多至两天时间的旅程。

(b) 因履行成员义务而发生的所有合理开支,包括秘书服务费、电话费、信差等服务费、传真和电传费、旅差费、旅馆和生活补助费。当每项费用超过本条(a)款所述日酬金的5%时,应提交费用的收据;

(c) 在工程所在国对成员(如果不是工程所在国的国民或永久性居民)根据本第6条取得的付款,合理征收的任何税款。

L'honoraire journalier doit correspondre à celui spécifié dans la Convention de conciliation. Immédiatement après la prise d'effet de la Convention de conciliation, le Membre doit, avant de se livrer à une quelconque activité conformément à la Convention de conciliation, présenter à l'Entrepreneur avec une copie pour le Maître de l'ouvrage une note d'honoraires pour (a) une avance de vingt-cinq (25) pour cent du montant total estimé des honoraires journaliers auxquels il/elle aura droit et (b) une avance égale aux dépenses totales estimées qu'il/elle engage en relation avec ses obligations. Le Paiement de ces notes d'honoraires doit être effectué par l'Entrepreneur sur réception de la note d'honoraires. Le Membre ne doit pas être obligé de se livrer aux activités conformément à la Convention de conciliation avant que chacun des membres n'ait été intégralement payé pour les notes d'honoraires présentées conformément à ce paragraphe.

Par la suite le Membre doit présenter à l'Entrepreneur avec une copie pour le Maître de l'ouvrage des notes d'honoraires pour le bilan de ses honoraires journaliers et dépenses, moins les montants avancés. Le Bureau de conciliation ne doit pas être obligé de rendre une décision avant que les notes d'honoraires relatives aux honoraires journalier et aux dépenses de chaque Membre en vue d'une décision n'aient été intégralement payées.

A moins qu'il n'ait payée plus tôt conformément aux paragraphe précédents, l'Entrepreneur doit payer intégralement chacune des notes d'honoraires des Membres dans un délai de 28 jours après réception de chaque note d'honoraires et doit demander au Maître de l'ouvrage (dans les Décomptes selon le Contrat) le remboursement de la moitié des montants de ces notes d'honoraires. Le Maître de l'ouvrage doit alors payer l'Entrepreneur conformément au Contrat.

Si l'Entrepreneur ne paie pas au Membre la somme auquel il/elle a droit selon la Convention de conciliation, le Maître de l'ouvrage doit payer la somme dûe au Membre ainsi que toute autre somme qui peut être exigée pour préserver le fonctionnement du Bureau de conciliation ; et sans préjudice des droits ou recours du Maître de l'ouvrage. En plus de tous les autres droits résultant de cette défaillance, le Maître de l'ouvrage doit avoir droit au remboursement de toutes les sommes payées excédant la moitié de ces paiements, plus tous les frais de recouvrement de ces sommes et les charges de financement calculées au taux spécifié dans la Sous-clause 14.8 des Conditions du Contrat.

Si le Membre ne reçoit pas le Paiement du montant dû dans un délai de 28 jours après la présentation d'une note d'honoraires valable, le Membre peut (i) suspendre ses services (sans préavis) jusqu'à ce que le paiement soit reçu, et/ou (ii) révoquer sa désignation en informant le Maître de l'ouvrage et l'Entrepreneur. La révocation prend effet dès sa réception par le Maître de l'ouvrage et l'Entrepreneur. Cette révocation doit être définitive et obligatoire vis-à-vis du Maître de l'ouvrage, de l'Entrepreneur et du Membre.

7 Défaillance du Membre

Si le Membre ne se conforme pas aux obligations conformément à la Clause 4, il/elle ne doit avoir droit au paiement d'aucun honoraire ou dépense selon cette clause et doit sans préjudice de leurs autres droits rembourser au Maître de l'ouvrage et à l'Entrepreneur tous les honoraires et dépenses reçus par lui et les Autres Membres (s'il y en a) pour les délibérations ou décisions (s'il y en a) du Bureau de conciliation qui sont devenues nulles et sans effet.

日酬金应按调解协议书的规定执行。

在调解协议书生效后,成员应在根据调解协议书进行任何活动前,立即向承包商提交一份下列内容的发票,并送业主一份复印件:(a)他(或她)有权得到的日酬金估算总额的25%的预付款额;(b)等于他(或她)为其义务将发生的全部开支估算额的预付款额。承包商应在收到发票后,按该发票付款。在每位成员收到根据本段规定提交的发票的全部付款前,成员没有义务根据调解协议书开展活动。

其后,成员应向承包商提交他(或她)的日酬金和各项开支扣除预付款额后的余额的发票,并送业主一份复印件。在每位成员为做出决定意见的全部日酬金和各项开支都按发票全部收到付款前,调解委员会没有义务提交其决定意见。

除非按照上述程序提前进行了支付,否则承包商应在收到每份发票后28天内,按每个成员的发票全部付清,同时向业主(在根据合同提交的报表中)申请付还这些发票款额的一半。这时,业主应按照合同付给承包商。

如果承包商未能向成员支付他(或她)根据调解协议书的规定应得的款额,业主应向成员支付其应得款额和维持调解委员会运作可能需要的任何其他款额;此项支付不损害业主的权利或应得补偿。除由此项违约引起的所有其他权利外,业主对其支付的超过这些付款一半的所有款额应有权获得偿还,还应加上按合同条件第14.8款规定计算出的其他费用。

如果成员在提交有效发票后28天内,没有收到应付款额的支付,成员可以:(ⅰ)暂停其的服务(不需通知),直到收到付款为止;(ⅱ)通过向业主和承包商发出通知,辞去其职务。通知应在该双方收到后生效。任何此类通知应是最终的,并对业主、承包商和成员都具约束力。

7 成员的违约

如果成员未能遵守第4条规定的任何义务,他(或她)应无权得到在此所述的任何酬金和开支;并应在不损害业主和承包商其他权利的条件下,将该成员及其他成员(如果有)为已导致作废或无效的调解委员会的工作和决定(如果有)收到的任何费用和开支,分别付还业主和承包商。

8 Litiges

Tout litige ou réclamation survenant de ou en relation avec la Convention de conciliation, ou la violation, la résiliation ou l'invalidité de celle-ci doit être finalement réglé conformément aux Règlements d'arbitrage de la Chambre de Commerce International par un arbitre désigné conformément à ces Règlements d'Arbitrage.

ANNEXES : REGLES PROCEDURALES

1. Le Maître de l'ouvrage et l'Entrepreneur doivent fournir au Bureau de conciliation une copie de tous les documents que le Bureau de conciliation peut exiger, notamment les Documents contractuels, les états périodiques, les instructions de modification, les certificats, ainsi que tout document pertinent pour le litige. Une copie de toutes les communications entre le Bureau de conciliation et le Maître de l'ouvrage ou l'Entrepreneur doit être remise à l'autre Partie. Si le Bureau de conciliation est composé de trois membres, le Maître de l'ouvrage et l'Entrepreneur doivent transmettre des copies des documents requis et de ces communications à chacun des membres.
2. Le Bureau de conciliation doit agir conformément à la Sous-clause 20.4 et aux présentes Règles. En fonction du temps accordé pour annoncer sa décision et des autres facteurs pertinents, le Bureau de conciliation doit :
   (a) agir de manière juste et impartiale envers le Maître de l'ouvrage et l'Entrepreneur, en laissant à chacun d'eux une possibilité de présenter son cas et de répliquer aux arguments de l'autre partie, et
   (b) adopter des règles de procédure adaptées au litige, en évitant des retards ou des coûts inutiles.
3. Le Bureau de conciliation peut prévoir une audition, le cas échéant il décidera de la date et du lieu et peut exiger que la documentation écrite et les conclusions du Maître de l'ouvrage et de l'Entrepreneurlui soient présentées avant ou lors de l'audition.
4. A moins qu'il n'en soit convenu différemment par écrit par le Maître de l'ouvrage et l'Entrepreneur, le Bureau de conciliation a le pouvoir d'adopter une procédure inquisitoire, de refuser d'entendre toute personne autre que les représentant du Maître de l'ouvrage et de l'Entrepreneur, et poursuivre en l'absence d'une partie que le Bureau de conciliation avait régulièrement convoquée à l'audition ; mais le Bureau de conciliation doit pouvoir décider de manière discrétionnaire si et dans quelle mesure il peut exercer ce pouvoir.
5. Le Maître de l'ouvrage et l'Entrepreneur habilitent le Bureau de conciliation, entre autres, à :
   (a) établir la procédure applicable pour trancher le litige;
   (b) statuer sur la compétence propre du Bureau de conciliation, ainsi que l'ampleur des litiges en relevant;
   (c) conduire toute audition de la manière qui lui semble appropriée, sans être lié par aucune règle ou procédure autres que celles contenues dans le Contrat ou dans les Présentes Règles;
   (d) prendre l'initiative de vérifier les faits et les évènements nécessaires à sa décision;

8 争端

因本调解协议书或与之有关的、或因对其违反或其终止或失效而引起的任何争端或索赔,应根据国际商会仲裁规则,由一位按照这些仲裁规则任命的仲裁人最终解决。

附件 程序规则

1. 业主和承包商应向调解委员会提供一份其可能要求的所有文件,包括合同文件、进度报告、变更指示、证书和有关争端事项的其他文件。调解委员会和业主或承包商间的所有函件都应抄送其他当事方。如果调解委员会由三人组成,业主和承包商应将这些要求的文件和这些信函的复印件提供给三人中的每位成员。

2. 调解委员会应按照合同条件第 20.4 款和本规则进行工作。根据提出决定通知所允许的时间和其他有关因素,调解委员会应:

   (a) 公正、公平地对待业主和承包商,对每方都给予合理的机会陈述已方的论据,回应他方的论据;

   (b) 采取对争端事项适宜的程序,避免不必要的延误或开支。

3. 调解委员会可以对争端事项召开意见听取会,在此情况下,它将决定意见听取会的时间和地点,并可要求业主和承包商在意见听取会前或开会时递交书面文件和论据。

4. 除另经业主和承包商书面同意外,调解委员会应有权采取讯问调查程序,拒绝除业主、承包商的代表以外的任何人参加或旁听意见听取会;并有权在任一方缺席,且调解委员会确信其已收到意见听取会通知的情况下,进行会议;但对是否实施这一权利或实施的程度,应有权自主做出决定。

5. 在其他方面,业主和承包商对调解委员会应给予下列权力:
   (a) 确定在决定争端中应用的程序;
   (b) 决定调解委员会自身的权限及委托其处理的任何争端涉及的范围;
   (c) 召开其认为适宜的任何意见听取会,除包括在合同和本规则中的规定外,不受任何规则或程序的约束;
   (d) 主动确定为做出决定所需的事实和情况;

(e) utiliser ses propres connaissances spécialisées, le cas échéant ;
(f) prendre une décision relative au paiement de charges financières conformément au Contrat ;
(g) prendre une décision relative à toute mesure temporaire, telles que des mesures provisoires ou conservatoires, et
(h) ouvrir, réviser, et modifier tout certificat, décision, détermination, instruction, opinion ou évaluation du Maître de l'ouvrage en rapport avec le litige.

6. Le Bureau de conciliation ne doit exprimer aucune opinion au cours d'une audition à propos du bien-fondé de tout argument présenté par les Parties. Par la suite, le Bureau de conciliation prendra sa décision conformément à la Sous-clause 20.4, ou à une autre convention écrite des Parties. Si le Bureau de conciliation est composé de trois membres :
   (a) il doit se réunir en privé après une audition, s'il y en a, pour délibérer et préparer sa décision ;
   (b) il doit tenter d'obtenir une décision unanime : si cela s'avère impossible, la décision applicable doit être obtenue à la majorité des Membres, lesquels peuvent exiger du Membre minoritaire que celui-ci prépare un rapport écrit pour le soumettre au Maître de l'ouvrage et à l'Entrepreneur ; et
   (c) si un Membre ne se présente pas à une rencontre ou à une audition, ne remplit pas une de ses fonctions correctement, les deux autres Membres peuvent néanmoins rendre la décision, à moins que :
      (i) le Maître de l'ouvrage ou l'Entrepreneur ne soit pas d'accord pour qu'ils agissent ainsi, ou
      (ii) le Membre absent soit le président, et qu'il/elle ordonne aux autres Membres de ne pas rendre de décision.

(e) 利用自身的专业知识(如果有);

(f) 按照合同规定,决定相关费用的支付;

(g) 决定任何暂时补救办法,如暂时的或保护性的措施;

(h) 公开审查和修正业主发出的与争端有关的任何证明、决定、确定、指示、意见或估价。

6. 调解委员会在任何意见听取会期间,不应就各方提出的任何论据的是非表示任何意见。其后,调解委员会应按照合同条件第 20.4 款,或经业主和承包商书面同意的其他规定,做出决定,并发出通知。如果调解委员会由 3 人组成,则:

(a) 为讨论和做出其决定,应在意见听取会(如果有)后召集秘密会议;

(b) 应努力做出一致决定。若不可能,应由多数成员做出合适的决定,并要求该少数成员写一份书面报告,提交给业主和承包商;

(c) 如果某一成员未参加会议或意见听取会,或未履行其应尽的职责,另外两名成员仍可做出决定。以下两种情况除外:

(ⅰ) 业主或承包商不同意他们这样做;

(ⅱ) 该缺席成员是主席,并且他(或她)通知其他成员不要做出决定。

Conditions de Contrat
pour les projets clé en main

**Guide – Conseil pour l'Elaboration
des conditions particulières**

设计采购施工(EPC)/交钥匙
工程合同条件

专用条件编写指南

Introduction

Les dispositions des Conditions de Contrat pour les projets EPC/Clé en main ont été préparées par la Fédération Internationale des Ingénieurs-Conseils (FIDIC) et leur application est recommandée lorsqu'une partie assume l'entière responsabilité pour un projet d'ingénierie, y compris la conception, la construction, la livraison et le montage des installations industriellles ainsi que la conception et l'exécution de bâtiments ou de travaux d'ingénierie, lorsque des offres de soumission ont été sollicitées au niveau international. Des modifications aux Conditions peuvent être exigées dans certains systèmes juridiques, notamment lorsqu'elles doivent être utilisées dans des contrats nationaux.

Les projets clé en main de grande envergure peuvent nécessiter des négociations entre les parties. Après avoir étudié les diverses options proposées par les soumissionnaires, le Maître de l'ouvrage peut considérer comme essentiel de rencontrer ces derniers et de discuter avec eux des options techniques que le Maître de l'ouvrage estime préférables. En vertu des arrangements d'usage pour ce type de contrat, l'Entrepreneur exécute le Engineering (l'ingénierie), Procurement (passation), Construction (exécution) et fournit une installation complètement équipée, prête à l'emploi (clée en main).

Le guide-conseil ci-après est destiné à assister les rédacteurs des Conditions Particulières en leur donnant le choix entre différentes alternatives pour rédiger les sous-clauses lorsque ceci est approprié: Des exemples de formulation ont été inclus dans la mesure du possible entre les lignes. Dans quelques cas toutefois, seul un aide-mémoire est fourni.

Avant toute incorporation d'un exemple de formulation, il est nécessaire de vérifier que celui-ci est complètement approprié aux circonstances particulières. Les exemples de formulation devraient être modifiés avant leur utilisation à moins qu'ils ne soient considérés comme appropriés.

Lorsqu'un exemple de formulation a été modifié et dans toutes les hypothèses où d'autres modifications ou ajouts ont été faits, il est important de s'assurer qu'aucune ambiguïté ne sera créée, ni avec les Conditions Générales ni entre les clauses des Conditions Particulières.

Lors de la préparation des Conditions du Contrat à inclure dans les documents d'appel d'offres pour un contrat, le texte suivant peut être utilisé:

Les Conditions du Contrat comprennent les "Conditions Générales", qui font partie des "Conditions de Contrat pour les Projets EPC/Clé en main" I^{ère}éd. 1999 publiée par la Fédération Internationale des Ingénieurs-Conseils (FIDIC), et les "Conditions Particulières" suivantes, qui incluent les modifications et ajouts aux Conditions Générales.

Les Sous-clauses suivantes des Conditions Générales exigent que certaines données soient insérées dans les Conditions Particulières;

1.1.3.3 & 8.2 Délai d'achèvement

引 言

国际咨询工程师联合会(FIDIC,即菲迪克)已编制了EPC(设计采购施工)/交钥匙工程合同条件,推荐用于进行国际招标,由一个实体承担工程项目的全部职责,包括生产设备设计、制造、交付和安装,以及建筑或工程的设计和施工。在某些法律管辖地区,特别是用于国内合同时,可能需要对条件做些修改。

一些较大的交钥匙项目,各方之间可能需要进行一些协商。业主在研究投标人提交的各种可选方案后,可能认为有必要会见投标人,并就业主认为可取的技术方案进行讨论。根据这类合同的通常安排,承包商将承担设计、采购和施工,即在"交钥匙"时,提供一个配备完整、可以运行的设施。

下述指南旨在通过在适当处给出各类备选条款,为专用条件编写人提供帮助。尽可能包括一些文字间的范例措词,但在有些情况下只给出备忘要点。

在使用任何范例措词前,必须核实以确保完全适用于特定的情况。除非认为是适宜的,否则应对范例措词进行修改。

当对范例措词进行修改时,以及在所有其他修改和补充的情况下,必须注意确保不与通用条件产生歧义,或在专用条件条款间产生歧义。

在编写包括在一项合同的招标文件中的合同条件时,可以使用下列文字:

合同条件包括"通用条件"和"专用条件"。通用条件是国际咨询工程师联合会(FIDIC)1999年出版的"EPC(设计采购施工)交钥匙工程合同条件"第一版的组成部分;专用条件是对上述通用条件的修改和补充。

通用条件中的下列条款需要在专用条件中补充具体内容:

1.1.3.3 和 8.2　　　　　　竣工期限

1.1.3.7 & 11.1	Délai de notification des vices
1.1.5.6	Définition de chaque Section, le cas échéant
1.3	Systèmes électroniques de communication
1.4	Lois et langues
2.1	Date de prise de possession du Chantier
4.2	Garantie d'exécution
4.4	Avis des Sous-traitants
8.7/12.4 & 14.15(b)	Retard/Dommages et intérêts de retard
13.8	Ajustements pour changements dans les Coûts
14.2	Paiement anticipé
14.3 (c)	Retenue de garantie
17.6	Limitation de la responsabilité
18.1	Assurance du Maître de l'ouvrage (le cas écheant)-Preuve des assurances
18.2 (d)	Assurance des risques du Maître de l'ouvrage
18.3	Assurance contre les atteintes aux personnes et les dommages à la propriété
20.2	Nombre des membres du Bureau de conciliation
20.3	Organe chargé de la désignation du Bureau de conciliation

1.1.3.7 和 11.1	缺陷通知期限
1.1.5.6	分项工程的定义（如果有）
1.3	通信交流
1.4	法律和语言
2.1	现场占用日期
4.2	履约担保
4.4	关于分包商的通知
8.7/12.4 和 14.15(b)	延误/赔偿和延误利息
13.8	成本改变的调整
14.2	预付款
14.3(c)	保留金
17.6	责任限度
18.1	业主的保险（如果有），保险的证据
18.2(d)	业主的风险保险
18.3	人员和财产损失险
20.2	调解委员会成员人数
20.3	负责任命调解委员会的机构

Remarques pour la préparation des documents d'appel d'offres

Les documents d'appel d'offres doivent être préparés par des ingénieurs convenablement qualifiés qui sont familiarisés avec les différents aspects techniques des travaux demandés, et une vérification par des avocats convenablement qualifiés est recommandée. Les documents d'appel d'offres remis aux soumissionnaires comporteront les Conditions du Contrat et les Exigences du Maître de l'ouvrage et (si possible) le formulaire recommandé pour la Lettre d'Offre. De plus, chacun des Soumissionnaires doit recevoir les informations mentionnées dans la Sous-clause 4.10, ainsi que les Instructions aux soumissionnaires pour les avertir de toutes les manières que le Maître de l'ouvrage souhaite qu'ils insèrent dans leur Offre mais qui ne font pas partie des Exigences du Maître de l'ouvrage pour les Travaux.

Lorsque l'Accord contractuel est signé par le Maître de l'ouvrage et l'Entrepreneur, le Contrat (qui prend alors effet) comprend l'Offre et tout mémorandum annexé à l'Accord contractuel.

Les Exigences du Maître de l'ouvrage doivent spécifier les exigences particulières pour l'achèvement des Travaux sur une base fonctionnelle en incluant les exigences détaillées quant à la qualité et au volume et peuvent exiger de l'Entrepreneur que celui-ci fournisse des articles tels que des biens de consommation. Les matières mentionnées dans certaines ou toutes les Sous-clauses suivantes peuvent être incluses :

1.8	Nombre de copies des Documents de l'Entrepreneur
1.13	Autorisations obtenues par le Maître de l'ouvrage
2.1	Possession temporaire des fondations, des structures, des installations industrielles et des voies d'accès
4.1	Objectifs (envisagés) pour lesquels les Travaux sont requis
4.6	Autres entrepreneurs (et autres) sur le Chantier
4.7	Points d'implantation, lignes et niveaux de référence
4.18	Contraintes environnementales
4.19	Electricité, eau, gaz et autres services disponibles sur le Chantier
4.20	Equipement du Maître de l'ouvrage et matériaux gratuitement mis à disposition
5.1	Exigences, données et informations pour lesquelles le Maître de l'ouvrage est responsable
5.2	Documents de l'Entrepreneur exigés pour vérification
5.4	Standards techniques et réglementation de la construction
5.5	Formation opérationnelle du Personnel du Maître de l'ouvrage
5.6	Dessins tels que construits et autres notes relatives aux Travaux
5.7	Manuels d'utilisation et maintenance
6.6	Hébergement du Personnel
7.2	Echantillons
7.3	Exigences des inspections hors du Chantier
7.4	Tests effectués pendant la fabrication et/ou la construction

编写招标文件注意事项

招标文件应由具有适当资质、熟悉所建工程技术情况的工程师编写,并请有适当资质的律师进行审核。发给投标人的招标文件应包括:合同条件和业主要求,以及(可能)选用的投标函格式。另外,每位投标人都应收到在第4.10款中提到的资料,以及投标人须知,以告知投标人业主希望其在投标书中包括,但不列为业主要求一部分的关于工程的任何事项。

当业主和承包商签署合同协议书后,合同(这时开始生效)包括投标书和合同协议书所附任何备忘录。

业主要求中应规定竣工工程在功能方面的特定要求,包括质量和范围的详细要求,还可以包括要求承包商供应的物品,如消耗品等。可能包括下列全部或部分条款中提出的事项:

1.8	承包商文件的份数
1.13	业主取得的许可
2.1	基础、结构、生产设备临时占用权和进出通道
4.1	要求达到的工程预期目的
4.6	在现场的其他承包商(和其他人员)
4.7	放线的基准点、线和高程
4.18	环境约束
4.19	现场可供的电、水、燃气和其他服务
4.20	业主设备和免费供应的材料
5.1	业主应负责的要求内容、数据和资料
5.2	要求送审的承包商文件
5.4	技术标准和法规
5.5	对业主人员的操作培训
5.6	竣工图和工程的其他记录
5.7	操作和维修手册
6.6	人员食宿
7.2	样品
7.3	场外检验要求
7.4	制造和(或)施工期间的试验

9.1	Tests d'achèvement
9.4	Dommages et intérêts consécutifs à l'échec des Tests d'achèvement
12.1	Tests après Achèvement
12.4	Dommages et intérêts consécutifs à l'échec des Tests après Achèvement

Un grand nombre de Sous-clauses des Conditions Générales font référence aux Conditions Particulières pour les informations spécifiées en général par le Maître de l'ouvrage; ou à l'Offre en ce qui concerne les informations spécifiés en général par le soumissionnaire.

Les Instructions aux Soumissionnaires peuvent nécessiter la spécification de toutes les restrictions des informations contenues dans l'Offre, et/ou le contenu des informations supplémentaires que chaque Soumissionnaire doit inclure dans son Offre. Si chaque Soumissionnaire doit produire une garantie de la société-mère et/ou une garantie de soumission, ces exigences (qui sont applicables avant que le Contrat ne prenne effet) doivent être incluses dans les Instructions aux Soumissionnaires: des formulaires-type sont annexés à ce document en tant qu'Annexes A et B. Les Instructions peuvent concerner des matières auxquelles il est fait référence dans certaines ou toutes les sous-clauses suivantes:

4.3	Représentant de l'Entrepreneur (nom et curriculum vitae)
4.9	Système d'Assurance qualité
9.1	Tests d'Achèvement
12.1	Tests après Achèvement
18	Assurances
20	Règlement des litiges

Les Contrats Clé en main incluent en générale la conception, la construction, les éléments constitutifs et les éléments d'équipement, dont l'ampleur doit être définie dans les Exigences du Maître de l'ouvrage. Il faut considérer avec soin les exigences détaillées, telles que le degré d'équipement et de fonctionnalité des Travaux, les pièces de rechange et biens de consommation fournis pour une période d'utilisation spécifiée. De plus, l'Entrepreneur peut être obligé de faire fonctionner les Travaux, soit pour une période d'essai de quelques mois selon la Sous-clause 9.1 (c), soit pour une période de quelques années.

Il est compréhensible que les soumissionnaires soient souvent réticents; face à la forte concurrence; à encourir des dépenses importantes lors de la phase conceptuelle de l'Offre. Lors de la rédaction des Instructions aux Soumissionnaires, il faut tenir compte du degré de précision que l'on peut raisonnablement attendre des soumissionnaires dans la préparation et la rédaction de leurs offres. Le degré de précision de l'Offre doit être défini dans les Instructions aux Soumissionnaires. Il est important de noter qu'aucune description ne peut être incluse dans les documents constitutifs du Contrat, lequel ne prend effet que lors de la signature de l'Accord contractuel par les parties.

Il est également conseillé de penser à rémunérer les soumissionnaires lorsque ceux-ci doivent entreprendre des études ou effectuer un travail de recherche conceptuelle afin de soumettre une Offre appropriée.

9.1	竣工试验
9.4	未通过竣工试验的损害赔偿费
12.1	竣工后试验
12.4	竣工后未通过试验的损害赔偿费

通用条件中的许多条款谈到专用条件中由业主特别做出规定的一些数据，或谈到投标书中由投标人特别提出的一些数据。

在投标人须知中可能需要对投标书中的建议数据规定任何约束，和（或）对每个投标人在其投标书中包括的其他资料规定范围。如果要每个投标人取得母公司保函和（或）投标保函，这些要求（将在合同生效前应用）应包括在投标人须知内。本文件附件 A 和 B 给出了范例格式。须知中可包括下列部分或全部条款中提出的事项：

4.3	承包商代表（姓名和简历）
4.9	质量保证体系
9.1	竣工试验
12.1	竣工后试验
18	保险
20	争端的解决

交钥匙合同一般包括设计、施工、构件和配件，它们的范围应在业主要求中明确规定。应充分考虑具体的要求，如达到工程全部配齐、做好运行准备、为某规定期间的运行提供备用部件和消耗品的程度。此外，可以要求承包商按第 9.1 款（c）项的要求，对工程进行几个月的试运行，或负责几年的运行。

可以理解，在面临激烈竞争的情况下，投标人往往不愿为编制投标设计投入大量开支。在编写投标人须知时，应考虑对投标人在投标书中编写和包含的详细程度可以预期的现实要求。要求的详细程度应在投标人须知中进行描述。要注意，在组成合同的文件中可能对此没有描述，而只在签署合同协议书后才进入全面实施和生效。

如果投标人为了提出回应投标书必须进行研究或概念性设计工作时，可以考虑给投标人适当报酬。

Sommaire

Clause 1	Dispositions Générales	186
Clause 2	Le Maître de l'ouvrage	190
Clause 3	La Gestion du Maître de l'ouvrage	190
Clause 4	L'Entrepreneur	192
Clause 5	La Conception	196
Clause 6	Personnel et Main d'œuvre	196
Clause 7	Installations Industrielles, Matériaux et Règles de l'art	200
Clause 8	Commencement, Retards et Suspension	200
Clause 9	Tests d'Achèvement	202
Clause 10	Réception par le Maître de l'ouvrage	202
Clause 11	Responsabilité pour vices	204
Clause 12	Tests après Achèvement	204
Clause 13	Modifications et Ajustements	206
Clause 14	Prix contractuel et Paiement	206
Clause 15	Résiliation par le Maître de l'ouvrage	220
Clause 16	Suspension et résiliation par l'Entrepreneur	222
Clause 17	Risque et Responsabilité	222
Clause 18	Assurance	224
Clause 19	Force majeure	224
Clause 20	Réclamations, Litiges et Arbitrage	226
Formulaires pour les types de garantie		232

目 录

第1条   一般规定 ·· 187
第2条   业　主 ··· 191
第3条   业主的管理 ·· 191
第4条   承包商 ··· 193
第5条   设　计 ··· 197
第6条   员　工 ··· 197
第7条   生产设备、材料和工艺 ··· 201
第8条   开工、延误和暂停 ··· 201
第9条   竣工试验 ·· 203
第10条 业主验收 ·· 203
第11条 缺陷责任 ·· 205
第12条 竣工后试验 ··· 205
第13条 变更和调整 ··· 207
第14条 合同价格和付款 ·· 207
第15条 由业主终止 ··· 221
第16条 由承包商暂停和终止 ·· 223
第17条 风险与职责 ··· 223
第18条 保　险 ··· 225
第19条 不可抗力 ·· 225
第20条 索赔、争端和仲裁 ··· 227
担保函格式 ·· 233

· 185 ·

Clause 1 Dispositions Générales

Sous-clause 1.1 Définitions

Les Conditions Particulières doivent spécifier la date d'achèvement des travaux et le délai de Notification des vices.

Si les Travaux sont réceptionnés en plusieurs étapes, ce qui est inhabituel pour un contrat clé en main, les Conditions Particulières doivent spécifier chaque étape en tant que Section et définir sa taille, ses limites géographiques et son délai d'achèvement.

Il peut être nécessaire de modifier quelques définitions. Par exemple:

1.1.3.1   la Date de référence peut être définie comme une date particulière du calendrier
1.1.4.4   une Devise Etrangère particulière peut être exigée par l'établissement financier
1.1.4.5   une devise différente peut être exigée en tant que Devise locale contractuelle
1.1.6.2   les références au terme "pays" peuvent être inappropriées pour un Chantier transfrontalier

Sous-Clause 1.2 Interprétation

Si les références au "profit" doivent être spéifiées de manière plus précise, cette Sous-clause peut être modifiée de la manière suivante:

EXEMPLE ajouter à la fin de la Sous-clause 1.2:
Dans ces Conditions, les dispositions comprenant l'expression "Coût de profit raisonnable" exigent que ce profit représente un vingtième (5%) de ce Coût.

Sous-Clause 1.3 Moyens de Communication

Les Conditions Particulières doivent spécifier les systèmes électroniques de communication (s'il y en a), et peuvent aussi indiquer l'adresse pour les remarques de l'Entrepreneur au Maître de l'ouvrage.

Sous-Clause 1.4 Loi et langue

Les Conditions particulières doivent préciser:
(a) le droit applicable au Contrat;
(b) (si une partie du Contrat a été rédigée dans une langue et ensuite traduite) la langue du Contrat, et
(c) (si les communications ne sont pas faites dans la langue dans laquelle le Contrat est rédigé) la langue de communication.

Sous-Clause 1.5 Hiérarchie des Documents

Un ordre de priorité est normalement nécessaire, dans le cas où les différents documents constituant le Contrat se contrediraient. Si aucun ordre de priorité n'a été prévu, cette Sous-clause peut être modifiée de la manière suivante:

第 1 条 一般规定

第1.1款 定 义

专用条件中应规定工程的竣工时间和缺陷通知期限。

如果工程要分阶段验收,这在交钥匙合同是不多见的,则专用条件应明确每个作为分项工程的阶段,并规定它们的范围、地理区域和竣工时间。

可能需要对通用条件中的一些定义进行修改,例如:
1.1.3.1　基准日期可规定为某一特定日历日期
1.1.4.4　金融机构可能要求某种特定外币
1.1.4.5　当地货币可能要求另一种货币
1.1.6.2　对于跨边界的现场,"工程所在国"的提法可能不适宜

第1.2款 解 释

如果"利润"的提法要更明确地规定,本款可改为:

范例　在第 1.2 款末尾插入:
　　　在本条件中,包括"费用加合理利润"词语的规定,要求该利润为该费用的二十分之一(5%)。

第1.3款 通信交流

专用条件应规定电子通信系统(如果有),还可规定承包商发给业主的通知的地址。

第1.4款 法律和语言

专用条件应规定:
　(a)合同适用的法律;
　(b)合同语言(如果合同任何部分用一种语言书写,又给出译文时);
　(c)通信语言(如果通信与合同不是用同一语言书写时)。

第1.5款 文件优先次序

由于随后合同文件间可能发现矛盾,优先次序通常是需要的。如果不准备规定优先次序,本款可改为:

EXEMPLE   remplacer la Sous-clause 1.5 par :
> Les documents constituant le Contrat doivent être considérés comme s'expliquant mutuellement. En cas d'ambiguïté ou de divergence, la priorité donnée doit être celle définie par la loi régissant le Contrat.

Sous-Clause 1.6   Accord contratuel

L'Accord contractuel est le document qui rend effectif le Contrat et est habituellement précédé par des négociations. L'Accord contractuel doit pour cette raison être rédigé avec soin. Le formulaire de l'Accord doit être inclus dans les documents d'appel d'offres en tant qu'annexe des Conditions Particulières : un modèle de formulaire est inséré à la fin de cette publication.

L'Accord contractuel doit indiquer le nom de chaque Partie, le Prix contractuel, les devises de paiement, le montant dû dans chaque devise, et toutes les conditions préalables qui doivent être satisfaites avant que le Contrat ne prenne effet : le tout comme convenu par les Parties. Si de longues négociations pour l'offre ont été nécessaires, il peut être judicieux de fixer la Date de référence et/ou la Date de Commencement dans l'Accord contractuel.

Si le Maître de l'ouvrage désire anticiper la remise de la letter d'acceptation, la Sous-clause peut être modifiée en effaçant la première phrase, qui énonce que le Contrat ne prendra effet que lorsque les Parties signeront l'Accord contractuel. La Lettre d'Offre doit alors comprendre le paragraphe suivant :
"A moins et jusqu'á ce qu'un Accord formel ne soit préparé et exécuté, cette letre d'Offre accompagnée de votre acceptation écrite constitue un contrat obligatoire entre nous".

Sous-Clause 1.10   Utilisation par le Maître de l'ouvrage des documents de l'Entrepreneur

Des dispositions supplémentaires peuvent être nécessaires si tous les droits portant sur des éléments particuliers d'un logiciel informatique (par exemple) doivent être cédés au Maître de l'ouvrage. Les dispositions doivent tenir compte des lois applicables.

Sous-Clause 1.13   Conformite aux Lois

Si le Maître de l'ouvrage doit fournir une licence d'importation et d'autres documents de ce genre, il peut être opportun de modifier les dispositions :

EXEMPLE DE SOUS-CLAUSE POUR UN CONTRAT RELATIF AUX INSTALLATIONS INDUSTRIELLES
> Insérer à la fin de la Sous-clause 1.13 :
> Toutefois, l'Entrepreneur doit présenter en temps utile les détails des Marchandises au Maître de l'ouvrage, qui doit alors obtenir rapidement toutes les licences d'importation ou autorisations nécessaires pour ces Marchandises.
> Le Maître de l'ouvrage doit également obtenir ou accorder toutes approbations, y compris permis de travail, droit de passage (servitude), et toutes autorisations requises pour les Travaux.

范例　删除第1.5款,代之以:
　　组成合同的各项文件将被认为是互作说明的。如出现歧义或矛盾时,应按管辖的法律确定先后次序。

第1.6款　合同协议书

合同协议书是使合同生效的文件,一般要先进行谈判。因此合同协议书应小心拟定。协议书格式应作为专用条件的附件包括在招标文件中,其范例格式见投标函、合同协议书和调解协议书格式部分。

合同协议书须说明每方的名称、合同价格、付款货币、每种货币的应付款额,以及在合同全面实施和生效前要满足的任何前提条件,这些条件均按双方协商一致的意见。如果需要进行长时间的招标谈判,合同协议书最好也写明基准日期和(或)开工日期。

如果业主希望有预先发一封认可函的机会,可以将本款第一句说明合同自双方签署合同协议书起全面实施和生效的内容删除。这时投标函应包括以下段落:

"除非并直到正式协议书已拟订并实施,本投标函连用你方对此的书面认可,将构成你我双方间的有约束力的合同"。

第1.10款　业主使用承包商文件

如果某些特定内容,例如计算机软件的全部权利要转让给业主,可能需要增加一些规定。拟定这类规定应考虑适用的法律。

第1.13款　遵守法律

如果业主要安排取得进口和类似许可,一些替代规定可能是适宜的:

对生产设备合同的范例条款

　　在第1.13款末尾插入:
　　但承包商应在适宜的时间向业主提交货物的详细资料,业主应迅速取得这些货物所需的所有进口许可或特许;

　　业主还应取得或给予工程所需要的包括工作许可、道路通行权和认可等所有同意。

Sous-Clause 1.14 Responsabilité solidaire

Dans un contrat principal il est possible que les exigences d'une coentreprise (joint venture) nécessitent d'être précisées en détail. Par exemple, il peut être souhaitable que chaque membre produise une garantie de la société-mère: un modèle de formulaire est annexé à ce document, en annexe A.

Ces exigences, qui s'appliquent avant que le Contrat ne prenne effet, doivent être insérées dans les instructions aux Soumissionnaires. Le Maître de l'ouvrage souhaitera que le dirigeant de la "joint venture" soit désigné au plus tôt, afin de n'avoir ainsi qu'un seul interlocuteur, et de ne pas être impliqué par la suite dans un litige opposant les membres de la "joint venture". Le Maître de l'ouvrage doit vérifier avec minutie l'accord de la "joint venture" et ce dernier peut avoir à être approuvé par les institutions finançant le projet.

Clause 2 Le Maître de l'ouvrage

Sous-Clause 2.1 Droit d'Accès au Chantier

Les Conditions Particulières doivent spécifier le (les) délai(s) dans lequel/lesquels le Maître de l'ouvrage doit conférer à l'Entrepreneur un droit d'accès au Chantier, lorsque la Date de Commencement est déjà passée. Il peut être essentiel pour l'Entrepreneur d'avoir rapidement un accès au Chantier pour les besoins d'expertise et de vérification des sous-sols. Si le Maître de l'ouvrage fait en sorte que les travaux soient exécutés sur le Chantier avant que le droit d'accès n'ait été accordé, il doit le détailler dans les Exigences du Maître de l'ouvrage.

Sous-Clause 2.3 Le Personnel du Maître de l'ouvrage

Ces dispositions doivent figurer dans les contrats conclus entre le Maître de l'ouvrage et d'autres entrepreneurs sur le Chantier.

Clause 3 La Gestion du Maître de l'ouvrage

Sous-Clause 3.1 Le Représentant du Maître de l'ouvrage

Bien qu'il ne soit pas exigé du Maître de l'ouvrage de désigner un représentant, une telle désignation peut néanmoins contribuer à une meilleure gestion. Si le Maître de l'ouvrage souhaite désigner un ingénieur-conseil indépendant en tant que Représentant du Maître de l'ouvrage, celui-ci peut être nommément désigné dans les Conditions particulières.

第1.14款 连带责任

对于大型合同,可能需要对联营体规定一些具体要求。如可能希望每个成员提交一份母公司保函,本文件附范例格式,见附件 A。

这些在合同生效前适用的要求,应包括在投标人须知中。业主希望早期指定联营体的负责方,以便此后有一个单独的联系方,并避免卷入联营体成员间的争端。业主应仔细审查联营体的协议书,此类协议书可能需经项目的融资机构批准。

第 2 条 业 主

第2.1款 现场进入权

专用条件中应规定业主给予承包商在开工日期后现场进入权的时间。及早进入现场以便进行测量和地下勘探,对承包商非常重要。如果业主要在批准现场进入权以前,安排在现场开展工作,在业主要求中应给出详细说明。

第2.3款 业主人员

这些规定应反映在业主与现场任何其他承包商间的合同中。

第 3 条 业主的管理

第3.1款 业主代表

虽然没有要求业主一定要指派一名代表,但此类任命可以协助业主的管理。如果业主希望任命一名独立的咨询工程师作为业主代表,可以在专用条件中提出。

Clause 4   L'Entrepreneur

Sous-Clause 4.2   Garantie d'exécution

Les Conditions particulières doivent spécifier le montant et les devises de la Garantie d'exécution, à moins que ce ne soit pas exigé.

EXEMPLE
    Le montant de la Garantie d'exécution doit être égal à 10% du Prix contractuel mentionné dans l'Accord contractuel, et doit être exprimé dans la devise et les proportions selon lesquelles le Prix contractuel est payable.

La/les formes de Garantie d'exécution, qui est/sont acceptables, doit/doivent être insérée(s) dans les documents d'appel d'offres, annexés aux Conditions Particulières. Des modèles de formulaires sont annexés au présent document en Annexe C et D. Ils contiennent deux corps de Règles Uniformes publiées par la Chambre de Commerce Internationale (CCI, sise 38 Cours Albert Ier; 75008 Paris, France), qui publie également des guides relatifs à ces Règles Uniformes. Il est possible que ces formulaires et les termes de la Sous-clause doivent être modifiés pour respecter le droit applicable.

EXEMPLE   insérer à la fin du second paragraphe de la Sous-clause 4.2:
    Si la Garantie d'exécution est donnée sous la forme d'une garantie bancaire, elle doit être délivrée soit (a) par une banque établie dans le pays, soit (b) directement par une banque étrangère acceptée par le Maître de l'ouvrage. Si la Garantie d'exécution n'est pas donnée sous forme de garantie bancaire, elle doit être fournie par un établissement financier agréé ou autorisé à exercer ses activités dans le pays.

Sous-Clause 4.3   Le Représentant de l'Entrepreneur

Si le Représentant de l'Entrepreneur est connu au moment de la soumission de l'Offre, le Soumissionnaire peut proposer le Représentant. Le Soumissionnaire peut désirer proposer des alternatives, notamment si la conclusion du contrat semble être retardée. Si la langue du Contrat n'est pas la même que celle utilisée pour les communications quotidiennes (selon la Sous-clause 1.4), ou si pour une toute autre raison il est nécessaire de stipuler que le Représentant de l'Entrepreneur doit parler couramment une langue particulière, une des phrases suivantes peut être ajoutée.

EXEMPLE   ajouter à la fin de la Sous-clause 4.3:
    Le Représentant de l'Entrepreneur et toutes ces personnes doivent parler couramment (indiquer la langue).

第 4 条 承 包 商

第 4.2 款 履约担保

除非不要求履约担保,否则专用条件中应规定履约担保的金额和币种。

范例
履约担保的金额应为合同协议书中写明的合同价格的百分之十(10%);并应按合同价格应付的货币和比例表示。

认可的履约担保格式应包括在招标文件中,附于专用条件后面。范例格式见本文件附件 C 和附件 D。它们体现国际商会("ICC",设在法国巴黎,38 Cours Albert Ier,75008 Paris,France)公布的两组统一规则,国际商会还出版了这些统一规则的指南。这些范例格式和条款措词可能需要修改,以符合适用法律。

范例　在第 4.2 款第 2 段末尾插入:
如果履约担保采用银行担保函的形式,则履约担保应直接由(a)工程所在国内的银行;(b)业主认可的外国银行出具。如果履约担保不采用银行担保函形式,应由在工程所在国注册或取得营业执照的金融实体出具。

第 4.3 款 承包商代表

如果在递交投标书时,已确定代表人选,投标人可提出代表人选的建议。投标人可能希望提出更换人选,特别是授与合同看来可能要推迟时。如果主导语言不同于日常交流语言(根据第 1.4 款),或由于其他任何原因需要规定承包商代表能流利使用某种语言时,可增加下列句子之一:

范例　在第 4.3 款末尾增加:
承包商代表及所有此类人员还应能流利地使用(填入语言名称)。

EXEMPLE   ajouter à la fin de la Sous-clause 4.3 :
> Si le Représentant de l'Entrepreneur ou ces personnes ne parlent pas couramment (indiquer la langue), l'Entrepreneur doit mettre à disposition un traducteur compétent durant toutes les heures de travail sur le Chantier.

Sous-Clause 4.4   Les Sous-Traitants

Si le Maître de l'ouvrage souhaite recevoir les avis conformément à cette Sous-clause, ses exigences doivent être spécifiées dans les Conditions Particulières :

EXEMPLE
> L'Entrepreneur doit communiqué les avis décrits dans les sous-paragraphes (a), (b) et (c) de cette Sous-clause 4.4 concernant les Sous-traitants suivants :
> (indiquer les activités pertinentes et/ou les parties de Travaux)

Sous-Clause 4.12   Difficultés imprévisibles

Si les Travaux comprennent le forage de tunnels ou d'autres constructions importantes en sous-sol, il est habituellement préférable que les risques tenant à des conditions du sol imprévues soient supportés par le Maître de l'ouvrage. Les entrepreneurs responsables refuseront d'assumer les risques liés aux conditions d'un sol inconnu, qui sont difficiles voire impossibles à estimer à l'avance. Les Conditions de Contrat pour la Conception-Construction (pour les travaux électriques et mécaniques et pour des travaux de bâtiment et de génie civil conçus par l'Entrepreneur)- Livre Jaune, doivent être utilisées dans ces circonstances pour les travaux désignés par (ou en vertu du) le Contrat.

Sous-Clause 4.19   Electricité, Eau et Gaz

Si des services doivent être mis à la disposition de l'Entrepreneur, les Exigences du Maître de l'ouvrage doivent l'indiquer de manière détaillée, en précisant les lieux et les coûts.

Sous-Clause 4.20   Equipement du Maître de l'ouvrage et Matériaux gratuitement mis à disposition

Afin que cette Sous-clause soit applicable, les Exigences du Maître de l'ouvrage doivent décrire chaque élément que le Maître de l'ouvrage fournit et/ou utilise et spécifier tous les détails nécessaires. En présence de certains types d'installations, des dispositions supplémentaires peuvent s'avérer nécessaires, de manière à clarifier certains aspects tels que la responsabilité et les assurances

Sous-Clause 4.22   Sécurité sur le Chantier

Si l'Entrepreneur partage l'occupation du Contrat avec d'autres entrepreneurs, les Sous-clauses 4.8 et/ou 4.22 peuvent exiger des modifications et les obligations du Maître de l'ouvrage doivent être spécifiées.

范例　在第4.3款末尾增加：
如果承包商代表或此类人员不能流利地使用（填入语言名称），承包商应派一名胜任的译员在所有工作时间随时在场。

第4.4款　分包商

如果业主希望得到根据本款提出的通知，其要求可在专用条件中做出规定：

范例　　承包商应就下列分包商给出按第4.4款(a)、(b)和(c)项所述内容的通知：

（列举相关的活动和（或）某部分工程）

第4.12款　不可预见的困难

如果工程包括隧道或其他重要地下构筑物时，通常较好的做法是将场地条件的不可预见的风险分给业主承担。在难以或不能预先估计的情况下，负有责任的承包商是不愿承担未知场地条件的风险的。在此类情况下，对于由（或代表）承包商设计的工程，应使用生产设备和设计—施工合同条件。

第4.19款　电、水和燃气

如果这些服务可供承包商使用，在业主要求中应给出细节，包括供应地点和价格。

第4.20款　业主的设备和免费供应的材料

如要适用本款，在业主要求中应描述业主将提供和（或）操作的每项内容，并应规定所有必要的细节。对有些类型的设施，可能需要做出进一步规定，以明确责任和保险等方面的事项。

第4.22款　工地安全

如果承包商与其他人员共同占用现场，第4.8和（或）第4.22款可能需要修改，应对业主的义务做出规定。

Clause 5　La Conception

Sous-Clause 5.1　Obligations Générales de conception

Si les Exigences du Maître de l'ouvrage comprennent un avant projet, de manière à (par exemple) établir la faisabilité du projet, les soumissionnaires doivent être informés dans quelle mesure cet avant projet constitue une suggestion ou une exigence. Si cette Sous-clause est considérée comme inappropriée, les dispositions du Livre Jaune FIDIC - Conditions de Contrat pour la Conception-Construction (pour les travaux électriques et mécaniques et pour des travaux de bâtiment et de génie civil conçus par l'Entrepreneur) peuvent être préférées.

Sous-Clause 5.2　Les Documents de l'Entrepreneur

Les "Documents de l'Entrepreneur" sont définis comme les documents que l'Entrepreneur doit présenter au Maître de l'ouvrage ainsi que spécifié dans le Contrat, qui n'inclut généralement pas tous les documents techniques dont le Personnel de l'Entrepreneur a besoin afin d'exécuter les travaux. Par exemple, il peut être approprié de préciser dans les Exigences du Maître de l'ouvrage pour un contrat relatif aux installations industrielles que les Documents de l'Entrepreneur doivent comprendre des dessins indiquant le fonctionnement des installations industrielles, comment elles doivent être montées et toutes autres informations exigées pour :

(a) Préparer de manière convenable les fondations ou autres moyens de support ;

(b) Fournir un accès approprié au Chantier, aux installations industrielles et à tout équipement nécessaire, à l'endroit où les Installations industrielles doivent être érigées, et/ou

(c) Procéder aux connexions nécessaires avec les Installations industrielles.

Différentes "périodes de vérification" peuvent être spécifiées, en tenant compte du temps nécessaire pour vérifier les différents types de dessins, et/ou de l'éventualité de propositions importantes lors de certaines phases du processus de conception.

Clause 6　Personnel et Main d'œuvre

Sous-Clause 6.6　Hébergement du Personnel et de la Main d'œuvre

Si le Maître de l'ouvrage met des logements à disposition, ses obligations de procéder ainsi doivent être spécifiées.

Sous-Clause 6.8　La Surveillance de l'Entrepreneur

La phrase suivante doit être ajoutée si la langue du Contrat n'est pas la même que la langue de communication quotidienne (en vertu de la Sous-clause 1.4), ou s'il est nécessaire pour toute autre raison de stipuler que le personnel de surveillance de l'Entrepreneur doit parler couramment une langue spécifique :

第 5 条 设 计

第5.1款 设计义务一般要求

如果为了(比如)确定项目的可行性,业主要求中有一项设计纲要,应告知投标人该设计纲要的作用,是作为一项建议还是作为一项要求。如果认为本款规定不适合,采用菲迪克(FIDIC)生产设备和设计—施工合同条件可能较好。

第5.2款 承包商文件

"承包商文件"是指承包商按合同其他处规定需要提交给业主的文件,它一般可不包括承包商人员为了实施工程所需要的全部技术性文件。例如,对于一项生产设备合同,业主要求中规定承包商文件应包括表示生产设备如何配置附件的图纸,以及为以下事项所需要的任何其他资料,可能是适当的:

(a)准备适当的基础或其他支撑方法;
(b)为生产设备和任何需要的装备运至生产设备安装地点提供合适的现场进入方法;

(c)制作生产设备的必要的连结。

考虑到审核各种不同类型图纸所需要的时间,和(或)在设计过程某些特定阶段会提交大量的图纸的可能,可以规定不同的"审核期限"。

第 6 条 员 工

第6.6款 员工的食宿

如果业主将提供某些膳宿设施,其此类义务应予以规定。

第6.8款 承包商的监督

如果主导语言不同于日常交流语言(根据第1.4款规定),或由于任何其他原因,有必要规定承包商的监督职员应能流利使用某种语言,可增加下列句子:

EXEMPLE

> insérer à la fin de la Sous-clause 6.8 :
>
> Une partie raisonnable du personnel de surveillance de l'Entrepreneur doit avoir une connaissance satisfaisante de (indiquer la langue)
>
> ou l'Entrepreneur doit avoir un nombre suffisant de traducteurs compétents disponibles sur le Chantier pendant les heures de travail.

Sous-clauses Additionnelles

> Il peut être nécessaire d'ajouter quelques sous-clauses pour tenir compte des conditions et de la localisation du Chantier :

EXEMPLE DE SOUS-CLAUSE

> Personnel et main d'œuvre étrangers
>
> L'Entrepreneur peut faire venir de l'étranger tout le personnel nécessaire pour l'exécution des travaux. L'Entrepreneur doit s'assurer que ce personnel possède les permis de séjour et de travail exigés. L'Entrepreneur est responsable du retour du personnel venu de l'étranger à l'endroit où il a été recruté ou à son domicile. En cas de décès d'un membre de ce personnel ou d'un membre de leurs familles dans le Pays, l'Entrepreneur est également tenu de procéder aux démarches nécessaires pour le retour ou les funérailles.

EXEMPLE DE SOUS-CLAUSE

> Boissons alcoolisées ou Drogues
>
> L'Entrepreneur ne doit pas, autrement que conformément aux Lois du Pays, importer, vendre, donner, échanger ou disposer autrement de toute boisson alcoolisée ou de drogue, ou en permettre ou autoriser l'importation, la vente, le don, l'échange ou la disposition par son Personnel.

EXEMPLE DE SOUS-CLAUSE

> Armes et Munitions
>
> L'Entrepreneur ne doit pas donner, échanger ou disposer autrement à qui que ce soit toutes arme ou munition quel qu'en soit le type, ou permettre à son Personnel d'en faire de même.

EXEMPLE DE SOUS-CLAUSE

> Fêtes et Coutumes Religieuses
>
> L'Entrepreneur doit respecter les fêtes, jours fériés et les coutumes religieuses et autres, reconnus dans le Pays.

范例
> 在第 6.8 款末尾插入：
> 承包商监督职员中应有合理比例的人员能使用（填入语言名称）作为工作语言；
> 或承包商应有足够数量的能胜任的译员在所有工作时间随时在现场。

附加条款
> 可能需要增加一些条款，以考虑现场的环境与位置的需要。

范例条款
> 外国员工
> 承包商可以引进实施工程所需要的任何人员。承包商必须确保此类人员所需的居住签证和工作许可。承包商应负责引进的承包商人员返回他们招聘地点或户籍所在地。在任何此类人员或他们的家属在工程所在国死亡的情况下，承包商同样应负责对他们的送回或安葬做出适当的安排。

范例条款
> 酒精饮料或毒品
> 承包商除应遵照工程所在国法律外，不得进口、销售、给予、易货交换或以其他方式处理任何酒精饮料或毒品；不得许可或容许承包商人员进口、销售、馈赠、易货交换或处理上述物品。

范例条款
> 武器和弹药
> 承包商不得向任何人给予、易货交换或以其他方式处理任何种类的任何武器或弹药；不得容许承包商人员这样做。

范例条款
> 节日和宗教习惯
> 承包商应尊重工程所在国公认的节日、休息日及宗教或其他习惯。

Clause 7   Installations Industrielles, Matériaux et Règles de l'art

Sous-clauses Additionnelles

Si le Contrat est financé par un établissement dont les règles et les principes directeurs exigent une limitation de l'usage de ses fonds, une Sous-clause supplémentaire peut être ajutée:

EXEMPLE DE SOUS-CLAUSE

>Toutes les Marchandises doivent avoir pour origine un des Pays d'origine admissible cités dans (insérer le nom de la règle).
>Les Marchandises doivent être transportées par des entreprises de transport issues de ces pays d'origine admissibles, à moins que l'Entrepreneur ne les en dispense par écrit en raison des coûts et retards excessifs éventuels. La sûreté, l'assurance et les services bancaires doivent être fournis par des assureurs ou des banquiers originaires de ce pays d'origine admissible.

Clause 8   Commencement, Retards et Suspension

Sous-clause 8.7   Dommages et intérêts de retard

Dans beaucoup de systèmes juridiques, le montant de ces dommages et intérêts prédéfinis causés par le retard doit représenter une évaluation préalable raisonnable des pertes éventuelles du Maître de l'ouvrage en cas de retard. Les conditions Particulières doivent spécifier la somme journalière pour les Travaux et pour chaque Section, exprimée soit comme un montant, soit comme un pourcentage: Voir également la Sous-clause 14.15 (b).

EXEMPLE

>Dans la Sous-clause 8.7, la somme mentionnée dans la seconde phrase doit s'élever à 0.02% du Prix contractual, au titre des dommages et intérêts de retard concernant les Travaux, payables (par jour) dans les proportions des devises dans lesquelles le Prix contractuel est payable. Pour chaque Section, cette somme journalière représente 0.02% de la valeur contractuelle finale de la Section concernée, payable (par jour) dans ces devises. Le montant maximum des dommages et intérêts de retard doit s'élever à 10% du prix contractuel figurant dans l'Accord contractuel.

Sous-clause additionnelle

Des primes d'encouragement pour l'achèvement anticipé des Travaux peuvent être prévues dans les documents d'appel d'Offres (la Sous-clause 13.2 fait également référence à un achèvement accéléré):

第7条 生产设备、材料和工艺

附加条款

如果合同由某一机构提供资金,其规则或政策要求对资金的使用加以限制,可增加进一步条款:

范例条款

所有货物应产自(填写公布的采购指南的名称)规定的合格来源国。

除非是业主基于可能造成过高费用或延误的考虑,书面通知的免例,否则货物应由这些合格来源国的承运人运输。担保、保险和银行服务应由合格来源国的保险人和银行提供。

第8条 开工、延误和暂停

第8.7款 赔偿和延误利息

根据许多法律体系,此类预先规定的损害赔偿费款额必须是在延误情况下业主可能遭受损失的合理预估额。专用条件中应对工程和每个分项工程规定每日赔偿额,或用金额表示,或用一个百分率表示,还应参见第14.15款(b)项。

范例

在第8.7款第2句话提出的作为对工程的误期损害赔偿费的每日应付金额应为合同价格的0.02%,按照合同价格中各种货币的比例支付。对各分项工程,每日应付金额为该分项工程最终合同价值的0.02%,按上述货币比例支付。误期损害赔偿费的最高限额应为合同协议书规定的合同价格的百分之十(10%)。

附加条款

在招标文件中可以包括对提前竣工的奖励(虽然第13.2款提到加快竣工):

EXEMPLE DE SOUS-CLAUSE

> Les Sections doivent être achevées aux dates prévues dans les Exigences du Maître de l'ouvrage de sorte que ces Sections puissant être occupées et utilisées par le Maître de l'ouvrage avant l'achèvement complet des Travaux. Les détails des travaux à exécuter afin d'autoriser le versement des primes à l'Entrepreneur et le montant de telles primes sont mensionnés dans les Exigences du Maître de l'ouvrage.
>
> Pour le calcul du montant de la prime, les dates d'achèvement des Sections sont fixes. Aucun ajustement de ces dates en raison d'une prolongation du délai d'achèvement accordés n'est toléré.

Clause 9 Tests d'Achèvement

Sous-clause 9.1 Les Obligations de l'Entrepreneur

Les Exigences du Maître de l'ouvrage doivent décrire les Tests que l'Entrepreneur doit effectuer avant d'être autorisé à obtenir un Certificat de Réception. Il peut également être opportun d'inclure dans l'Offre le détail des préparatifs, de l'instrumentation etc. Si les Travaux doivent être testés et réceptionnés par étapes, les exigences relatives aux tests peuvent prendre en considération le fait que certaines parties des Travaux soient incomplètes.

La formulation des sous-paragraphes inclut des conditions qui sont normalement applicables à un contrat relatif aux installations industrielles, mais qui autrement peuvent nécessiter des modifications. En particulier, le sous-paragraphe (c) fait référence aux périodes d'essai au cours desquelles tous les produits fabriqués par les Travaux deviennent la propriété du Maître de l'ouvrage. Il a alors la responsabilité d'en disposer et sera autorisé à garder les gains issus de leur revente. Si le produit doit être conservé par l'Entrepreneur, la Sous-clause doit être modifiée en conséquence.

Sous-clause 9.4 Echec des Tests d'Achèvement

Si la réduction à laquelle il est fait référence dans le dernier paragraphe, basée sur l'étendue de l'échec des Tests, doit être définie dans les Conditions Particulières ou dans les Exigences du Maître de l'ouvrage, des critères minimums de tolérance pour la performance doivent être également spécifiés.

Clause 10 Réception par le Maître de l'ouvrage

Sous-clause 10.1 Certificat de réception

Si les Travaux doivent être réceptionnés par étapes, ce qui est inhabituel pour un contrat clé en main, ces différentes étapes doivent être définies comme des Sections dans la clause I des Conditions Particulières. Des définitions géographiques précises sont alors recommandées.

范例条款

为了在整个工程竣工前业主能提前占有和使用某些分项工程，业主要求中给出了这些分项工程要求完工的日期。承包商有权获得奖金所需要完成的工作细节及奖金数额都在业主要求中说明。

为了计算奖金数额，这些分项工程的完工日期固定不变。不允许以竣工时间获准延长为理由，对这些日期进行调整。

第9条　竣工试验

第9.1款　承包商的义务

业主要求中应描述承包商在有权得到接收证书前要进行的试验。要求投标书中包括详细安排、测试仪器等也是适宜的。如果工程要分阶段试验和接收，试验的要求可能需要考虑工程的某些部分尚未完成的影响。

本款各项中的措词包括了一般适用于生产设备合同的条件，在另外情况下可能需要修改。特别是，(c)项谈到试运行期间工程生产出的任何产品都成为业主的财产，因而由业主负责处理，并有权得到产品销售后的收益。如果产品归承包商所得，本款就应相应修改。

第9.4款　未能通过竣工试验

如果在专用条件或业主要求中，要规定本款最后一项中提出的要根据未通过试验的影响程度确定应付合同价格的扣减额，则对可接受的最低性能标准也应做出规定。

第10条　业主验收

第10.1款　验收证书

如果工程要分阶段验收，这在交钥匙工程是不多见的，这些阶段应确定为分项工程，在专用条件第1条中，最好规定它们的精确的地理定界。

· 203 ·

Clause 11 Responsabilité pour vices

Sous-clause 11.10 Obligations non exécutées

Il peut être nécessaire de réviser cette Sous-clause en fonction du délai de responsabilité pour vices prévue par le droit applicable.

Clause 12 Tests après Achèvement

Sous-clause 12.1 Procédure pour les Tests après Achèvement

Dans un projet EPC clé en main, il est généralement exigé de l'Entrepreneur que celui-ci prouve la fiabilité et la performance des Installations industrielles lors des Tests d'Achèvement, et les Travaux ne sont réceptionnés qu'après avoir passé ces Tests avec succès. Exceptionnellement, il peut être nécessaire d'effectuer les Tests après Achèvement une fois que le Maître de l'ouvrage a réceptionné et fait fonctionner les Travaux, de sorte que la performance garantie puisse être démontrée dans des conditions normales de fonctionnement : par exemple, après la phase de démarrage de l'installation industrielle.

Les Exigences du Maître de l'ouvrage devraient décrire les Tests qu'il impose, après réception, afin de vérifier que les Travaux remplissent les Garanties d'exécution promises dans l'Offre. Pour certains types de Travaux, ces Tests peuvent être difficiles à spécifier, bien qu'ils soient déterminants pour obtenir un bon résultat. Il peut être approprié d'inclure dans l'offre le détail des préparatifs et/ou de définir toute instrumentation requise, outre celle comprise dans les Installations industrielles.

Les dispositions des Conditions Générales reposent sur les Tests après Achèvement exécutés par l'Entrepreneur avec l'assistance du Maître de l'ouvrage, au regard du personnel et des biens de consommation, etc. Il peut être nécessaire de spécifier ces détails dans les Exigences du Maître de l'ouvrage. Si d'autres arrangements sont envisagés, ils doivent être spécifiés dans les Exigences du Maître de l'ouvrage, et la Sous-clause doit être modifiée en conséquence. Les dispositions du Livre jaune FIDIC - Conditions de Contrat pour la Conception-Construction (pour les travaux électriques et mécaniques et pour des travaux de bâtiment et de génie civil conçus par l'Entrepreneur) sont par exemple basées sur la mise en œuvre de ces Tests par le Maître de l'ouvrage et son personnel travaillant sous la direction du personnel de l'Entrepreneur.

Sous-clause 12.4 Echec des tests après Achèvement

Si la première partie de cette Sous-clause est applicable, la méthode de calcul des dommages et intérêts pour non-exécution (basée sur la gravité de l'échec) doit être définie dans les Conditions particulières ou dans les Exigences du Maître de l'ouvrage et les critères de tolérance pour un fonctionnement minimum doivent également être spécifiés.

第 11 条 缺陷责任

第 11.10 款 未履行的义务

可能需要根据合同适用法律关于责任期限的要求,审核本款的规定。

第 12 条 竣工后试验

第 12.1 款 竣工后试验的程序

在 EPC(设计采购施工)交钥匙工程中,一般要求承包商通过竣工试验来证明生产设备的可靠性和性能。工程只在这些试验顺利完成后进行验收。有时例外地,在工程验收和开始运行后,业主可能认为需要进行一些竣工后试验,以便证明在通常运行条件下,例如发生设备违规操作后,能够达到保证的性能。

业主要求中应当描述,为证实工程是否达到投标书中承诺的履约保证的要求,要在验收后进行的各项试验。对于有些类型的工程,尽管这些试验对于最终结果的成功至关重要,但可能很难做出完善的规定。要求投标书中包括一些详细的安排和(或)在生产设备包括的以外规定任何需要的测试仪器可能是适宜的。

通用条件中的规定是根据竣工后试验由承包商进行,业主在人员、消耗物资等方面给予协助的条件下拟定的。这些具体要求可能需要在业主要求中做出规定。如果设想其他的安排,应在业主要求中规定,并相应对本款进行修改。例如,菲迪克(FIDIC)生产设备和设计—施工合同条件,是根据这些试验由业主和其操作人员,在承包商人员的指导下进行的条件下拟定的。

第 12.4 款 未能通过竣工后试验

如果本款第一部分适用,在专用条件或业主要求中,应规定未履约损害赔偿费(根据未通过试验的影响程度)的计算方法,对可接受的最低性能标准也应做出规定。

Clause 13 Modifications et Ajustements

Des modifications peuvent être apportées selon chacune des prodédures suivantes:
- (a) Le Maître de l'ouvrage peut ordonner la modification conformément à la Sous-clause 13.1 sans accord préalable sur la faisabilité ou le prix;
- (b) L'Entrepreneur peut introduire ses propres propositions conformément à la Sous-clause 13.2, qui sont envisagées pour profiter aux deux Parties;
- (c) Le Maître de l'ouvrage peut exiger une proposition conformément à la Sous-clause 13.3, exigeant un accord préalable afin de minimiser les cas de litige.

Sous-clause 13.5 Prix provisoires

Bien que généralement inapproprié pour ce type de contrat, un Prix provisoire peut être exigé pour les parties des Travaux dont le prix n'est pas obligatoirement fixé aux risques de l'Entrepreneur. Un Prix provisoire peut être par exemple nécessaire pour acheter les Marchandises que le Maître de l'ouvrage veut choisir. Il est essentiel de définir l'affectation de chaque Prix provisoire, puisque l'affectation définie sera alors exclue des autres éléments constituant le Prix contractuel. Si un Prix provisoire doit être évalué conformément à la Sous-clause 13.5(b), le pourcentage doit être indiqué dans l'Offre.

Sous-clause 13.8 Ajustements pour changements dans les Coûts

Des dispositions relatives aux ajustements peuvent être nécessaires s'il s'avère déraisonnable pour l'Entrepreneur de supporter le risque de l'augmentation des coûts causés par l'inflation. Les formulations des dispositions basées sur l'indice des coûts ont été publiés dans le Livre jaune FIDIC-Conditions de Contrat pour la Conception-Construction (pour les travaux électriques et mécaniques et pour des travaux de bâtiment et de génie civil conçus par l'Entrepreneur), et peuvent être considérés comme appropriés. Il faudra prendre un soin particulier lors du calcul des coefficients ("a", "b", "c", … dont la somme ne doit pas excéder l'unité) et dans le choix et la vérification des indices de coûts. L'avis d'un expert est recommandé.

Clause 14 Prix contractuel et Paiement

Sous-clause 14.1 le Prix contractuel

En rédigeant les Conditions Particulières, il est important de tenir compte du montant et des détails de paiement(s) à l'Entrepreneur. Une marge brute d'autofinancement positive représente clairement un avantage pour l'Entrepreneur, et les Soumisionnaires doivent tenir compte des procédures de paiement provisoire lorsqu'ils préparent leur Offre.

第 13 条　变更和调整

变更可通过以下三种中任一种方式提出：

(a)业主可根据第 13.1 款的规定指示进行变更，对变更的可行性和价格无需事先协议；

(b)承包商可根据第 13.2 款的规定，提出其认为有利于双方的建议；

(c)为尽量减少争端，寻求事先协议，业主可根据第 13.3 款的规定，要求提出一份建议书。

第 13.5 款　暂列价格

虽然对于此类合同一般是不适用的，但对于一些不要求承包商承担价格风险的工程部分，暂列价格可能是需要的。譬如，对于一些业主希望选择的货物，可能就需要暂列价格金额。重要的是对每笔暂列价格金额要规定它的使用范围，因为规定的暂列价格金额范围将从合同价格的其他成分中单独列出。有的暂列价格要根据第 13.5 款(b)项规定进行计算，其计算百分率应在投标书中提出报价。

第 13.8 款　因成本改变的调整

如果考虑要承包商承担因通货膨胀的成本上升的风险是不合理的，可能需要做出调整的规定。菲迪克(FIDIC)在工程生产和设计—施工合同条件中提出的按成本指数规定的措词，可认为是适宜的。但在权重或系数（"a"、"b"、"c"、…其合计不应超过 1）的计算中，以及对成本指数的选择和验证中应特别予以注意。吸取专家的建议可能是适宜的。

第 14 条　合同价格和付款

第 14.1 款　合同价格

在编写专用条件时，应考虑向承包商支付的款额和时间安排。一个正的现金流量是明显有利于承包商的，投标人在编制其投标书时，将会考虑到期中付款的程序。

Ce type de contrat repose normalement sur un prix forfaitaire. L'Entrepreneur supporte alors le risque de la fluctuation des coûts provenant de sa propre conception. Le prix forfaitaire peut être composé de deux ou plusieurs sommes, fixées dans les devises de paiement (qui peuvent, mais ne doivent pas, inclure la devise locale).

Afin d'évaluer les Modifications, il peut être exigé que l'offre soit accompagnée de ventilations détaillées des prix, incluant les quantités, les taux unitaires et autres informations relatives au prix. Cette information peut également être utile pour l'évaluation des paiements provisoires. Toutefois, l'information peut contenir des prix qui ne sont pas compétitifs. Le Maître de l'ouvrage doit pour cette raison décider, lors de la rédaction des documents d'appel d'offres, s'il veut accepter d'être lié par les ventilations de l'Offre. Sinon, il est de son intérêt de s'être assuré que son représentant a les connaissances nécessaires pour évaluer toutes les Modifications qui peuvent s'avérer utiles.

Des sous-clauses additionnelles peuvent être exigées pour couvrir toutes les exceptions aux options citées dans la Sous-clause 14.1 et toutes les autres questions relatives au paiement.

Si la Sous-clause 14.1(b) ne s'applique pas, une/des Sous-clause(s) additionnelle(s) doit/doivent être ajoutée(s).

EXEMPLE DE SOUS-CLAUSE D'EXONERATION DE DROITS

Toutes les Marchandises importées par l'Entrepreneur dans le Pays doivent être exonérées des droits de douanes et autres droits à l'importation, si l'autorisation écrite préalable du Maître de l'ouvrage pour l'importation est obtenue. Le Maître de l'ouvrage doit signer tous les documents d'exonération nécessaires préparés par l'Entrepreneur pour leur présentation afin de dédouaner les Marchandises, et doit également fournir les documents d'exemption suivants :

(décrire les documents nécessaires que l'Entrepreneur ne sera pas en mesure de préparer)

Si l'exonération n'est alors pas accordée, les droits de douanes payables et payés doivent être remboursés par le Maître de l'ouvrage.

Toutes les Marchandises importées, qui ne sont pas incorporées ou utilisées en relation avec les Travaux, doivent être exportées après exécution du Contrat. Si elles ne sont pas exportées, elles seront soumises aux droits applicables selon les Lois du Pays pour les Marchandises concernées.

Toutesfois, l'exonération peut ne pas être valable pour :

(a) Les Marchandises qui sont similaires à celles produites localement, à moins qu'elles ne soient pas disponibles en quantités suffisantes ou soient d'un standard différent de celui qui est nécessaire pour les Travaux ; et

(b) Toute part des droits ou des taxes inhérente au prix des Marchandises ou des services rendus dans le Pays, qui sont considérés être inclus dans le Prix contractuel.

通常此类合同是按一个总额价格支付的。因此承包商要承担由于其设计引起的成本改变的风险。总额价格可以包括用支付货币(可以,但不一定必须包括当地货币)表示的两笔或多笔款额的报价。

为了对变更进行估价,可要求投标书随附详细的价格细目表,包括工程量、单价和其他估价资料。此类资料也可用于期中付款的估价。但此类资料可能不是竞争性的报价。因此业主在编制招标文件时,应决定是否接受投标人的报价细目的约束。如不接受,业主应确保其代表具有对可能要求的任何变更进行估价的必要专业知识。

为了包含第 14.1 款提出的可选内容以外的任何其他内容,以及有关付款的其他任何事项,可能需要一些附加条款。
如果第 14.1 款(b)项不适用,应增加附加条款。

免除关税范例条款

> 如果事先取得业主对进口的书面批准,承包商进口到工程所在国的所有货物都应免关税和其他进口税。业主应签署支持承包商编制的为货物清关出示的必要的免税文件,还应提供下列免税文件:
>
> (描述承包商不能编制的必需的文件)
>
> 如果未能获准免税,应付和已付的关税应由业主补偿。
>
> 所有未用在工程上或消耗在有关工程需要方面的进口货物,在合同完成时应予出口。如没有出口,该货物应按工程所在国的法律就涉及货物的适用税种估价纳税。
>
> 但对下列情况,免税规定可能不适用:
>> (a) 与当地产品相类似的货物,除非因数量不足或标准不同不能满足工程需要;
>>
>> (b) 在工程所在国采购的货物或服务的价格中原本含有的任何关税或其他税收因素,应被视为已包括在合同价格中。

Les droits de port et de quai et, excepté ce qui est mentionné ci-dessus, toute part des taxes ou droit inhérente au prix des Marchandises ou services sont reputée être incluse dans le Prix contractuel.

EXEMPLE DE SOUS-CLAUSE D'EXONERATION DE TAXES

Le personnel (étranger) expatrié n'est pas soumis à l'impôt sur le revenu prélevé dans le Pays sur les salaires payés dans une devise étrangère, ou de l'impôt sur le revenu prélevé sur les moyens de subsistance, loyers et services similaires fournis par l'Entrepreneur à son Personnel ou pour les gratifications les remplaçant. Si les membres du Personnel de l'Entrepreneur perçoivent une partie de leurs revenus payés dans le Pays dans une devise étrangère, ils peuvent exporter (après la fin de la durée de leurs services concernant les Travaux) le solde restant de leurs revenus payés dans la devise étrangère.

Le Maître de l'ouvrage doit solliciter une exonération pour les besoins de cette sous-clause. Si elle n'est pas accordée, les taxes s'y rappartant qui ont été payées doivent être remboursées par le Maître de l'ouvrage.

Sous-clause 14.2 Paiement anticipé

Lors de la rédaction des Conditions Particulières, il est important de tenir compte des avantages du (des) paiements anticipé(s). A moins que cette Sous-clause ne soit pas applicable, les points décrits dans les sous-paragraphes (a) à (d) de cette sous-clause doivent être spécifiés dans les Conditions Particulières, et la (les) forme(s) convenable(s) de garantie doit/doivent être incluse (s) dans les documents d'appel d'Offres, annexés aux Conditions particulières: un modèle de formulaire est annexé à ce document en Annexe E.

Si l'Entrepreneur doit fournir les éléments principaux des Installations industrielles, il faudra tenir compte des avantages procurés par les paiements échelonnés lors la fabrication. Le Maître de l'ouvrage peut considére utile d'avoir une forme de garantie, puisque ces paiements ne se rapportent pas à une chose étant en sa possession. Si l'Entrepreneur est autorisé à échelonner les paiements avant le transport, les documents d'appel d'Offres peuvent inclure:

(a) des dispositions dans les Conditions Particulières liant les dates des paiements anticipés échelonnés (selon cette Sous-clause) aux phases de fabrication; ou

(b) dans le Calendrier des Paiements ou autre document devant être utilisé pour constater la valeur du Contrat selon la Sous-clause 14.3 (a), un prix pour chacune de ces phases (le Calendrier doit faire référence à l'Entrepreneur fournissant la garantie mentionnée dans la Sous-clause 14.5).

Sous-clause 14.3 Demande de paiements provisoires

Les Conditions Particulières doivent spécifier le pourcentage de retenue pour le sous-paragraphe (c), et peuvent également indiquer le plafond du montant de la retenue de garantie.

港口税、码头税,以及上述情况以外的任何原本含在货物或服务价格中的关税或其他税收因素,应被视为已包括在合同价格中。

免除税收范例条款

外侨(外籍)人员不应负担工程所在国对其任何外币收入征收的所得税,或对由承包商直接向其人员提供的生活费、租金和类似服务费或替代上述费用的津贴征收的所得税。如果任何承包商人员在工程所在国的部分收入是用外币支付的,他们(在工程的服务期结束后)可以将以外币支付的收入的剩余部分汇出或带出境。

业主应为实现本款目标争取免税。如未能获准,支付的相关税费应由业主补偿。

第14.2款 预付款

在编写专用条件时,应考虑到预付款的利益。除非本款不适用,否则本款(a)~(d)项所述事项都应在专用条件中加以规定。在招标文件中应包括认可的担保函的格式,附于专用条件后面:本文件附有范例格式,见附件 E。

如果承包商要提供多项生产设备,应考虑在制造期间分阶段付款的利益。由于这些付款没有连带使业主得到任何所有权,业主可能认为取得某种形式的担保较好。如果承包商将有权在设备装运前得到分阶段付款,则招标文件可以包括:

(a) 在专用条件中关于(根据本款规定)预付款分期支付的时间安排与制造阶段的衔接的规定;
(b) 在付款计划表或根据第14.3款(a)项的规定确定合同价值要使用的其他文件中,列出每个阶段的价格(该计划表应参照承包商提供第14.5款规定的担保)。

第14.3款 期中付款的申请

专用条件应规定本款(c)项中的提取保留金的百分率,还应规定保留金的限额。

Sous-clause 14.4   Calendrier des paiements

Les Conditions Générales contiennent des dispositions relatives aux paiements provisoires à l'Entrepreneur, qui peuvent être basés sur un Calendrier des paiements. Si une autre base est utilisée pour constater les évaluations provisoires, les détails doivent être ajoutés dans les Conditions Particulières. Si les paiements sont spécifiés dans un Calendrier des paiements, l'une des formes suivantes pourrait s'appliquer:

(a) un montant (ou pourcentage du Prix Contractuel final estimé) pourrait être inscrit tous les trois mois (ou une autre période) pendant le Délai d'Achèvement, ce qui peut s'avérer déraisonnable si la progression du travail de l'Entrepreneur diffère de manière significative des prévisions sur lesquelles le Calendrier se basait; ou

(b) le Calendrier pourrait être basé sur les progrès accomplis dans l'exécution des Travaux, ce qui implique une définition précise des étapes de paiement. Des différends peuvent naître lorsque le travail correspondant à une étape est pratiquement achevé mais que le reste ne peut pas être exécuté avant plusieurs mois.

Sous-clause 14.7   Date des paiements

Si un delai de paiement different doit être applicable, la Sous-clause peut être modifiée:

EXEMPLE   dans le sous-paragraphe (b) de la sous-clause 14.7, effacer "56" et remplacer par "42".

Si le ou les pays de paiement doivent être spécifiés, les détails peuvent être inclus dans l'Offre.

Sous-clause 14.8   Paiement retardé

Si le taux d'escompte de la banque centrale du Pays de la devise de paiement n'est pas une base raisonnable pour la détermination des coûts de financement de l'Entrepreneur, un nouveau taux doit être défini. Sinon, les Coûts réels de financement peuvent être payés en tenant compte des arrangements financiers locaux.

Sous-clause 14.9   Paiement de la Retenue de garantie

Si une partie de la Retenue de garantie doit être libérée et substituée par une garantie appropriée, une Sous-clause additionnelle peut être ajoutée. Des formes de garantie appropriées doivent être incluses dans les documents d'appel d'offres, annexés aux Conditions Particulières: un modèle de formulaire est annexé au présent document dans l'Annexe F.

EXEMPLE DE SOUS-CLAUSE DE LIBERATION DE LA RETENUE DE GARANTIE

Lorsque la Retenue de Garantie a atteint _____, le Maître de l'ouvrage est tenu de payer _____% de la Retenue de Garantie à l'Entrepreneur, si ce dernier obtient une garantie, en utilisant un formulaire délivré par un organisme approuvé par le Maître de l'ouvrage, dont le montant et la devise correspondent à ceux du paiement.

第14.4款　付款计划表

通用条件包含按付款计划表对承包商支付期中付款的规定。如果采用其他根据确定期中估价,专用条件中则应增加详细内容。如果支付按付款计划表规定,可采用下列规定之一:

(a) 在竣工时间内的每3个月(或其他期间)填列一个金额(或估计最终合同价格的百分率),如果承包商的进度与付款计划表依据的预期进度差别很大,可能发现该金额或百分率是不合理的;

(b) 付款计划表可以以工程实施中达到的实际进度为依据,这需要明确各付款的阶段。否则某一付款阶段所要求的工作虽已接近完成,而剩余的工作直到几月后还不能完成时,可能产生争执。

第14.7款　付款日期

如果施用不同的付款期间,本款可修改如下:

范例　在第14.7款(b)项中,删去"56"代之以"42"。

如果需要规定付款的国家(或几个国家),可在投标书中包括具体要求。

第14.8款　延误的付款

如果支付货币国家的中央银行的贴现率不是评定承包商融资成本的合理依据,可能需要另定利率,或参照当地融资情况,按实际融资成本支付。

第14.9款　保留金的支付

如果要放还部分保留金,代之以适当的保函,可增加附加条款。招标文件中应包括认可的担保函格式,附在专用条件后面:本文件附有范例格式,见附件F。

放还保留金范例条款

　　当保留金达到_____时,业主应付给承包商保留金额的_____%,条件是承包商要取得由业主批准的实体,以业主认可的格式出具的金额及货币与此项付给相同的保函。

L'Entrepreneur doit s'assurer que la garantie reste valable et exécutoire jusqu'á ce qu'il ait exécuté et achevé les Travaux et supprimé tous les vices, comme spécifié pour la Garantie d'exécution dans la Sous-clause 4.2, et cette garantie doit être restituée à l'Entrepreneur en conséquence. Cette libération de la Retenue de Garantie remplace la libération de la seconde moitié de la Retenue de Garantie conformément au deuxième paragraphe de la Sous-clause 14.9.

Sous-clause 14.15   Devises de paiement

Si tous les paiements sont effectués dans la Devise locale, elle doit être désignée dans l'Accord contractuel et seule la première phase de cette Sous-clause est applicable. Sinon, la Sous-clause peut alors être remplacée par :

EXEMPLE DE SOUS-CLAUSE POUR CONTRAT DANS UNE DEVISE UNIQUE
> La monnaie de compte est la Devise locale et tous les paiements effectués conformément au Contrat sont effectués dans la Devise locale. Les paiements dans la Devise locale doivent être totalement convertibles, excepté ceux effectués pour les coûts locaux. Le pourcentage attribué aux coûts locaux doit être celui mentionné dans l'Offre.

Accords financiers

Pour les contrats de grande envergure dans certains marchés, il peut être nécessaire d'assurer le financement par des organismes tels que des organisations humanitaires, des banques de développement, des établissements de crédit à l'exportation ou d'autres institutions internationales de financement. Si le financement doit être fourni par l'un de ces organismes, il peut être nécessaire d'incorporer ses exigences spéciales dans les Conditions Particulières. La formulation exacte dépendra de l'organisme en question, il sera nécessaire d'y faire référence pour constater leurs exigences et pour solliciter leur agrément concernant le projet des documents d'appel d'offres. Ces exigences peuvent inclure des procédures d'offre, qu'il est nécessaire d'adopter pour rendre l'éventuel contrat éligible au financement, et/ou des Sous-clauses spéciales qui peuvent être incorporées dans les Conditions Particulières. Les exemples suivants indiquent sur quels points les exigences de l'institution peuvent porter :

(a) interdire la discrimination à l'encontre des compagnies maritimes d'un pays quelconque ;

(b) assurer que le Contrat est soumis à une loi neutre largement reconnue ;

(c) s'assurer de l'existence de dispositions pour l'arbitrage selon des règles internationales reconnues et dans un endroit neutre ;

(d) donner à l'Entrepreneur le droit de suspendre ou de résilier en cas de non-respect des arrangements financiers ;

(e) limiter le droit de refuser les Installations industrielles ;

(f) spécifier les paiements dus en cas de résiliation ;

承包商应确保该保函如第4.2款对履约担保的规定,直到其完成工程的实施、竣工及修补完任何缺陷时始终有效和可执行,届时保函应相应退还给承包商。保留金此项放还,应代替根据第14.9款第2段规定的放还保留金后一半的要求。

第14.15款　支付的货币

如果所有付款都用当地货币支付,应在合同协议书中说明本款规定仅第一句话适用。本款可代之以:

单一货币合同范例条款
　　　结算货币应为当地货币,按照合同支付的所有款项都应为当地货币。除当地开支的费用外,所有当地货币的付款应全部可以兑换。当地开支的费用所占百分比应按投标书中提出的。

融资安排

对于某些市场上的重要合同,可能需要从一些实体,如援助机构、开发银行、出口信贷机构或其他国际融资组织获取资金。如果从任何这类来源获取资金,可能专用条件中需要编入这些机构的特定要求。准确的措词要依靠这些相关机构。因此需要征求这些相关机构的意见,以确定其要求,使招标文件草案得到其批准。

这些要求可能包括,为使最终合同具有融资资格要采用的招标程序,和(或)需要编入专用条件的某些特定条款。下列范例指出了贷款机构的要求可能涉及的一些问题:

(a)禁止歧视任一国家的航运公司;
(b)确保合同受广泛接受的中立法律管辖;
(c)在中立地点,按公认的国际规则进行仲裁的规定;

(d)根据融资安排发生违约时,给予承包商暂停或终止的权利;

(e)对拒收生产设备权利的限制;
(f)终止时应付款项的规定;

(g) spécifier que le Contrat ne doit pas prendre effet avant que certaines conditions suspensives soient satisfaites, y compris les conditions d'avant paiement pour les arrangements financiers; et

(h) obliger le Maître de l'ouvrage à effectuer les paiements sur ses propres ressources, si pour une raison quelconque, les fonds prévus dans les accords financiers sont insuffisants pour satisfaire les paiements dus à l'Entrepreneur, soit en raison d'un manquement aux accords financiers soit pour une autre raison.

De plus, l'institution financière ou la banque peut souhaiter que le Contrat inclue les références aux accords financiers dans, notamment si le financement de plusieurs institutions doit être combiné pour financer différents éléments d'approvisionnement. Il n'est pas inhabituel que les Conditions Particulières incluent des dispositions spéciales identifiant différentes catégories d'installations industrielles et spécifiant les documents qui doivent être présentés à l'institution financière concernée pour obtenir le paiement. Si les exigences de l'institution financière ne sont pas satisfaites, il peut être difficile (voire impossible) d'obtenir un financement approprié pour le projet et/ou l'institution peut refuser de financer tout ou partie du Contrat.

Toutefois, lorsque le financement n'est pas lié à l'exportation de marchandises et de services d'un pays particulier mais est simplement fourni par des banques commerciales prêtant au Maître de l'ouvrage, ces banques peuvent avoir intérêt à s'assurer que les droits de l'Entrepreneur sont très limités. Ces banques peuvent souhaiter que le Contrat exclue toute référence aux accords financiers, et/ou limite les droits de l'Entrepreneur prévus par la Clause 16.

FORME DE LA SOUS-CLAUSE QUE PEUT EXIGER UNE INSTITUTION FINANCIERE

Le Prix contractuel est composé de la manière suivante:

(répartition selon les articles et/ou selon les fournitures/livraison/etc.)

et son montant doit être payable par le Maître de l'ouvrage à l'Entrepreneur comme indiqué ci-dessous:

(a) _____% du Prix contractuel doit être payé par paiement direct du Maître de l'ouvrage à l'Entrepreneur dans un délai de 28 jours après réception par l'Entrepreneur des documents suivants:

(i) facture commerciale adressée au Maître de l'ouvrage spécifiant le montant actuel dû;

(ii) garantie de remboursement du paiement anticipé émise par la banque en utilisant le formulaire annexé;

(iii) garantie d'exécution émise par la banque en utilisant le formulaire annexé, et

(iv) Un certificat de paiement provisoire confirmant le paiement dû et précisant le montant.

(b) _____% du Prix contractuel pour la fourniture des Installations industrielles est payé de la manière suivante:

(g)规定直到一些先决条件,包括融资安排中提前支付的条件得到满足后,合同才能生效;

(h)规定如果由于任何原因,不论是根据融资安排发生违约还是其他原因,造成融资安排的资金不能满足应付承包商的款项时,业主有义务以其自有资金支付承包商。

此外,融资机构或银行可能希望合同内包括融资安排的内容,尤其是对不同部分供货安排一个以上来源提供资金时。经常的情况是,在专用条件中包括一些特定的规定,分别不同种类的生产设备,规定要向相关融资机构提交申请付款的文件。如果融资机构的要求得不到满足,则可能很难(或甚至不可能)为项目获得适当的资金,并且(或)该机构可能拒绝对整个或部分合同提供资金。

但如果融资不与从任何特定国家出口货物或服务相联系,只是由商业银行简单地贷款给业主,那么这些银行关注的可能是要确保严格限制承包商的权利。这些银行可能希望合同不包括任何融资安排,和(或)限制承包商根据第16条的规定所拥有的权利。

融资机构可能要求的条款格式

合同价格由以下内容构成:
(将合同价格内容分解为细目,和(或)分解为供货/交付等)
将按下列规定由业主向承包商支付:

(a)在业主收到下列文件后28天内,应由业主向承包商直接支付合同价格的_____%:

(i)业主的列明现已到期的应付金额的商业发票;

(ii)由_____银行按附件所列格式出具的预付款担保函;

(iii)由_____银行按附件所列格式出具的履约担保函;

(iv)确认到期款项、列明金额的期中付款证书。

(b)用于生产设备供货的合同价格的_____%,应进行如下支付:

(i) _____% de la valeur contractuelle estimée des Installations industrielles fournies, par paiement direct du Maître de l'ouvrage à l'Entrepreneur pour le transport de chaque élément, contre remise des documents suivants:

facture commerciale (original)

documents de transport (original)

certificat d'original (original)

certificat d'assurance (original)

certificat de paiement provisoire (original) confirmant le paiement dû et spécifiant le montant

(ii) _____% de la valeur contractuelle estimée des Installations industrielles fournies, par le paiement du Contrat de Prêt à l'Entrepreneur pour le transport de chaque élément, sur présentation d'un Certificat d'Aptitude en utilisant le formulaire annexé et des copies des documentss énumérés dans le sous-paragraphe(b)(i) ci-dessus.

(c) Le solde du prix contractuel est payé de la manière suivante:

(i) _____% de la valeur contractuelle estimée des services rendus, par paiement direct du Maître de l'ouvrage à l'Entrepreneur à l'exécution des services concernés, contre remise des documents suivants;

facture commerciale (original)

documents de transport (original)

certificat de paiement provisoire confirmant le paiement dû et précisant le montant (original)

(ii) _____% de la valeur contractuelle estimée des services rendus, par paiement du Contrat de Prêt à l'Entrepreneur, sur présentation d'un certificat d'Aptitude en utilisant le formulaire annexé et des copies de documents énumérées dans le sous-paragraphe (c)(i) ci-dessus.

(d) Les paiements directs du Maître de l'ouvrage spécifiés dans le sous-paragraphe (b) sont effectués au moyen d'une lettre de crédit irrévocable, établie par le Maître de l'ouvrage au bénéfice de l'Entrepreneur et confirmée par une banque agréée par l'Entrepreneur.

Les accords ci-dessus (impliquant la (les) institution(s), financière(s), le Maître de l'ouvrage et l'Entrepreneur) peuvent être proposés par le Maître de l'ouvrage; ou par l'Entrepreneur, avant la soumission de l'Offre. Autrement, l'Entrepreneur peut être prêt à proposer des accords financiers et à en assumer la responsabilité, bien qu'il ne soit probablement pas capable ou ne veuille pas fournir le financement sur ses propres fonds. Les exigences de son établissement financier pourraient influencer son attitude lors des négociations relatives au Contrat. Celles-ci peuvent exiger du Maître de l'ouvrage que celui-ci effectue des paiements provisoires, bien que le paiement d'une grande partie du Prix contractuel puisse être retardé jusqu'á ce que les Travaux soient achevés.

（ⅰ）在每项设备装船后，业主根据以下文件向承包商直接支付已供生产设备估算合同价值的_____%；

（原始）商业发票
（原始）装运单证
（原始）原产地证书
（原始）保险证书
（原始）确认应付款项，列明金额的期中付款证书

（ⅱ）在每项设备装船后，业主根据提交的按所附格式出具的资格合格证书以及上述（b）项第（ⅰ）目所列文件的复制件，从贷款协议中向承包商支付已供生产设备估算合同价值的_____%。

(c) 合同价格的余额应如下支付：
（ⅰ）对实施的相关服务，业主根据下列文件，向承包商直接支付已提供服务的估算合同价值的_____%；

（原始）商业发票
（原始）装运单证
（原始）确认应付款项，列明金额的期中付款证书

（ⅱ）业主根据提交的按所附格式出具的资格合格证书，以及上述（c）项第（ⅰ）目所列文件的复制件，从贷款协议中向承包商支付已提供服务的估算合同价值的_____%。

(d) 本款(b)项规定的业主直接付款方式应为由业主开具的经承包商认可的银行保兑的、以承包商为受益人的不可撤销信用证。

上述安排（涉及融资机构、业主和承包商）可以由业主或承包商在递交投标书前提出。另外的做法是，虽然承包商可能没能力也不愿自己提供资金，但其可能愿意主动着手融资安排并对之担负责任。因而承包商融资银行的要求会影响其在合同谈判中的态度。他们可能尽力要求业主支付期中付款，尽管大部分合同价格可能直到工程竣工后才能支付。

Cet accord de paiement peut être obtenu soit en appliquant un haut Pourcentage de Retenue; soit en utilisant un Calendrier des paiements complété de façon appropriée, contenant les Instructions aux Soumissionnaires et spécifiant les critères auxquels l'Offre doit se conformer. Etant donné que l'Entrepreneur doit alors arranger des opérations financières pour combler le déficit entre ses recettes et ses dépenses, celui-ci (ainsi que sa banque de financement) exigera sans doute une forme de sûreté garantissant le paiement à l'échéance.

Il peut être approprié pour le Maître de l'ouvrage, lorsqu'il rédige les documents d'appel d'offres, d'anticiper cette exigence en promettant de fournir une garantie pour les parties du paiement que l'Entrepreneur reçoit lorsque les travaux sont achevés. La (les) forme(s) acceptable (s) de garantie doivent être incluses dans les documents d'appel d'offres, annexés aux conditions Particulières; un modèle de formulaire est annexé à ce document en Annexe G. La Sous-clause suivante peut être ajoutée.

EXEMPLE DE DISPOSITIONS RELATIVES AU FINANCEMENT DE L'ENTREPRENEUR

    Le Maître de l'ouvrage doit obtenir (á ses frais) une garantie de paiement, dans le montant et les devises et délivrée par un organisme, tels que mentionnés dans _____ . Le Maître de l'ouvrage remet la garantie à l'Entrepreneur dans un délai de 28 jours après la signature de l'Accord contractuel par les deux Parties. La garantie doit respecter le formulaire annexé à ces Conditions Particulières ou un autre formulaire approuvé par l'Entrepreneur. Le Maître de l'ouvrage ne doit pas donner l'avis conformément à la Sous-clause 8.1, à moins et jusqu'á ce que l'Entrepreneur ait reçu la garantie.

    La garantie est retournée au Maître de l'ouvrage à la plus antérieure des dates suivantes:

    (a) lorsque le Prix contractuel mentionné dans l'Accord contractuel a été payé à l'Entrepreneur;

    (b) lorsque les obligations en vertu de la garantie sont éteintes ou ont été exécutées, ou

    (c) lorsque le Maître de l'ouvrage a rempli toutes les obligations découlant du Contrat.

Clause 15   Résiliation par le Maître de l'ouvrage

Sous-clause 15.2   Résiliation par le Maître de l'ouvrage

Avant de solliciter les offres, le Maître de l'ouvrage doit vérifier que la formulation de cette Sous-clause et chaque motif de résiliation anticipée sont compatibles avec la loi régissant le Contrat.

可以通过采用高保留金百分率,或通过适当制定付款计划表,并在投标人须知中规定投标人应遵守的标准等方式,完成此项付款安排。由于承包商随后必须自筹资金以弥补其所得付款与其开支间的差额,承包商(及其融资银行)可能要求某种形式的担保,以保证到期能得到付款。

对于业主来说可能适宜的做法是,在编制投标人须知时,就预计到上述后一项要求,承诺为承包商在工程竣工时应得到的付款提供保函。可接受的保函格式应包括在招标文件中,附在专用条件后面:本文件附有范例格式,见附件 C。这里可以增加下列条款:

承包商融资范例条款

业主应(自费)取得一份按_____规定的金额和币种,由某实体出具的支付保函。业主应在双方签署合同协议书后 28 天内将该保函提交给承包商。保函应采用本专用条件所附格式,或承包商认可的其他格式。除非并直到承包商收到此保函时,业主不应根据第 8.1 款规定发出通知。

保函应在下列日期中的最早日期退回业主:

(a)已向承包商支付合同协议书中规定的合同价格时;

(b)根据保函的义务已期满或已解除时;

(c)业主已根据合同履行了其全部义务时。

第 15 条　由业主终止

第15.2款　由业主终止

招标前,业主应证实本款规定的措词及每项预计终止的依据,符合管辖合同的法律。

Sous-clause 15. 5   Droit de résiliation du Maître de l'ouvrage

Amoins qu'elle ne soit pas compatible avec les exigences du Maître de l'ouvrage et/ou de celle des institutions de financement, une phrase supplémentaire peur être ajoutée.

EXEMPLE

Insérer à la fin de la Sous-clause 15. 5 :

Le Maître de l'ouvrage doit également payer à l'Entrepreneur le montant de toute autre perte ou de tout autre dommage résultant de la résiliation.

Clause 16   Suspension et résiliation par l'Entrepreneur

Sous-clause 16. 2   Résiliation par par l'Entrepreneur

Avant de solliciter les offres, le Maître de l'ouvrage doit vérifier que la formulation de cette Sous-clause est compatible avec la loi régissant le Contrat. L'Entrepreneur doit s'assurer que chaque motif de résiliation anticipée est compatible avec cette loi.

Clause 17   Risque et Responsabilité

Sous-clause 17. 6   Limitation de la responsabilité

EXEMPLE

Dans la Sous clause 17. 6, la somme mensionnée à l'avant-dernière phrase doit s'élever á

Sous-clause additionnelle : Utilisation des logements/installations du Maître de l'ouvrage
Si l'Entrepreneur doit occuper temporairement les installations du Maître de l'ouvrage, une Sous-clause additionnelle peut être ajoutée :

EXEMPLE DE SOUS-CLAUSE

L'Entrepreneur doit assumer l'entière responsabilité pour le soin apporté aux éléments énumérés en détail ci-dessous, à partir des dates respectives d'utilisation ou d'occupation par l'Entrepreneur, jusqu'aux dates respectives de remise ou de cessation de l'occupation (lorsque la remise ou la cessation de l'occupation peut avoir lieu après la date mensionnée dans le Certificat de réception pour les travaux) :

(insérer les détails)

第15.5款　业主终止的权利

除非与业主和(或)融资机构的要求不符,可增加一句。

范例
>在第15.5款末尾插入:
>业主还应向承包商支付由于此项终止产生的任何其他损失或损害的金额。

第16条　由承包商暂停和终止

第16.2款　由承包商终止

招标前,业主应证实本款规定的措词符合管辖合同的法律。承包商应证实每项预计终止的依据符合此类法律。

第17条　风险与职责

第17.6款　责任限度

范例
>第17.6款中倒数第二句提到的总额应为_____。

附加条款　使用业主提供的住宿/设施
如果承包商要临时占用业主的设施,可增加附加条款:

范例条款
>承包商应自使用或占用下列各项设施的各自日期起,至移交或停止占用(此处移交或停止占用可发生在工程接收证书注明的日期之后)的各自日期止,承担对各项设施的全部照管职责。

(插入设施细节)

Si une perte ou un dommage affecte tout élément mensionné ci-dessus alors que l'Entrepreneur est responsable pour leur soin, survenant pour une raison quelconque, autre que celles pour lesquelles le Maître de l'ouvrage est responsable, l'Entrepreneur est tenu de réparer à ses propres frais la perte ou le dommage à la satisfaction du Maître de l'ouvrage.

Clause 18 Assurance

La formulation des Conditions Générales décrit les assurances qui doivent être souscrites par la "Partie qui assure", laquelle doit être l'Entrepreneur à moins que les Conditions Particulières n'en disposent autrement. Les assurances ainsi fournies par l'Entrepreneur doivent être compatibles avec les dispositions générales convenues avec le Maître de l'ouvrage. Les Instructions aux Soumissionnaires peuvent pour cette raison exiger d'eux qu'ils fournissent les détails des dispositions proposées. Les Conditions Particulières doivent spécifier le montant minimun de la franchise pour le sous-paragraphe (d) de la Sous-clause 18.2 et le montant minimun pour l'assurance contre les accidents causés à des tiers pour la sous-clause 18.3.

Si le Maître de l'ouvrage doit souscrire une des assurances conformément à cette Clause, les documents d'appel d'offres doivent inclure les détails dans une annexe des Conditions Particulières (afin que les soumisionnaires puissent évaluer quelles autres assurances ils souhaitent avoir pour leur propre protection), y compris les conditions, les plafonds, les exceptions et les franchises; de préférence sous la forme de copies de chaque police. La Maître de l'ouvrage peut trouver difficile de souscrire les assurances décrites dans le troisième paragraphe de la sous-clause 18.2 (pour l'Equipement de l'Entrepreneur, qui inclut l'équipement des Sous-traitants), parce que le Maître de l'ouvrage peut ne pas connaître la quantité ou la valeur de ces éléments d'équipement. La phrase suivante peut être incluse dans les Conditions particulières:

EXEMPLE
> Effacer le paragraphe final de la Sous-clause 18.2 et le remplacer par:
> Toutefois, les assurances décrites dans les deux premiers paragraphes de la Sous-clause 18.2 doivent être souscrites et maintenues par le Maître de l'ouvrage en tant que Partie qui assure et non par l'Entrepreneur.

Clause 19 Force majeure

Avant de solliciter les offres, le Maître de l'ouvrage doit vérifier que la formulation de cette Clause est compatible avec la loi régissant le Contrat.

如果在承包商负责照管期间,由于业主应负责的以外的任何原因,使上述设施发生任何损失或损害,承包商应自费修正此类损失或损害,直到业主满意。

第18条 保 险

通用条件中的措词描述要由"应投保方"办理的保险,该应投保方除非在专用条件中另有说明,否则将是承包商。承包商提供的这些保险都要符合与业主达成一致的一般条件的规定。因此投标人须知可以要求投标人提供建议条件的细节。专用条件应规定第18.2款(d)项中的免赔额的最低数额,以及第18.3款中第三方责任险的最低数额。

如果业主要根据本条规定办理任何保险,招标文件应包括保险的细节,作为专用条件的附件(以使投标人能够判断为保护自己需要的其他保险),此类细节包括保险条件、限额、除外责任和免赔额,最好采用每份保险单抄件的形式。业主可能感到难以对第18.2款第三段所述保险(对承包商设备,包括分包商设备的保险)投保,因为业主可能不知道这些各类型设备的数量和价值。在专用条件中可以包括下列词句:

范例
  删除第18.2款最末一段,代之以:
  但第18.2款开头两段所述保险,应由业主而不是承包商作为应投保方办理并保持。

第19条 不可抗力

在招标前,业主应证实本条措词与管辖合同的法律不相矛盾。

Clause 20 Réclamations, Litiges et Arbitrage

Sous-clause 20.2 Désignation du Bureau de conciliation

Le Contrat doit contenir des dispositions qui, tout en ne décourageant pas les parties de parvenir au règlements des litiges pendant l'exécution des Travaux, leur permet de renvoyer les points litigieux à un bureau de conciliation impartial (Bureau de conciliation).

Le succès de la procédure de conciliation dépend, entre autres, de la confiance des parties dans les personnes choisies qui appartiendront au Bureau de conciliation. C'est pourquoi il est essentiel que les candidats à ce poste ne soient pas imposés par l'une ou l'autre des Parties, et que si la personne est choisie conformément à la Sous-clause 20.3, le choix soit effectué par un organe absolument impartial. La FIDIC est disposée à jouer ce rôle, si ce pouvoir lui a été délégué conformément à l'exemple de formulation proposé ci-dessous pour la Sous-clause 20.3.

La Sous-clause 20.2 prévoit la désignation du Bureau de conciiation après qu'une partie a signalé son intention de renvoyer le litige devant le Bureau de conciliation. Toutefois, pour certains types de projet, notamment pour ceux qui impliquent un travail considérable sur le Chantier, où il pourrait être approprié pour le Bureau de conciliation de visiter le Chantier régulièrement, il peut être décidé de retenir les services d'un Bureau de conciliation permanent. Dans ce cas, les Sous-clauses 20.2 et 20.4 avec l'Appendice et les Annexes aux Conditions Générales, ainsi que la Convention de conciliation doivent être modifiés afin d'être conformes à la formulation correspondante des Conditions FIDIC du Livre Rouge-Conditions de Contrat pour la Conception-Construction (pour les travaux électriques et mécaniques et pour des travaux de bâtiment et de génie civil conçus par l'Entrepreneur).

La Sous-clause 20.2 prévoit deux arrangements alternatifs pour la composition du Bureau de conciliation:

(a) Une personne, qui agit en qualité de membre unique du Bureau de conciliation, ayant conclu un accord tripartite avec les deux Parties, ou

(b) Un Bureau de conciliation composé de trois personnes, dont chaque membre a conclu un accord tripartite avec les deux Parties.

La forme de cet accord tripartite pourrait être l'une des deux possibilités présentées à la fin de cette publication, selon la forme la plus appropriée pour l'arrangement adopté. Les deux formes incorporent (par référence) les Conditions Générales de la Convention de conciliation, qui sont incluses comme Appendice aux Conditions Générales car il y est fait également référence dans la Sous-clause 20.2. Dans chacune de ces formes alternatives de Convention de conciliation, il est fait référence à chaque personne en tant que Membre.

Avant que le Contrat ne soit conclu, il faudrait se demander s'il est préférable pour un projet particulier de choisir un Bureau de conciliation à membre unique ou composé de trois membres, en prenant en considération sa taille, sa durée et le domaine de spécialité impliqué.

第 20 条 索赔、争端和仲裁

第 20.2 款 调解委员会的任命

合同应包括,在不劝阻双方在工程进行过程中就争端达成协议的同时,允许他们将争端事项提交公正的调解委员会的规定。

调解程序的成功,在许多因素中主要取决于双方对商定的将服务于调解委员会人员的信任。因此,该职位的候选人不是由某方强加于另一方。如果是根据第 20.3 款的规定选择人员,那么要由一个完全公正的实体来选择。如果按照下述对第 20.3 款建议的范例措词已委托授权,菲迪克(FIDIC)愿承担此任。

第 20.2 款设想在一方发出要将争端提交调解委员会的意向通知后,任命该调解委员会。但对某些类型的项目,特别是涉及大量现场工作的工程,调解委员会定期访问现场可能较适宜,这时可决定聘请常设调解委员会的服务。在此情况下,第 20.2 和 20.4 款连同通用条件的附录和附件,以及争端调解协议书应依照菲迪克(FIDIC)施工合同条件包含的相应措词进行修改。

第 20.2 款对调解委员会提供了两种备选安排:

(a)一人,作为调解委员会的唯一成员,已与双方签订三方协议书;

(b)三人调解委员会,其中每人都已与双方签订三方协议书。

此项三方协议书的格式,根据选用的适宜安排方式,可从本文本最后附的两种备选格式中选择一种。这两种格式体现(参考)了争端调解协议书一般条件,该一般条件因也在第 20.2 款规定中谈到,作为附录附在通用条件后面。在这两种争端调解协议书的备选格式中,每位个人都称为成员。

在签订合同前,应根据每个具体项目的大小、历时长短和涉及的专业技术领域,考虑用一人还是三人调解委员会。

La désignation du Bureau de conciliation peut être facilitée en incluant une liste de membres potentiels dans le Contrat.

Sous-clause 20. 3   Echec de l'accord relatif à la désignation du Bureau de conciliation

EXEMPLE
> L'organe ou la personne officielle chargé(e) de la désignation est soit le Président de la FIDIC, soit une personne nommée par son Président.

Sous-clause 20. 5   Règlement amiable

Les dispositions de cette Sous-clause sont destinées à encourager les parties à régler un litige à l'amiable sans avoir recours à l'arbitrage: par exemple, par négociation directe, conciliation, médiation, ou autres formes alternatives de règlement des litiges. Le succès des procédures d'arrangement á l'amiable dépend souvent de la confidentialité et de l'acceptation de la procédure par les deux Parties. C'est pourquoi aucune Partie ne doit chercher à imposer la procédure à l'autre Partie.

Sous-clause 20. 6   Arbitrage

Le Contrat doit comprendre des dispositions relatives au règlement par l'arbitrage international de tout litige qui ne peut être réglé à l'amiable. Dans les contrats de construction internationaux, l'arbitrage commercial international a de nombreux avantages sur les procédures devant les tribunaux nationaux, et peut être plus acceptable pour les Parties.

Il faudra prendre soin de s'assurer que les règles d'arbitrage international choisies sont compatibles avec les dispositions de la Clause 20 et avec les autres éléments spécifiés dans le Contrat. Les Règlements d'Arbitrage de la Chambre de Commerce Internationale (la "CCI", sise 38 Cours Albert Ier, 75008 Paris, France) sont fréquemment inclus dans les contrats internationaux. En l'absence de stipulations spécifiques relatives au nombre d'arbitrages et à la localisation de l'arbitrage, la Cour Internationale d'Arbitrage de la CCI décidera du nombre d'arbitres (normalement trois dans tout litige important de construction) et de la localisation de l'arbitrage.

Si les règlements d'arbitrage CNUDCI (ou d'autres règlements non-CCI) sont préférés, il peut être nécessaire d'indiquer dans les Conditions Particulières une institution pour désigner les arbitres ou pour administrer l'arbitrage à moins que l'institution ne soit désignée (et son rôle spécifié) dans les règlements d'arbitrage. Il peut être également nécessaire de s'assurer avant de désigner ainsi une institution, que celle-ci est disposée à nommer les arbitres et à administrer l'arbitrage.

在合同中包括一个协商一致的备选成员名单,可能便于调解委员会的任命。

第20.3款　调解委员会指定未能取得一致

范例
　　受托负责任命的机构或人员应为菲迪克(FIDIC)主席或其指定的人员。

第20.5款　友好解决

本款规定的目的是鼓励双方友好解决争端,避免仲裁的需要。例如,通过直接谈判、和解、调解或其他解决争端的替代做法。友好解决程序的成功,常常取决于程序的保密性和双方对程序的认可。因此任何一方都不应寻求将程序强加于另一方。

第20.6款　仲　　裁

合同中应包括,对未能友好解决的任何争端通过国际仲裁解决的规定。在国际施工合同中,国际商会仲裁比国内法庭诉讼具有很多优点,因而可能更易为双方接受。

应认真考虑,确保选用的国际仲裁规则与第20条的规定和合同中规定的其他内容相一致。国际商会("ICC",设在法国巴黎75008,38 Cours Albert Ier)仲裁规则常被写入国际合同中。在对仲裁员人数、仲裁地点没有具体规定的情况下,ICC国际仲裁庭将决定仲裁员人数(在各种重大施工争端中一般为三人)和仲裁地点。

如果倾向采用联合国国际贸易法委员会(CNUDCI)(或国际商会以外的其他组织)的仲裁规则,在专用条件中可能需要指定一个提名仲裁员或执行仲裁的机构,除非在仲裁规则中已指明该机构(并规定了其任务)。否则,在指定某一机构前,还需要确保该机构愿意承担提名和执行仲裁的任务。

Pour les prjets de grande envergure sollicités au niveau international, il est souhaitable que le lieu de l'arbitrage soit situé dans un pays autre que celui du Maître de l'ouvrage ou de celui de l'Entrepreneur. Ce pays doit avoir un droit de l'arbitrage moderne et libéral et doit avoir ratifié un traité bilatéral ou multilatéral (tel que la Convention de New York de 1958 sur la reconnaissance et l'exécution des sentences arbitrales internationales) ou les deux, qui facilitera l'exécution d'une sentence arbitrale dans les Etats des deux Parties.

Il peut être souhaitable dans quelques cas pour les autres Parties de participer à la procédure d'arbitrage entre les Parties, créant ainsi un arbitrage multipartite. Cela étant, les clauses d'arbitrage multipartites exigent une rédaction soignée et doivent habituellement être préparées au cas par cas. Aucune forme standard satisfaisante de clause d'arbitrage multipartite n'a été développée jusqu'á présent pour l'usage international.

对国际招标的大型项目,仲裁地点最好选在业主或承包商所在国以外的国家。该国应有现代的、开放的仲裁法,并已批准了双边或多边公约(如1958年纽约域外仲裁裁决认可与执行公约)或两者都被批准。这样有利于仲裁裁决在双方所在国执行。

在某些情况下,可能认为请其他方加入双方间的任何仲裁,形成一个多边仲裁比较好。尽管这可能是可行的,但多边仲裁条款需要起草技巧,且需要根据逐个案情而定。目前还没有编制出令人满意的、国际通用的多边仲裁条款的标准格式。

Formulaires pour les types de garantie

ANNEXE A Formulaire-type : GARANTIE DE LA SOCIETE MERE

Brève description du Contrat _____
Nom et adresse du Maître de l'ouvrage _____ (ensemble avec les ayants droit et ayants cause).

Nous avons été informés que _____ (ci-après "l'Entrepreneur") a présenté une offre pour ledit Contrat en réponse à votre appel d'offre, et que les conditions exprimées dans votre invitation exigent que son offre soit accompagnée d'une garantie de la société-mère.

En contrepartie du fait que vous, le Maître de l'ouvrage, concluiez un contrat avec l'Entrepreneur, nous (*nom de la société -mère*) _____ vous garantissons irrévocablement et inconditionnellement, comme obligation principale, l'exécution de l'ensemble des obligations et engagements de l'Entrepreneur découlant du Contrat, y compris le respect par l'Entrepreneur de l'ensemble des stipulations et conditions conformément à leur but et signification réels.

Si l'Entrepreneur ne respecte pas ses obligations et engagements et ne se conforme pas au Contrat, nous indemniserons le Maître de l'ouvrage pour et contre tous les dommages et intérêts, pertes ou dépenses (y compris les frais et dépenses légaux) résultant de tout manquement pour lequel l'Entrepreneur est responsable vis-à-vis du Maître de l'ouvrage conformément au Contrat.

La présente garantie doit prendre effet lorsque le Contrat prend effet. Si le Contrat ne prend pas effet dans un délai d'un an à compter de la date de cette garantie, ou si vous déclarez ne pas avoir l'intention de conclure le Contrat avec l'Entrepreneur, cette garantie sera nulle et de nul effet. Cette garantie doit rester valable jusqu'à ce que l'Entrepreneur soit déchargé de toutes les obligations et engagements découlant du Contrat. Cette garantie expirera alors et doit nous être retournée, et notre responsabilité sera totalement éteinte.

La présente garantie s'applique et complète le Contrat tel que modifié ou rectifié occasionellement par le Maître de l'ouvrage et l'Entrepreneur. Par la présente, nous les autorisons à convenir de telles modifications ou rectifications, dont nous garantissons également l'exécution et le respect par l'Entrepreneur. Nos obligations et engagements découlant de la présente garantie ne s'éteindront ni par l'effet d'un report ni par aucune concession consentie par le Maître de l'ouvrage à l'Entrepreneur, ni par aucune modification ou suspension des travaux devant être exécutés en vertu du Contrat, ni par aucune rectification du Contrat ou de la personne du Maître de l'ouvrage ou de l'Entrepreneur, ni pour aucune autre raison, que ce soit avec ou sans notre connaissance et notre accord.

担保函格式

附件 A　母公司保函范例格式

合同简述_____
业主名称和地址 _____（连同继任人和受让人）

我方已获知,_____（以下称"承包商")正响应你方邀请对上述合同提交报价,你方邀请条件要求报价应附一份母公司保函。

考虑到你方,业主,将向承包商授予合同,我方(母公司名称)_____不可撤销和无条件地,作为一项主要义务向你方保证,承包商根据合同规定的所有应履行的义务和责任,包括承包商按照其真实意图和含义遵守所有合同条款和条件。

如果承包商未能如上履行其义务和责任,未能遵守合同,我方将保障业主免受因承包商根据合同应对业主负责的任何该类违约造成的所有损害赔偿费、损失和开支(包括法律费用和开支)。

本保函将在合同全面实施和生效时,全面实施和生效。如果在本保函日期一年内,合同没有全面实施和生效,或如果你方表明不想与承包商签订合同,本保函将作废和无效。本保函将持续全面实施和有效,直到承包商根据合同规定的义务和责任全部解除为止,届时本保函应期满,应退还我方,我方在其下的责任应完全解除。

当业主和承包商有时对合同进行修改或变更时,本保函仍适用并作为合同的补充。我方在此授权他们商定任何此类修正或变更,对承包商应履行和应遵守的修正或变更在此同样予以保证。我方根据本保函应负的义务和责任,不应因业主对承包商做出的任何时限允许或其他宽让,或根据合同要实施的工程的任何变更或暂停,或对合同、承包商或业主的组成的任何修改,或任何其他事项而解除,不论这些事项是否经我方知晓或同意。

La présente garantie est régie par le droit du même pays (ou ordre juridique) que celui régissant le Contrat et tout litige relatif à la présente garantie sera définitivement tranché conformément au Règlement d'arbitrage de la Chambre de Commerce Internationale par un ou plusieurs arbitre(s) nommé(s) en vertu de ce règlement. Nous confirmons que le bénéfice de cette garantie ne peut être cédé que selon les stipulations relatives à la cession du Contrat.

Date _____ Signature(s)_____

本保函应由管辖合同的同一国家(或其他司法管辖区)的法律管辖。关于本保函的任何争端,应根据国际商会仲裁规则,由按该规则任命的一位或几位仲裁员最终解决。我方确认,本保函的权益仅可按照合同转让的条款进行转让。

日期＿＿＿＿＿＿＿＿＿＿＿签字＿＿＿＿＿＿＿＿＿＿＿＿＿＿＿＿＿＿＿

ANNEXE B   Formulaire-type : GARANTIE DE SOUMISSION

Brève description du Contrat _____
Nom et adresse du Bénéficiaire _____ (défini comme le Maître de l'ouvrage par les documents d'appel d'offres).

Nous avons été informés que _____ (ci-après " le Donneur d'ordre ") a soumis une offre pour ledit Contrat en réponse à votre appel d'offre et, que les conditions exprimées dans votre sollicitation (les " conditions de sollicitation ", lesquelles sont incluses dans un document intitulé Instructions aux Soumissionnaires) exigent que son offre soit accompagnée d'une garantie de soumission.

A la requête du Donneur d'ordre, nous (*nom de la banque*) _____
nous engageons par la présente irrévocablement à vous payer, le Bénéficiaire/Maître de l'ouvrage, tout(s) montant(s) jusqu'à concurrence d'un montant total de _____ (en toutes lettres : _____) sur réception par nous de votre demande et de votre déclaration écrites exposant que :

(a) le Donneur d'ordre a, sans votre consentement, retiré son offre après la date limite prévue pour sa soumission et avant l'expiration de sa période de validité, ou

(b) le Donneur d'ordre a refusé d'accepter la correction des erreurs contenues dans son offre en vertu desdites conditions de sollicitation, ou

(c) vous avez conclu le Contrat avec le Donneur d'ordre et celui-ci n'a pas fourni de garantie d'exécution conforme à la Sous-clause 4.2 des conditions du Contrat.

Toute demande de paiement doit comporter votre (vos) signature(s), la(les)quelle(s) doit/doivent être authentifiée(s) par vos banquiers ou un notaire. La demande et la déclaration authentifiées doivent nous parvenir à ce bureau le ou avant le (*35 jours après l'expiration de la validité de la Lettre d'Offre*) _____, date à laquelle cette garantie expire et doit nous être retournée.

Cette garantie est soumise aux Règles Uniformes relatives aux Garanties sur Demande, publiées sous le numéro 458 par la Chambre de Commerce Internationale, à moins qu'il n'en soit stipulé autrement ci-dessus.

Date _____ Signature(s) _____

附件 B 投标保函范例格式

合同简述_____

受益人名称和地址_____（招标文件中称为业主）

我方已获知，_____（以下称委托人）正响应你方邀请，对上述合同递交一份报价，你方邀请条件（在题为投标人须知的文件中规定的"邀请条件"）要求投标人报价要有一份投标保函。

应委托人请求，我方（银行名称）_____在此不可撤销地承诺，在我方收到你方的书面要求和关于（在要求中的）下列情况的书面说明后，向你方，受益人/业主，支付总额不超过_____（即_____）的任何一笔或几笔款额：

（a）委托人未经你方同意，在规定的递交报价的最终时间后和其有效期限期满前，撤回其报价；

（b）委托人已拒绝接受对其按照上述邀请条件所做报价中的错误的改正；

（c）你方与委托人签订了合同，但委托人未能遵照合同条件第 4.2 款提交履约担保函。

任何支付的要求，都必须有经你方银行或公证人确证的你方的签字。经确证的要求和说明必须在（投标函有效期期满后 35 天的日期）_____或其以前，由我方在本办公地点收到，届时本保函应期满，应退还我方。

本保函除上述要求外，应遵守国际商会第 458 号文公布的即付保证统一规则的规定。

日期_____签字_____

ANNEXE C Formulaire-type : GARANTIE D'EXECUTION-GARANTIE SUR DEMANDE

Brève description du Contrat _____

Nom et adresse du Bénéficiaire _____

(défini comme le Maître de l'ouvrage par le Contrat)

Nous avons été informés que _____ (ci-après " Donneur d'ordre ") est votre cocontractant audit Contrat, lequel exige de celui-ci d'obtenir une garantie d'exécution. A la requête du Donneur d'ordre, nous (*nom de la banque*) _____ nous engageons par la présente irrévocablement à vous payer, le Bénéficiaire/Maître de l'ouvrage, tout(s) montant(s) jusqu'à concurrence d'un montant total de _____ (le " montant garanti ", en toutes lettres : _____) à réception par nous de votre demande et de votre déclaration écrites exposant :

(a) que le Donneur d'ordre n'a pas exécuté ses obligation(s) découlant du Contrat, et

(b) la mesure dans laquelle le Contrat n'a pas été respecté.

[Suite à la réception par nous d'une copie authentifiée du certificat de réception pour la totalité des travaux conformément à la clause 10 des conditions du Contrat, ledit montant garanti sera réduit de _____ % et nous vous informerons rapidement de la réception de ce certificat et de la réduction correspondante du montant garanti.][1]

Toute demande de paiement doit comporter la/les signature(s) de votre [représentant/directeur][1], laquelle/lesquelles doit/doivent être authentifiée(s) par vos banquiers ou un notaire. Nous devons recevoir à ce bureau la demande et la déclaration authentifiées le ou avant le (*70 jours après l'expiration prévue du Délai de Notification des Vices relatif aux Travaux*) _____ (la " date d'expiration "), à laquelle cette garantie expire et doit nous être retournée.

Nous avons été informés que le Bénéficiaire peut exiger du Donneur d'ordre l'extension de cette garantie si le certificat d'exécution en vertu du Contrat n'a pas été délivré 28 jours avant ladite date d'expiration. Nous nous engageons à vous payer ledit montant garanti à réception par nous, dans ce délai de 28 jours, de votre demande et de votre déclaration écrites spécifiant que le certificat d'exécution n'a pas été délivré, pour des raisons imputables au Donneur d'ordre, et que cette garantie n'a pas été étendue.

La présente garantie est régie par les lois de _____ et est soumise aux Règles Uniformes relatives aux Garanties sur Demande, publiées sous le numéro 458 par la Chambre de Commerce Internationale, à moins qu'il n'en soit stipulé autrement ci-dessus.

Date _____ Signature(s) _____

---

[1] Au moment de la rédaction des documents d'appel d'offres, le rédacteur détermine s'il inclut ou non le texte optionnel figurant entre crochets [ ].

附件 C 履约担保函——即付保函范例格式

合同简述_____
受益人名称和地址_____
（合同中称为业主）
我方已获知，_____（以下称为委托人）是你方根据上述合同的承包商，合同要求其取得一份履约担保函。
应委托人请求，我方（银行名称）_____在此不可撤销地承诺，在我方收到你方的书面要求和关于以下情况的书面说明后，向你方，受益人/业主，支付全部总额不超过_____（"保证金额"，即：_____）的任何一笔或几笔款额：

  (a) 委托人违反合同规定的义务；
  (b) 委托人未能遵守相关合同条件。

[在我方收到经确证的根据合同条件第10条规定颁发的整个工程验收证书的抄件后，此项保证金额应减少_____%，我方将立即通知你方，我方已收到该证书，并已相应减少了保证金额。]①

任何关于付款的要求都必须有经你方银行或公证人确证的你方[代表/局长]①的签字。经确认的要求和说明必须在（工程缺陷通知期限预定期满后70天的日期）_____（"期满日期"）或其以前，由我方在本办公地点收到，届时本保函应期满，应退还我方。

我方已获知，如果到上述期满日期28天前，还没有颁发根据合同规定的履约证书，受益人可以要求委托人延长此保函。我方承诺，将在该28天期限内，根据我方收到的你方书面要求，及关于未颁发履约证书是由于委托人应负责的原因造成的以及本保函尚未延长的书面说明，向你方支付该项保证金额。

本保函除上述要求外，应受_____法律管辖，并应遵守国际商会第458号文公布的即付保函统一规则的规定。

日期_____ 签字_____

---

  ① 起草人在起草招标文件时，应确定是否要包括方括号[ ]中的备选文字。

ANNEXE D   Formulaire-type : GARANTIE D'EXECUTION-CAUTIONNEMENT DE MARCHE

Brève description du Contrat _____
Nom et adresse du Bénéficiaire _____ (ensemble avec les ayants droit et ayants cause, tous définis comme Maître de l'ouvrage par le Contrat).
En vertu de ce Cautionnement de marché, (*nom et adresse de l'Entrepreneur*) _____
(qui est l'Entrepreneur en vertu dudit Contrat) à titre de Donneur d'ordre et (*nom et adresse du garant*) _____ à titre de Garant sont irrévocablement tenus et responsables envers le Bénéficiaire pour un montant total de _____ (le " Montant du Cautionnement de marché", en toutes lettres : _____) pour la bonne exécution desdites obligations et responsabilités du Donneur d'ordre découlant du Contrat. [Le Montant du Cautionnement de marché doit être réduit de _____ % sur délivrance du certificat de réception de la totalité des travaux en vertu de la clause 10 des conditions du Contrat]①
Le présent Cautionnement de marché prend effet à la Date de Commencement définie dans le Contrat.
En cas de Défaillance du Donneur d'ordre d'exécuter une quelconque Obligation contractuelle, ou si un des événements ou circonstances énuméré(e)s dans la sous- clause 15.2 des conditions du Contrat survient, le Garant doit indemniser les dommages et intérêts subis par le Bénéficiaire en raison de cette Défaillance, de cet événement ou de ces circonstances. [Toutefois, la responsabilité entière du Garant ne doit pas excéder le Montant du Cautionnement de marché]②.
Les obligations et responsabilités du Garant ne s'éteindront ni par l'effet d'un report ni par aucune autre concession consentie par le Bénéficiaire au Donneur d'ordre, ni par aucune modification ou suspension des travaux devant être exécutés conformément au Contrat, ni par aucune modification du Contrat ou de la personne du Bénéficiaire ou du Donneur d'ordre, ni pour aucune autre raison, que ce soit avec ou sans la connaissance et le consentement du Garant.
Toute réclamation en vertu de ce Cautionnement de marché doit être reçue par le Garant le ou avant le (*six mois après la date d'expiration prévue du Délai de Notification des Vices relatif aux Travaux*) _____ (la " Date d'Expiration"), date à laquelle ce Cautionnement de marché expire et doit être retourné au Garant.
Le bénéfice de ce Cautionnement de marché peut être cédé conformément aux dispositions relatives à la cession du Contrat, à condition que le Garant ait reçu la preuve de la conformité totale avec lesdites dispositions.
Le présent Cautionnement de marché doit être régi par le droit du pays (ou autre ordre juridique) régissant le Contrat. Ce Cautionnement de marché comprend et doit être soumis aux Règles Uniformes relatives aux Cautionnements, publiées sous le numéro 524 par la Chambre de Commerce Internationale, et les termes employés dans ce Cautionnement de marché correspondent aux définitions contenues dans lesdites Règles.

附件 D 履约担保函——合同保证书范例格式

合同简述_____
受益人名称和地址_____（连同其继任人和受让人,在合同中都称为业主）
根据本合同保证书,(承包商名称和地址)_____（上述合同的承包商）作为委托人与(担保人名称和地址)_____作为担保人,对该委托人根据合同应履行的全部义务和责任,以总金额_____（"合同保证金额",即:_____),向受益人不可撤销地给予担保。[上述合同保证金额在根据合同条件第 10 条颁发整个工程验收证书后,应减少_____%]①

本合同保证书自合同中规定的开工日期起生效。

在委托人履行任何合同义务中发生违约,或出现任何合同条件第 15.2 款所列举的事件或情况时,担保人应满足并偿清受益人因该项违约、事件或情况遭受的损害赔偿费。[但担保人的全部责任不应超过本合同保证书的金额。]②

担保人的义务和责任不应因受益人对委托人做出的任何时限允许或其他宽让,或对根据合同要实施工程的任何变更或暂停,或对合同、委托人或受益人的组成的任何修改,或任何其他事项而解除,不论是否经担保人知晓或同意。

根据本保证书提出的任何索赔必须由担保人在(工程缺陷通知期限预定期满后 6 个月的日期)_____（"期满日期"）或其以前收到,届时本保证应期满,应退回给担保人。

本合同保证书的权益可以依照合同转让的条款,以及担保人收到完全符合该项条款的证据,进行转让。

本合同保证书应由管辖合同的同一国家(或其他司法管辖区)的法律管辖。本合同保证书体现并应遵守国际商会第 524 号文公布的合同保证统一规则的规定,合同保证书使用的词语应具有该规则规定的含义。

Ce Cautionnement de marché a été conclu entre le Donneur d'ordre et le Garant(la date).

Signature(s)pour et au nom du Donneur d'ordre _____

Signature(s)pour et au nom du Garant _____

---

① Au moment de la rédaction des cahiers des charges, le rédacteur devrait décider s'il inclut ou non le texte optionnel figurant entre crochets [ ].

② Insérer: [et n'est pas en droit d'exécuter les obligations du Donneur d'ordre en vertu du Contrat.] Ou: [ou au choix du Garant (qui doit être exprimée par écrit dans un délai de 42 jours après réception de la réclamation spécifiant ledit Vice) exécute les obligations du Donneur d'ordre en vertu du Contrat.]

本合同保证书于_____年_____月_____日由委托人和担保人签署。

委托人代表签字：_____
担保人代表签字：_____

---

① 起草人起草招标文件时，应确定是否要包括方括号[   ]内的备选文字。

② 此处插入：[并不得履行委托人根据合同规定的义务。]或：[或由担保人选择（要在收到提出该项违约索赔42天内以书面提出）履行委托人根据合同规定的义务。]

ANNEXE E Formulaire-type : GARANTIE DE REMBOURSEMENT DU PAIEMENT ANTICIPE

Brève description du Contrat _____

Nom et adresse du Bénéficiaire _____ (défini comme le Maître de l'ouvrage par le Contrat)

Nous avons été informés que _____ (ci-après dénommé " Donneur d'ordre") est votre cocontractant audit Contrat et souhaite recevoir un paiement anticipé, pour lequel le Contrat exige de celui-ci l'obtention d'une garantie.

A la requête du Donneur d'ordre, nous (*nom de la banque*) _____ nous engageons par la présente irrévocablement à vous payer, le Bénéficiaire/Maître de l'ouvrage, tout(s) montant(s) à concurrence d'un montant total de _____ (le " montant garanti", en toutes lettres : _____) à réception par nous de votre demande et de déclaration écrites exposant :

(a) que le Donneur d'ordre n'a pas remboursé le paiement anticipéconformément aux conditions du Contrat, et

(b) le montant que le Donneur d'ordre n'a pas remboursé.

La présente garantie doit prendre effet dès réception [du premier versement] du paiement anticipé par le Donneur d'ordre. Ledit montant garanti doit être réduit en fonction des montants du paiement anticipé qui vous sont reversés, ainsi que le justifient vos avis produits en vertu de la sous-clause 14.6 des conditions du Contrat. Après réception (en provenance du Donneur d'ordre) d'une copie de chaque avis allégué, nous vous informerons en conséquence immédiatement à propos du montant garanti revisé].

Toute demande de paiement doit comporter votre/vos signature(s) laquelle/lesquelles doit/doivent être authentifiée(s) par vos banquiers ou un notaire. Nous devons recevoir à ce bureau la demande et la déclaration authentifiées le ou avant le (*70 jours après l'expiration prévue du Délai d'achèvement*) _____ (la " date d'expiration"), date à laquelle cette garantie expire et doit nous être retournée.

Nous avons été informés que le Bénéficiaire peut exiger du Donneur d'ordre d'étendre cette garantie si le paiement anticipé n'a pas été remboursé 28 jours avant ladite date d'expiration. Nous nous engageons à vous payer ledit montant garanti à réception par nous, dans ce délai de 28 jours, de votre demande et de déclaration écrites spécifiant que le paiement anticipé n'a pas été remboursé, et que cette garantie n'a pas été étendue.

La présente garantie doit être régie par les lois de _____ et doit être soumise aux Règles Uniformes relatives aux Garanties sur Demande, publiées sous le numéro 458 par la Chambre de Commerce Internationale, à moins qu'il n'en soit stipulé autrement ci-dessus.

Date _____ Signature(s) _____

附件 E 返还预付款保函范例格式

合同简述_____

受益人名称和地址_____（合同中称为业主）

我方已获知，_____（以下称为"委托人"）是你方根据上述合同的承包商，希望得到一笔预付款，为此，合同要求其取得一份保函。

应委托人请求，我方（银行名称）_____在此不可撤销地承诺，在我方收到你方书面要求和关于以下情况的书面说明后，向你方，受益人/业主，支付全部总额不超过_____（"保证金额"，即：_____）的任何一笔或几笔款额：

（a）委托人未能按照合同条件返还预付款；

（b）委托人未能返还的款额。

本保函在委托人收到预付款（首次付款）时开始生效。该保证金额应按你方根据合同条件第 14.6 款规定发出的通知中证明已向你方返还的款额，进行扣减。我方每次收到（自委托人处）据称是该通知的抄件后，将立即将相应修改的保证金额通知你方。

任何关于付款的要求都必须有经你方银行或公证人确证的你方的签字。经确证的要求和说明必须在（竣工时间预定期满后 70 天的日期）_____（"期满日期"）或其以前，由我方在本办公地点收到，届时本保函将期满，应退还我方。

我方已获知，如果到上述期满日期 28 天前，预付款还没有返还，受益人可以要求委托人延长本保函。我方承诺，根据我方在该 28 天期限内收到的你方的书面要求，以及关于预付款还没有返还、本保函还没有延期的书面说明，向你方支付该保证金额。

本保函除上述要求以外，应由_____的法律管辖，并应遵守国际商会第 458 号公布的即付保函统一规则的规定。

日期_____ 签字_____

ANNEXE F　Formulaire-type : GARANTIE DE LA RETENUE

Brève description du Contrat _____

Nom et adresse du Bénéficiaire _____

(défini comme le Maître de l'ouvrage par le Contrat)

Nous avons été informés que _____ (ci-après dénommé "Donneur d'ordre") est votre cocontractant en vertu dudit Contrat et souhaite recevoir le paiement anticipé de [d'une fraction de] la retenue de garantie, pour lequel le Contrat exige que ce dernier obtienne une garantie.

A la requête du Donneur d'ordre, nous (*nom de la banque*) _____ nous engageons par la présente irrévocablement à vous payer, le Bénéficiaire/Maître de l'ouvrage, tout(s) montant(s) à concurrence d'un montant total de _____ (le " montant garanti ", en toutes lettres : _____) à réception par nous de votre demande et de votre déclaration écrites exposant que :

  (a) le Donneur d'ordre n'a pas respecté son/ses obligation(s) de réparer (un) certain(s) vice(s) pour le(s)quel(s) il est responsable en vertu du Contrat, et

  (b) la nature dudit/desdits vice(s).

Notre responsabilité en vertu de cette garantie ne doit jamais excéder le montant total de la retenue payée par vous au Donneur d'ordre, ainsi que le justifient vos avis délivrés conformément à la sous-clause 14.6 des conditions du Contrat dont une copie nous est fournie.

Toute demande de paiement doit comporter votre/vos signature(s) laquelle/lesquelles doit/doivent être authentifiée(s) par vos banquiers ou un notaire. La demande et la déclaration authentifiées doivent nous parvenir à ce bureau le ou avant le (70 jours après l'expiration prévue du Délai de Notification des Vices relatif aux Travaux) _____ (la " date d'expiration "), date à laquelle cette garantie expire et doit nous être retournée.

Nous avons été informés que le Bénéficiaire peut exiger du Donneur d'ordre l'extension de sa garantie si le certificat d'exécution en vertu du Contrat n'a pas été délivré 28 jours avant ladite date d'expiration. Nous nous engageons à vous payer ledit montant garanti sur réception par nous, dans un délai de 28 jours, de votre demande et de déclaration écrites spécifiant que le certificat d'exécution n'a pas été délivré, pour des raisons imputables au Donneur d'ordre, et que cette garantie n'a pas été étendue.

Cette garantie doit être régie par les lois de _____ et doit être soumise aux Règles Uniformes relatives aux Garanties sur Demande, publiées sous le numéro 458 par la Chambre de Commerce Internationale, à moins qu'il n'en soit stipulé autrement ci-dessus.

Date _____   Signature(s) _____

附件 F 保留金保函范例格式

合同简述＿＿＿＿＿＿＿＿＿＿＿＿＿＿＿＿＿＿＿＿＿＿＿＿＿＿＿＿＿＿

受益人名称和地址＿＿＿＿＿＿＿＿＿＿＿＿＿＿＿＿＿＿＿＿＿＿（合同中称为业主）

我方已获知,＿＿＿＿＿＿＿＿＿＿＿＿＿(以下称为委托人)是你方根据上述合同的承包商,希望收到提前付给的(部分)保留金,对此,合同要求其取得一份保函。

应委托人请求,我方(银行名称)＿＿＿＿＿＿＿＿＿在此不可撤销地承诺,在我方收到你方的书面要求和关于以下情况的书面说明后,向你方,受益人/业主,支付总额不超过＿＿＿＿＿("保证金额",即:＿＿＿＿＿)的任何一笔或几笔款额：

(a)委托人未能履行根据合同规定其应负责的改正某些缺陷的义务；

(b)委托人未能担负与缺陷性质有关的责任。

我方根据本保函的责任任何时候都不应超过,经你方根据合同条件第 14.6 款规定发出的通知,并给我方一份抄件证明的,你方放还给委托人的保留金的总额。

任何关于付款的要求都必须有经你方银行或公证人确证的你方签字。经确证的要求和说明必须在(工程缺陷通知期限预定期满后 70 天的日期)＿＿＿＿＿＿＿("期满日期")或其以前,由我方在本办公地点收到,届时本保函将期满,应退还我方。

我方已获知,如果到该期满日期 28 天前还没有颁发合同规定的履约证书,受益人可以要求委托人延长本保函。我方承诺,根据我方在该 28 天期限内收到你方的书面要求和关于履约证书因委托人应负责的原因尚未颁发,以及保函尚未延长的书面说明,向你方支付该保证金额。

本保函除上述要求外,应受＿＿＿＿＿＿＿＿＿法律管辖,并应遵守国际商会第 458 号文公布的即付保函统一规则的规定。

日期＿＿＿＿＿＿＿＿＿＿   签字＿＿＿＿＿＿＿＿＿＿＿＿＿＿＿＿＿＿＿

ANNEXE G   Formulaire-type : GARANTIE DE PAIEMENT DU MAITRE DE L'OUVRAGE

Brève description du Contrat _____
Nom et adresse du Bénéficiaire _____
(défini comme Entrepreneur par le Contrat)
Nous avons été informés que _____ (défini comme Maître de l'ouvrage par le Contrat et ci-après dénommé " Donneur d'ordre ") est tenu d'obtenir une garantie bancaire.
A la requête du Donneur d'ordre, nous (*nom de la banque*) _____ nous engageons irrévocablement par la présente à vous payer, le Bénéficiaire/ Entrepreneur, tout(s) montant(s) à concurrence d'un montant total de _____ (le " montant garanti ", en toutes lettres : _____) à réception par nous de votre demande et de déclaration écrites exposant que :

(a) relativement à un paiement dû en vertu du Contrat, le Donneur d'ordre n'a pas versé l'intégralité du paiement dans les 14 jours après la date d'expiration du délai spécifié dans le Contrat, délai dans lequel le paiement aurait dû être effectué.

(b) le(s) montant(s) que le Donneur d'ordre n'a pas payé(s).

Toute demande de paiement doit être accopagnée d'une copie de [liste des documents justifiant le droit au paiement] _____, en vertu de laquelle le Donneur d'ordre n'a pas payé intégralement.
Toute demande de paiement doit comporter votre/vos signature(s) laquelle/lesquelles doit/doivent être authentifiée(s) par votre banquier ou un notaire. La demande et la déclaration authentifiées doivent nous parvenir à ce bureau le ou avant le (6 mois après l'expiration prévue du Délai de Notification des Vices relatif aux Travaux) _____, date à laquelle cette garantie expire et doit nous être retournée.
Cette garantie doit être régie par les lois de _____ et doit être soumise aux Règles Uniformes relatives aux Garanties sur Demande, publiées sous le numéro 458 par la Chambre de Commerce Internationale, à moins qu'il n'en soit stipulé autrement ci-dessus.

Date _____ Signature(s) _____

附件 G 业主支付保函范例格式

合同简述_____
受益人名称和地址_____
(合同中称为承包商)
我方已获知,_____(合同中称为业主,以下称为委托人)被要求取得银行保函。

应委托人请求,我方(银行名称)_____在此不可撤销地承诺,在我方收到你方的书面要求和关于以下情况的书面说明后,向你方,受益人/承包商支付总额不超过_____("保证金额",即:_____)的任何一笔或几笔款额:

(a)委托人对于根据合同应付的某笔款项,未能在合同规定的该笔款项应付清的期限期满后 14 天内,全部付清;

(b)委托人未能支付的款额。

任何关于付款的要求,都必须附一份关于委托人未能付清款项的(有权收款的证明文件清单)_____的抄件。

任何关于付款的要求都必须有经你方银行或公证人确证的你方的签字。经确证的要求和说明必须在(工程缺陷通知期限预定期满后 6 个月的日期)_____或其以前,由我方在本办公地点收到,届时本保函将期满,应退还我方。

本保函除上述要求外,应由_____法律管辖,并应遵守国际商会第 458 号文公布的即付保函统一规则的规定。

日期_____ 签字_____

Conditions de Contrat
pour les projets clé en main

**Formulaires pour Lettre d'offre, l'Accord
contractuel et la Convention de conciliation**

设计采购施工(EPC)/交钥匙
工程合同条件

投标函、合同协议书和调解协议书格式

Sommaire

LETTRE D'OFFRE 254
ACCORD CONTRACTUEL 256
Convention de conciliation 260
　　　[pour un Bureau de conciliation à membre unique]
Convention de conciliation 262
　　　[pour chaque Membre d'un Bureau de conciliation à trois membres]

目　　录

投标函·· 255
合同协议书·· 257
调解协议书·· 261
　　（用于一人调解委员会）
争端调解协议书·· 263
　　（用于三人调解委员会的每位成员）

LETTRE D'OFFRE

DESIGNATION DU CONTRAT:

A:

Nous avons examiné les Conditions du Contrat, les Exigences du Maître de l'ouvrage, et les Addenda no _____ des Travaux ci-dessus mensionnés. Nous avons examiné, compris et vérifié ces documents et nous sommes assurés qu'ils ne contenaient ni erreur ni autre défaut. Nous proposons en conséquence de concevoir, d'exécuter et de compléter les Travaux et de supprimer tout défaut le concernant, conformément à ces documents et à notre Offre ci-jointe (y compris cette lettre) pour les prix fixés dans notre Offre.

Nous acceptons vos suggestions relatives à la désignation du Bureau de conciliation, telles qu'exposées dans _____

[Nous avons inclus nos suggestions relatives à la désignation de l'autre Membre du Bureau de conciliation dans la partie _____ de notre Offre, intitulée Liste des membres potentiels du Bureau de conciliation]. *

Nous convenons de respecter cette Offre jusqu'au _____ et elle doit rester ferme pour nous et peut être acceptée à tout moment avant cette date.

Si cette offre est acceptée, nous fournirons la garantie d'exécution spécifiée, débuterons les Travaux aussitôt que raisonnablement praticable après la Date de Commencement, et achèverons l'Ouvrage dans le Délai d'Achèvement conformément aux documents mensionnés ci-dessus. Nous garantissons que les Travaux seront alors conformes aux Garantie d'exécution incluses dans cette Offre.

Nous comprenons que vous ne soyez pas obligés d'accepter l'offre la plus basse ou toute offre que vous pourriez recevoir.

Signature _____ à titre de _____

Dûment autorisé à signer pour et au nom de _____

Adresse: _____

Date: _____

---

* Si le soumissionnaire n'accepte pas, le paragraphe peut être effacé et remplacé par:

Nous n'acceptons pas vos suggestions relatives à la désignation du Bureau de conciliation. Nous avons inclus nos suggestions dans notre Offre, dans la liste des membres potentiels du Bureau de conciliation. Si vous n'acceptez pas ces suggestions, nous proposons que le Bureau de conciliation soit désigné conjointement conformément à la Sous-clause 20.2 des Conditions du Contrat, [après qu'une Partie a avisé de son intention de soumettre un litige au Bureau de conciliation].

投 标 函

合同名称：

致：

我方已对上述工程的合同条件、业主要求和第_____号（填文件编号）补充文件进行了研究，我方已检查、了解和核对了这些文件，未发现它们有错误或其他缺陷。据此，我方愿以我方投标书中表明的价格，遵照上述文件及所附我方投标书（包括本投标函），承担所述工程的设计、实施、竣工以及其中任何缺陷的修补。

我方接受你方在_____中表明的关于任命调解委员会的建议。

[我方已在投标书中题为调解委员会备选成员名单部分，包括了调解委员会另一名人选的建议。]*

我方同意遵守本投标书，直至_____；在该日期前，本投标书对我方一直具有约束力，随时可接受中标。

倘若我方中标，我方将提供规定的履约担保；将在开工日期后，尽早开工，并在竣工时间内，按照上述各文件完成工程。我方保证工程将遵守本投标书中的履约保证。

我方理解你方没有必须接受你方可能收到的最低标或任何投标的义务。

签字_____ 职务_____
正式授权签署投标书代表_____
地址_____
日期_____

---

* 如果投标人不接受该建议，可删除本段，并以下文代替：
我方不接受你方关于任命调解委员会的建议。我方已在投标书中的调解委员会备选名单中，提出了我方的建议。如果你方不能接受这些建议，我方建议，按照合同条件第20.2款规定，当一方提出将争端提交调解委员会的意向的通知后，共同任命调解委员会。

ACCORD CONTRACTUEL

Cet Accord a été conclu le _____ entre _____ (ci-après le Maître de l'ouvrage) et _____ (ci-après l'Entrepreneur)

Etant donné que le Maître de l'ouvrage souhaite, que le projet de construction, désigné comme _____, soit exécuté par l'Entrepreneur et qu'il a accepté une Offre de l'Entrepreneur pour l'exécution, l'achèvement et la suppression de tout vice concernant ce projet.

Le Maître de l'ouvrage et l'Entrepreneur conviennent de ce qui suit :

1. dans cet Accord les mots et les expressions doivent avoir la même significationque celle qui leur est respectivement attribuée dans les Conditions du Contrat, auxquelles il est fait référence ci-après.
2. les documents suivants sont réputés faire partie de cet Accord et doivent être lus et interprétés en tant que partie de cet Accord :
   (a) les Mémorandums annexés à ce document (qui comprend la ventilation du Prix contractuel) ;
   (b) les Addenda n°_____ ;
   (c) les Conditions du Contrat ;
   (d) les Exigences du Maître de l'ouvrage, et
   (e) l'Offre de l'Entrepreneur.
3. En contrepartie des paiements mentionnés ci-après, que le Maître de l'ouvrage doit verser à l'Entrepreneur, l'Entrepreneur s'engage par la présente envers le Maître de l'ouvrage à concevoir, à exécuter et à achever le projet de construction et à y supprimer tous les vices en conformité avec les dispositions du Contrat.
4. Le Maître de l'ouvrage s'engage par la présente de façon obligatoire en contrepartie de la conception, de l'exécution et de l'achèvement des Travaux ainsi que de la suppression de tous les vices de celui-ci à payer à l'Entrepreneur le Prix contractuel dans les délais et de la manière prévus par le Contrat.
5. Le Contrat doit prendre effet, à la date à laquelle les conditions suivantes seront remplies :
   [liste des conditions]
   Le Maître de l'ouvrage doit immédiatement confirmer à l'Entrepreneur la date, à laquelle toutes ces conditions seront remplies. Si l'une des conditions n'est pas remplie dans un délai de _____ jours à compter la date de l'Accord susmentionnée, alors cet Accord sera caduc et ne pourra être exécuté et les garanties, qui ont été constituées pour les Travaux susmentionnés, sont à restituer. optionnel]

[5. La Date de commencement sera le _____ optionnel]

Pour preuve de ce que les parties à cet Accord ont donné effet au contrat au jour et à la date ci-dessus indiqués, en conformité avec les lois qui lui sont applicables

合同协议书

本协议书于_____年_____月_____日由_____的_____(以下简称"业主")为一方,与_____的_____(以下简称"承包商")为另一方签订。
鉴于业主愿将名称为_____的工程交由承包商实施,并已接受了承包商递交的关于承担这些工程的实施、竣工及修补其中任何缺陷的投标书。

业主和承包商达成协议如下:
1. 本协议书中的词语和措辞的含义应与下文提到的合同条件中分别赋予它们的含义相同。

2. 下列文件应被视为本协议书的组成部分,并应作为其中一部分阅读和解释。

 (a) 对此所附备忘录(包括合同价格的细目表);
 (b) 补充文件第_____号;
 (c) 合同条件;
 (d) 业主要求;
 (e) 承包商的投标书。

3. 鉴于业主将按下文所述付给承包商各种款项,承包商特此与业主签约,保证遵照合同的各项规定,承担上述工程的设计、实施、竣工及修补其任何缺陷。

4. 鉴于承包商将承担上述工程的设计、实施、竣工及修补其任何缺陷,业主特此立约,保证按照合同规定的时间和方式,向承包商支付最终合同价格。

5. 本合同应在下列条件得到满足的日期全面实施和生效。
   (前提条件表)
业主应立即向承包商确认这些条件全部得到满足的日期。如果在上述本协议书签订日期_____天内,其中任何条件还没有得到满足,本协议书应作废和无效,任何关于上述工程的担保应予退还。(备选)

(5. 开工日期应为_____备选)
本协议书由双方根据各自法律签字之日起实施,订立执行,特立此据。

Signe par _____
pour et en représentation du Maître de l'ouvrage en présence de
témoin : _____
nom : _____
adresse : _____
date : _____

Signe par _____
pour et en représentation de l'Entrepreneur en présence de
témoin : _____
nom : _____
adresse : _____
date : _____

签字人签字：_____	签字人签字：_____
在下列证人在场下代表业主签字	在下列证人在场下代表承包商签字
见证人：_____	见证人：_____
姓　名：_____	姓　名：_____
地　址：_____	地　址：_____
日　期：_____	日　期：_____

Convention de conciliation

[pour un Bureau de conciliation à membre unique]

Désignation et détails du Contrat _____

Nom et adresse du Maître de l'ouvrage _____

Nom et adresse de l'Entrepreneur _____

Nom et adresse du membre _____

L'Entrepreneur et le Maître de l'ouvrage ont conclu le Contrat et veulent désigner conjointement le Membre pour agir en tant que conciliateur unique, également nommé le "Bureau de conciliation", pour trancher un litige qui a surgi en relation avec _____.*

Le Maître de l'ouvrage, l'Entrepreneur et le Membre conviennent conjointement de ce qui suit :

1. Les conditions de cette Convention de conciliation comprennent les "Conditions Générales de la Convention de conciliation", lesquelles forment l'Appendice des Conditions Générales des "Conditions de Contrat pour les projets clé en main" 1ère Edition 1999, publiée par la Fédération Internationale des Ingénieurs-Conseils (FIDIC), et les dispositions suivantes. Dans ces dispositions, qui incluent les modifications et ajouts aux Conditions Générales de la Convention de conciliation, les mots et expressions doivent avoir la même signification que celle qui leur est attribuée dans les Conditions Générales de la Convention de conciliation.

2. Détails des modifications aux Conditions Générales de la Convention de conciliation, (le cas échéant).

3. En accord avec la Clause 6 des Conditions Générales de la Convention de conciliation, le Membre doit recevoir un honoraire de _____ par jour.

4. En contrepartie de ces honoraires et autres paiements devant être effectués par l'Entrepreneur et le Maître de l'ouvrage selon la Clause 6 des Conditions Générales de la Convention de conciliation, le Membre s'engage à agir en tant que Bureau de conciliation (comme conciliateur) conformément à cette Convention de conciliation.

5. Le Maître de l'ouvrage et l'Entrepreneur s'engagent solidairement à payer le Membre, en contrepartie de ces services, conformément à la Clause 6 des Conditions Générales de la Convention de conciliation.

6. La présente Convention de conciliation doit être soumise au droit _____

Signe par _____	Signe par _____	Signe par _____
Pour et au nom du Maître de l'ouvrage en présence de	Pour et au nom de l'Entrepreneur en présence de	Le Membre en présence de
Témoin : _____	Témoin : _____	Témoin : _____
Nom : _____	Nom : _____	Nom : _____
Adresse : _____	Adresse : _____	Adresse : _____
Date : _____	Date : _____	Date : _____

---

* Une brève description ou désignation du litige doit être ajoutée.

调解协议书

（用于一人调解委员会）

合同名称和内容＿＿＿＿＿＿＿＿＿＿＿＿＿＿＿＿＿＿＿＿＿＿＿＿＿＿＿
业主名称和地址＿＿＿＿＿＿＿＿＿＿＿＿＿＿＿＿＿＿＿＿＿＿＿＿＿＿＿
承包商名称和地址＿＿＿＿＿＿＿＿＿＿＿＿＿＿＿＿＿＿＿＿＿＿＿＿＿＿
成员名称和地址＿＿＿＿＿＿＿＿＿＿＿＿＿＿＿＿＿＿＿＿＿＿＿＿＿＿＿

鉴于业主与承包商已签订合同，并希望共同聘请成员作为唯一调解员，也称"调解委员会"，以对因＿＿＿＿＿＿＿＿＿*引起的争端进行裁决。

业主、承包商和成员共同达成协议如下：

1. 本争端调解协议书条件由国际咨询工程师联合会（FIDIC）1999年第一版发行的"EPC（设计采购施工）交钥匙工程合同条件"所附的"争端调解协议书一般条件"及下列条款规定组成。这些规定，包括对争端调解协议书一般条件的修改和补充；其词语和措辞应与其在争端调解协议书一般条件中赋予相同的含义。

2. 对争端调解协议书一般条件修改的细节（如果有）。

3. 依照争端调解协议书一般条件第6条，应向成员支付日酬金每天＿＿＿＿＿＿＿。

4. 鉴于业主和承包商将按照争端调解协议书一般条件第6条的规定，支付这些酬金和其他付款，成员承诺，根据本争端调解协议书担任调解委员会（调解人）的职务。

5. 鉴于提供这些服务业主和承包商共同并各自承诺，按照争端调解协议书一般条件第6条向成员付款。

6. 本争端调解协议书应由＿＿＿＿＿＿＿＿＿＿＿＿＿法律管辖。

签字人签字＿＿＿＿＿＿	签字人签字＿＿＿＿＿＿	签字人签字＿＿＿＿＿＿
在下列证人在场下代表	在下列证人在场下代表	在下列证人在场下成员
业主签字	承包商签字	本人签字
见证人＿＿＿＿＿＿	见证人＿＿＿＿＿＿	见证人＿＿＿＿＿＿
姓　名＿＿＿＿＿＿	姓　名＿＿＿＿＿＿	姓　名＿＿＿＿＿＿
地　址＿＿＿＿＿＿	地　址＿＿＿＿＿＿	地　址＿＿＿＿＿＿
日　期＿＿＿＿＿＿	日　期＿＿＿＿＿＿	日　期＿＿＿＿＿＿

＊ 填列争端的简单描述或名称。

Convention de conciliation

[pour chaque Membre d'un Bureau de conciliation à trois membres]

Désignation et détails du Contrat _____

Nom et adresse du Maître de l'ouvrage _____

Nom et adresse de l'Entrepreneur _____

Nom et adresse du Membre _____

L'Entrepreneur et le Maître de l'ouvrage ont conclu le Contrat et veulent désigner conjointement le Membre pour agir en tant qu'une des trois personnes qui sont conjointement nommées le "Bureau de conciliation" (et désirent que le Membre soit président du Bureau de conciliation) pour trancher un litige qui a surgi en relation avec _____.

Le Maître de l'ouvrage, l'Entrepreneur et le Membre conviennent conjointement de ce qui suit :

1. Les conditions de cette Convention de conciliation comprennent les "Conditions Générales de la Convention de conciliation", lesquelles forment l'Appendice des Conditions Générales des "Conditions de Contrat pour les projets clé en main" 1ère Edition 1999, publiée par la Fédération Internationale des Ingénieurs-Conseils (FIDIC), et les dispositions suivantes. Dans ces dispositions, qui incluent les modifications et ajouts aux Conditions Générales de la Convention de conciliation, les mots et expressions doivent avoir la même signification que celle qui leur est attribuée dans les Conditions Générales de la Convention de conciliation.

2. Détails des modifications aux Conditions Générales de la Convention de conciliation, (le cas échéant).

3. En accord avec la Clause 6 des Conditions Générales de la Convention de conciliation, le Membre doit recevoir un honoraire de _____ par jour.

4. En contrepartie de ces honoraires et autres paiements devant être effectués par l'Entrepreneur et le Maître de l'ouvrage selon la Clause 6 des Conditions Générales de la Convention de conciliation, le Membre s'engage à agir, tel que décrit dans cette Convention de Conciliation, en tant qu'une des trois personnes devant agir conjointement à titre de Bureau de conciliation.

5. Le Maître de l'ouvrage et l'Entrepreneur s'engagent solidairement à payer le Membre, en contrepartie de ces services, conformément à la Clause 6 des Conditions Générales de la Convention de conciliation.

6. La présente Convention de conciliation doit être soumise au droit _____.

Signe par _____	Signe par _____	Signe par _____
Pour et au nom du Maître de l'ouvrage en présence de	Pour et au nom de l'Entrepreneur en présence de	Le Membre en présence de
Témoin : _____	Témoin : _____	Témoin : _____
Nom : _____	Nom : _____	Nom : _____
Adresse : _____	Adresse : _____	Adresse : _____
Date : _____	Date : _____	Date : _____

争端调解协议书

(用于三人调解委员会的每位成员)

合同名称和内容_____
业主名称和地址_____
承包商名称和地址_____
成员名称和地址_____

鉴于业主与承包商已签订合同,并希望共同聘请成员作为由三人共同组成的"调解委员会"的一员(并希望成员担任调解委员会主席职务),以对因_____引起的争端进行裁决。

业主、承包商和成员共同达成协议如下:

1. 本争端调解协议书条件由国际咨询工程师联合会(FIDIC)1999 年第一版发行的"EPC(设计采购施工)交钥匙工程合同条件"所附"争端调解协议书一般条件",及下列条款规定组成。这些规定,包括对争端调解协议书一般条件的修改和补充;其词语和措辞应与其在争端调解协议书一般条件中赋予相同的含义。

2. 对争端调解协议书一般条件修改的细节(如果有)。

3. 依照争端调解协议书一般条件第 6 条,应向成员支付日酬金每天_____。

4. 考虑到业主和承包商将按照争端调解协议书一般条件第 6 条的规定支付这些酬金和其他付款,成员承诺,按本争端调解协议书所述,担任共同组成三人调解委员会中的一名成员的职务。

5. 鉴于提供这些服务,业主和承包商共同并各自承诺,按照争端调解协议书一般条件第 6 条向成员付款。

6. 本争端调解协议书应由_____法律管辖。

签字人签字_____	签字人签字_____	签字人签字_____
在下列证人在场下代表	在下列证人在场下代表	在下列证人在场下成员
业主签字	承包商签字	本人签字
见证人_____	见证人_____	见证人_____
姓　名_____	姓　名_____	姓　名_____
地　址_____	地　址_____	地　址_____
日　期_____	日　期_____	日　期_____